U0193498

CODE CHAIN

徐 蔚 著

大变局中遇见未来

码链

中国出版集团

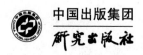

研究出版社

图书在版编目（CIP）数据

码链：大变局中遇见未来 / 徐蔚著. -- 北京：
研究出版社，2021.10
ISBN 978-7-5199-1088-4

Ⅰ. ①码… Ⅱ. ①徐… Ⅲ. ①区块链技术 Ⅳ. ① TP311.135.9

中国版本图书馆 CIP 数据核字（2021）第 213987 号

出 品 人：赵卜慧
图书策划：张高里
责任编辑：张立明
助理编辑：张　琨

码链：大变局中遇见未来

徐　蔚　著

研究出版社 出版发行
（100011　北京市朝阳区安定门外安华里 504 号 A 座）

北京中科印刷有限公司印刷　新华书店经销

2021 年 10 月第 1 版　2022 年 5 月北京第 5 次印刷
开本：710 毫米 ×1000 毫米　1/16　印张：28.75
字数：380 千字

ISBN 978-7-5199-1088-4　定价：88.00 元

邮购地址 100011　北京市朝阳区安定门外安华里 504 号 A 座
电话（010）64217619　64217612（发行中心）

目　录

序

·············

大变局，我们正与未来相遇

一　清

提笔于本篇文字，心里竟有种微疼的感觉。这感觉似来自两方面，一者，当年就不该报考文科，改革开放几十年，文科生的机会相对于在校时一直不怎么受待见的理工生少了很多；二者，倘若早就认识本书"这一位"，没准这会儿在"BAT"后面得加上个带有本人标识的"Y"或"Z"什么的，可能也是半拉子风云人物了。

此话得从 2007 年说起。当时捉了个剧本在写，不经意为剧中人物设计的一句台词是这样的："大兄弟，古希腊阿基米德不也这样咋呼过吗，给我一个支点，我就能撬起整个地球。是的，兄弟，你给幅地图吧，我准把它每寸土地都给抖搂出去，绝对卖个好价钱"——剧中人物这句调侃，先把自己给激灵了，顿时萌生一个想法，有没有这种可能呢，咱把地球上的土地分割成一片片给卖了？虚拟地卖，网络上卖，不可以吗？于是，便真找来一新版世界地图琢磨。最先注视地图上那经纬度。想法是，将地图经纬度密度拉小到 1000 米乘 1000 米，或者更小。然后，将这个 1000 平方米的地盘在网上挂牌，出售给每一个梦境里想当这角色那角色的人，他们可以将买到的这块土地命名为某某爵士庄园、某某天吊国等，想怎么命名都行。网上游戏大侠们不就这么干的吗？"偷菜"不就这么偷的吗？而且听说所偷来的菜，还是一种网上资产，打官司法院都为这种"虚拟产权"维权哩。于是进一步想，"土地"出售可按拍卖方式起价，受买人自己可以随心所欲地加挂各种带"长"字的职务，比如村长、县长甚至州长、省长，主要看你有多少钱买多大地盘。若是沙漠地带，称呼亦可以是酋长、国王……我拿着这个方案找了几家投资公司和网络公司。一开始还满脸虔诚地听，听着听着脸上便漾起"菊花"来，然后一个个笑得跟萨摩耶似的。然后就没有"然后"了。

时间嗖一下十多年过去了，某机缘遇见了一个神一般存在的人物。当我得知他的重大事业中有一部分（如物格数字地产）正是当年本君的所思所想时，立即就有硝烟未散的战场找到同志的感觉。这"神一般存在"的人不是别人，就是二维码"扫一扫"技术发明人——徐蔚先生，也就是本书的作者。

<h1 style="text-align:center">一</h1>

徐蔚是个角色。他的"扫一扫"是个了不起的发明。每天与几乎所有人的生活发生关联。因为用得习惯了，都不大记得从哪一天起突然就有了这么个物件儿，好使。现在无法想象假如缺了它将是怎样的一种不便。出于对新结识这位"神人"的尊重，当会儿便问了度娘，知道这技术最早发明于 2011 年。国家专利局对其定义是"一种采用条形码图像进行通信的方法、装置和移动终端"。这专业术语听起来有些拗口，老百姓就说是"扫一扫"，挺顺口。从那以后，"扫一扫"就成了习惯用语。徐蔚的技术"扫"进了高铁站、"扫"进了各大小商场，也"扫"进了现行教材，"扫"出了互联网时代的一个新天地。

倘若您在高大上的楼宇里拉上个人问知道徐蔚吗，人家可能一头雾水；若在市场里碰见个贩菜大妈或是修鞋大爷问可以扫码支付吗，迎来瞪您一眼的机会特别大：不扫码还拿现钱啊？可见徐氏这个发明的厉害。厉不厉害的就技术本身而言，主要看市场应用有多大。当年谁也没有在乎的传感接入技术，一下子就干掉了"大哥大"摩托罗拉，自然也因之造就了后来的苹果及众多新款手机市场。根据当下手机全民性使用情况来看，智能手机市场有多大，徐氏"扫一扫"市场应用覆盖就有多大。现在的问题是，如果你仅把这个技术的空间想象成看得见的民生部分这一块，估计智商就可能有点"余额不足"了。这还真不是调侃。举个例子说，大家习惯了的"扫码"一事，要是往牛点的地方说，就是一种"接入技术"，即通过"扫"的动作连上万事万物，获取信息、建立关联、付出钱币等。完成这一接入的是手机之"扫"，一扫而万事搞定，一扫而心满意足，何其畅快之至。那么您想象过未来又将以怎样的方式延续这种"畅快"呢？告诉您，一种新型的穿戴设备可能不久的将来就会走入您的生活中，即"看一看"。我们平时描述"不经意地看了谁一眼"的另一说法就相当于"扫了人家一眼"——所以，"看一看"（如御空眼镜）也就是"扫一扫"的升级版。既然升级可以是"看一看"，在未来可否发展到"想一想"即可接入呢？这个应是无悬念的。所以，当徐氏"扫一扫"专利池里系列发明分别获得世界主要发达国家的专利授权后，有人感叹数字经济基础建设的物联网时代，除华为推出的 5G 外，中国高科技与美国硅谷之所以拉开了距离，乃是因为人家硅谷就差一个"扫一扫"。

差距真有这么大吗？居然可以因此而将硅谷人拉开一个跌层？这事现在做评价可能有点早。这样吧，以过去发生的事"证"一下将来可能发生的事因有了质证的经验而不至于认为虚狂。2006 年徐氏在美国申请的"数字人网络"专利是一个始于 2004 年注册的商标"MatrixLink"，此项专利后来成为 Facebook、Wechat、AliPay 以及上千款网络产品和 50 多项专利的基础应用。此外，徐氏在 2007 年预言当时如日中天的诺基亚或将在 5 年内消亡，其主要理论依据是，传感接入的方式因为更加符合人性，故而必然取代传统手机的键盘接入式。当时徐蔚的技术团队开发出一整套基于智能手机传感接入的规范标准，并将其装入国产手机中。而诺基亚作为江湖老大却错失时机拒绝了相关提案，意在保留塞班（Symbian）操作系统，其特征就是通过键盘进行输入。所以，悲剧了。当然，这些例子可能不足以说明太多，但当你读完本书第二章"先知先觉　码链预见未来、点石成金　码链遇见未来"，了解了因其所搭建的"码链模型"而做出的"十大标志性预判事件"时，可能您真的会沉下心来，研究"码链"到底是个啥东西了。

"人，在土地上劳动，创造价值，创造了这个社会、也创造了这个世界"——这话好像是某个伟人说的。在徐蔚的码链理论体系里的表述是这样的：数字人，在数字土地上扫码链接、分享传播，进行数字化劳动，也就创造了数字化的社会、数字化世界。这些"创造"的总和，也就构建了"数字地球"本身——这段表述看起来一点也不违和。

如果您下决心阅读本书，一定要知道，徐蔚在信息传递层这个尺度上，与传统互联网或至少与消费互联网在维度上还是有着很大不同的。他所建立的是一个以"码"为单位的信息维度，简要来说，这个维度的基本元素指的是时间、地点、人物、前因、后果，也即本书时时提到的"5W"。这些元素的整合，建立起了一个真实世界与数字世界一一对应的多个平行世界。

读到这里您可能还有些蒙。不必太急，我们以慢阅读的方式进入可能会有所收获。现实世界的人们其社会活动最基本的证明文件是身份证，人们得以在法律容许的范围里穿行而畅通无阻。同理在数字世界，这样的凭证也是需要的，那么就必须给地球上每个人的每次行为以一个数字身份凭证，这个凭证就是"码"。获得了这种凭证的人也因之成为"数字人"。码，不仅是行为的唯一标识，更是数字人对外服务的邀约。也就是说，您认识（关联）了我，我还可以为您服务。这个"码"具备唯一性、安全性、不可篡改性以及庞大的数量和时间戳。因为这众多的特点，使得它成为数字人在数字世界中的身份标识。

在徐蔚基于扫一扫组合专利发明构建的码链数字世界里，"码"代表着具有数字身份的人和万事万物的信息所有权。任何具有数字身份的人和万事万物，都可以在自己的行为中植入数字人DNA后生成新的码。通过码链接入，存储在码链网络中，从而最大限度地保证信息的真实性，溯源性，及不可篡改性。

要提请诸君注意到的是，本书各处叙事中，作者总不忘甚至有些喋喋不休地告诉您这样一个理念，即互联网的虚拟世界是由IP所构成的，是人与机器的对话；而由码链建模的物联网则是以码为媒介，是人与人的对话与链接。它是"以人为本""道法自然"为宗旨，是实现人类共享、世界大同的一种思想模式。这种模式中，人们将通过码链用数字化的方式接入物联网，从而实现东方哲学思想所追求的那种理想世界。

这里不妨摘录一段徐氏的基本观点：

> 码链数字社会新思想是在第一代互联网、第二代物联网、第三代社交媒体网络、第四代数字人网络的基础上发展起来的，码链数字人是典型的东方哲学思想与西方科技融合的产物。通过码链，可以透过三维世界看到来自四维世界的投影，也可以通过码链把三维世界映射到四维世界，三维和四维相互转化的过程中，在信息化基础上的数字化重构新世界。

看得出来，这是一个多么宏大的未来场景啊。

二

这里，我不得不说说徐氏"以人为本、道法自然、天人合一、世界大同"的"码链思想"四短语，看得出这是科技工作者的社会化理想追求。乍听起来有点虚，但将本书读完，您就会看到码链思想的宝贵以及作为科技工作者的追求所在了。"以人为本"是个政治性话语,但本书语义似有突破。第一代互联网是以 IP 与人对接的点对点服务,是"以机器为本"的,而码链的基本理论是人与人相对接的,机器只是"接入"的介质。所以说码链的本质及码链建模强调的是人与人、人与物的链接,强调的是人作为小宇宙与世界大宇宙的对接。中医是讲小宇宙与大宇宙关系的,徐蔚的这项发明在此处也强调这种关系,引起我的关注兴奋,因为我是个中医理论的坚定支持者。那么徐蔚的"小宇宙"与"大宇宙"在码链理论中是一种怎样的呈现呢?在数字化时代,数字社会里的"小宇宙"(人)怎样去表现人与人及与"大宇宙"的关系呢?

徐氏码链理论是建立在数字社会建设这个时代性台基之上的。所以,他认为现实社会的人,只要其有过与"数字"关联(如扫码付费)的过往,那他就是"数字人",这个定义接受起来并不难。基于社会上几乎没有人没扫过码,那就是说,整个社会的人都因之具有了"数字人"的属性。因此说当下柴米油盐热腾腾地生活着的社会就是个准数字社会——这不是个问题。数字社会的每一个人从事类似于扫码一类的劳动因此定义为"数字劳动",看来也是顺理成章的事。所以关于数字人,徐蔚的定义来了:"数字人是码链体系中,用来标识人类数字化社会活动的集合",是码链数字经济生态体系中区别于"肉体人"的一种称呼。在码链世界的呈现里,它可以不需要姓名、电话号码、家庭住址等三维世界的那些数据,也不是互联网时代通常理解的注册用户名,而是码链世界里社会活动的行为链条。

由此我们可以展开想象了,数字人、数字劳动、数字世界,这是不是一个全新的世界呢?未来世界的场景是不是现出了那么一点点端倪呢?徐氏于本书所思所述,还真就是这样一个又一个的新鲜场景:

回顾 2008 年北京奥运会,通过"摇一摇"专利技术制作的"凌空闪信棒"为开幕式节目打造了精彩的"璀璨星空"、2010 年为上海世博会信息通信馆提供"五感通信移动终端"获得会展奥斯卡金奖……

如果说通过技术带来的璀璨只是营造的"未来感"，则下面的语言本义，就是必须透过想象方可完成的未来场景了：

> 在这一全新的思想指导下，人类将开启一种新的模式，通过扫码链接，通过"扫一扫"、升级版的"看一看"，到终极模式的"想一想"，人与人、物之间每一次行为，每一次传播都建立"码的链接"。这种模式将带领人类进入一个全新的世界中去，这个世界并不是一个单纯的真实世界，也不是一个通过机器相连的虚拟世界，而是一个以人为本、万物互通、虚实互联的高维度世界，从而开启人类文明的2.0时代，这个时代的特征为"数字人、地球脑"新时代。

徐蔚先生讲码链的时候，他总是要将"以人为本"强调到一个突出位置的。这里似有必要将他的这种人本思想的路径做个基本阐释。举个例子，在码链理论体系中，最核心的理念是价值分享，即"我为人人、人人为我"模式。这看起来很社会学。其实在徐蔚这里，它就是一种技术路径。前文提到了数字人及数字劳动，在码链体系的劳动价值分配中，是通过价值链得以实现的。这种分配方式建立在人与人、人与万物的互联上。数字人的劳动（扫码）所产生的每一次接入，就代表了这次链接将（码链）发行人所提供的服务和扫码数字人彼此连接了起来，通过相互交换数据使得相应的数字获得它所需要的服务。而所有数字人获得的服务，以及每个与服务相连接的数字人，从两个维度上，就构建了一个"以人为本""我为人人，人人为我"的新世界。

我曾经参加过徐蔚的一次分享活动，是在湖南为某地定制脐橙产业码。在讲述上面这些道理后，脐橙销售商们依然是一头雾水，这当然可以理解。于是，会场主持就随意让销售商们扫大屏幕上的二维码，立即在扫码人的手机上就生成了一个不同于屏幕上的新的二维码；第二个人又扫了，则再次生成新码。与此同时大屏幕上（码链后台）就出现了前后扫码人的微信头像，非常清楚地看得出他们先后链接在一条线上，可以知其前链者，亦可以知其后链者，这就是码链。在商业活动中他们就形成了互动。而且他们刚刚生成的每一个码，都是带有扫码人（数字人）自己的 DNA 信息，是不可修改的、带有时间印记、可以追溯的唯一码。因此，商业信任就此产生了，商业关系就此形成了，未来的利益分享也将因此而得以实现。

或问，码链团队作为平台提供人，他们的利益会不会深埋在这里呢？会不会因每一单的销售而匿藏于后台抽成呢？从传统互联网或曰消费互联网经验出发，有此疑虑当属正常。因为这些网商们建立平台，然后导分流量，收取租金，是全天下都知道的惯例。对这种现象，清华大学产业转型顾问委员会主席黄奇帆就曾提出批评，并指明其"三大问题"是很要命的短视行为，包括网商参与者之间是零和游戏关系、烧钱扩大规模后只为打败对手，而打败对手的目的就是形成垄断后收取高昂门槛费、服务费等。但码链的规则不是这样的，码链不搞烧钱游戏，不垄断市场，而是坚持去中心化的接入，非常平等地对待每一个参与者。这里没有人在赚差价，没有中间商在控制流量，更没有人通过开户的"门店"抽取平台利润。彼此间的收益和分红，是通过码链体系的智能合约进行公平分配的。如果您对此感兴趣，不妨看看本书中"一体四商"关系的阐述。

而"一体四商"关系就是一个"我为人人"的关系，它基于码链的接入方式是去中心化（泛中心化）的，每一次的接入，就是一个新的"门店"，每一次的互动，就是交易的完成。在此基础上，码链体系将一切都记录得清清楚楚，无法篡改，且智能合约会将所有的价值公平地分配到每一个数字人的账上。因为这个时候的消费者也是"商"，在"一体四商"中称为消费商。如果您真理解了这种关系，回头再看徐蔚每谈必提的"以人为本""我为人人，人人为我"的理念，就一点也不觉得奇怪了。

三

对码链的科学价值做出评估，现在似乎还缺少系统，因为它可能就是一个新物种。正像评估 AI 技术的人性化特点一样，因为它本就不是"人"。不过即使码链不是同一物种，也还是可以说说的。比如，码链生态体系里包含了一个"物格"概念，并因之产生了物格门牌、物格经济，甚至物格地产等。而物格地产概念的出现，还可能为地产经济、地产税收的变革与扩源带来至少是目前您还想象不出的空间。

"物格"是个什么东西呢？这是 5G 物联网时代下通过扫码链接来标识人类数字化的一种与真实地理相对应的位置方格，与数字人的时间、地点、人物、前因、后果（5W）行为相匹配，具有地理位置唯一对应的标识物理空间网格，因此也是产品及服务的发生地与交易所。

上段文字听起来有些绕。说白点，所谓物格，就是一种物理空间的方格（当然也可以称为物联网的网格），是码链团队与北斗卫星有关机构合作，按照地球的经度和纬定划定的一个个格子。目前所划格子的长宽均是 10 米乘 10 米（100 平方米）的连续方格。那么，划这些方格干什么呢？它的技术性和价值延展性有着怎样的表现呢？

大家如还记得，本文开头曾提到的十多年前我个人的创意，想象着把地球卖掉的事。要说起来，徐蔚的"物格"就是干这个的，只是他的内涵更丰富、定位更精准、理念更高尚。他的"卖地"带有深层的数字化开发、数字新基建，甚至是一种映射于四维空间的地产开发应用。所以，徐蔚这样定位和出售的"物格"，就叫地球数字化土地。这样的"土地"具备劳动产生价值的基础，因此这土地就具有了房产属性。那您会问，既是有了房产属性，那获买了这块土地的事主，可不可以因此而得到"数字地产"证书一类的证明文件呢？一点也没有错，不但可以，而且已成了事实。其证明文件来源于中国航天科技集团，是以中国四维测绘技术公司北斗卫星遥感数据定位机构加以认证的。成都工商部门还给从事数字地产拍卖的机构颁发了商业牌照，专事数字地产的拍卖与转让，将其确认为一种数字土地资产，具有所有权，开发权，销售权，可以认购持有，也可以合法转让。

或问，持有人用这种"数字资产"干什么呢？精神占有吗？如果是精神性的占有，那就是十多年前本序撰者的水平。码链体系所要做的，绝不是这个目标，他们的目光高了去了。

就码链生态体系而言，它的理想就是要让参与到数字世界共建的所有人都成为互享链条的一环，让这些数字土地持有人持久地产生收益。这一点，徐蔚的做法与当下美国"超级世界"（Super World）人们对于虚拟地产的怀旧情结性的占有不太类同。码链所谓物格就是一块块的方格，方格在大众用语中一般也称为区块，而这个区块是有着真实地理位置地址的数字标识。通过点击接入而形成互联网的唯一标识，再通过码链进行链接，这就形成了物格的另一种属性——物格区块链。这样一来，物格就具备了三重属性，即数字地产属性、互联网域名属性和物格区块链属性。这属性中的任何一项，都可以为数字资产持有人带来收益。详细内容，大家可以读第四章中第四节的相关文字。我这里就不一一展开了。

如果说码链科学价值的全使用，可能会敲响一些风投公司的丧钟，让其自知利用平台垄断之法不可有永占天时地利之便，这说法一点也不为过。大家知道，当下互联网公司看起来风光无限，实际上，更多还是做着出租屋一般的生意。道理很简单，先投资搭建个互联网"大市场"，然后将一块块的场地分租出去，产生租金，道理就这么直白。消费互联网公司在虚拟世界里，是以流量为地盘、以广告和商家为租客的。天然不生产流量的电商平台通过从站外买流量，再把流量贩卖给站内商家，和线下房东抢生意。这样下来，实体的商业经济由此而遭受重创。这一点，我曾在 2015 年为《紫光阁》杂志写时评时曾有提及。就网商和租客的关系而言，初期在网上开店还算容易，及至线下实体店经营举步维艰后，再想去网上开个"门店"就会发现甚至比线下实体店还要昂贵得多。为什么会是这样？就因为传统互联网它是只有一个接入口的，你要开店，来我这儿买"地"，你要入场，先交买路钱；你如果要发布产品，好说，再来我这里买流量，否则什么都免谈。这就是当下消费互联网的生财之道。而码链生态体系完全不是这样，正像前文所调侃的，它真的可能就是另外的一个"物种"，这主要是接入方式的不同，开发人的站位点不同，抱负与追求更是不同。码链的接入方式强调的就是"我为人人，人人为我"的理念，这个理念是由码链理论基石所支撑和决定的。因为它的接入口是随时、随地的，是去中心化、泛中心化的。任何人在任何时候都可以接入并与他人链接、互动，形成价值链，从事数字化劳动，实现数字化社会价值。因此，码链思想及其体系将是终结互联网垄断模式的一种新崛起的力量。

四

人是需要格局的，人的格局是养大的。有什么样的格局，就会有什么样的抱负。而这抱负背后的眼力见儿，看到的东西可真就不同于常人。

码链及物格理论将要带来的改变是值得期待与关注的。曾经在北京某酒店大厅与徐蔚还有一位科技界的知名人士，一起讨论码链理论的支撑框架，即所谓的点、线、面、体、系。一般来说，点、线、面好理解，"体"是交易场所。但"系"是什么？徐蔚说，"系"就是提物权（SGR），是一种特别提物权。对于非经济学读者而言，提物权又是个什么东西呢？说白了，就是数字经济时代之以物易物的权利。

这不是又回到落后的物物交易的时代了吗？

人类的交易行为从物物交易走向以货币作为介质进行交易，确实是一大进步，也是一种解放。但没有谁会禁止物物交易的继续存在，或者在某种情形下，这才是一种真正算得上靠谱的形式。就在本书付印前夕，一则来自"雷科技"的报道引人注目，说丰田汽车在巴西推出了一种全新的支付方式，名为"丰田易货"，就是说允许当地农民使用玉米、大豆等谷物购买丰田汽车，谷物的价值由第三方机构估算。这实际上就是物物交易的一种形式，就是一种特别提物权的取用。

读过这篇报道的人很快就会将其忽略掉，因为大家都处在海量信息时代，总以为是某风投企业的"网红"之举。同样，在读者看到徐蔚码链理论里也有较大篇幅在谈论特别提物权（物物交易）时，一般情况下的反应就是码链这是推新词、炒概念吗？这是要逆天的节奏吗？人类还会走向物物交易的那一天吗？

当然，"丰田易货"因为直白一下就说清楚了，但徐蔚的"特别提物权"就需多言几句了。在物格新经济体系中，将各行业产业链的合约转化为可分割、可交易、可转让、可兑换、可追踪的"智能合约"，因之可以形成在码链联盟内进行物权交换。这里不可少的当然是码链专利技术的应用，创新性地利用消费者的订单，在反向驱动互联网价值流通领域各个环节的同时，亦可以追溯并锁定各生产要素和利益链条之间的分配原理，让每一个消费者既可以锁定消费，也可以参与投资增值。这样一来，分享经济的喜悦场景就体现出来了。与之同行的是，作为介质的"码链数字交易所"，它是由资产申报、评审备案、诚信追溯、交易兑换四大体系组成的，其记账单位就是"特别提物权"。依据各企业、地区或国家等码链联盟缔约成员单位的资产数字化，进行体系内平衡经常贸易结算，一旦发生收支逆差，可用它向体系内成员换取其他数字资产或实物资产，用以偿付贸易收支逆差或偿还数字结算银行的贷款，同时还可以看到，这个特别提物权是可与黄金、自由兑换货币一样，充作国际储备的。作为数字货币的载体与支付手段，发码行使用码链技术发行的二维码实施扫码支付，可直接用于贸易或非贸易的支付。"特别提物权"的定值与市场流通的实物直接挂钩，因之就具备了物物等价交换的条件。从国际角度来看，码链联盟成员单位借此可以获得储备篮子中的任何一种货物，以满足国际收支经常贸易的需求。

各位看得出来码链的好处了吧？ 特别提物权可以在个人间使用，也可以在地区间、国家间使用，而且对发展中国家也是十分有利的。因为通过"码链"释放潜能，可解决发展中国家外汇储备不足、支付能力不强的矛盾，以及跨境结算所遭遇的困境。各发展中国家的所有矿山、谷物、牛羊都可以通过码链体系折合成"提物权"，某种意义上，这其实就是一种实物资产的记账。有了它，在促进全球资源资产流动性、资源的有效配置及释放过剩产能方面，是极有好处的。可让世界各国，尤其是发展中国家都能参与到分享全球化各行业产业链分工的价值红利中来，避免成为全球化的受害者。这里的一切都是以"物"为锚定物的，其提物权的智能合约，既锁定物，又可拆分，且可全程追踪。

五

码链可以预见未来，前文中我们已经提到。这方面的预见性，建立在码链体系发明人的专业能量与深远洞见力。著名经济学家、国务院副秘书长江小涓在"人文清华"主题演讲谈数字经济时提到，下一步我们中国最有前景的产业是什么？ 是数字经济，这会给我们带来很多经济增长的机会。江女士谈到了 5G 技术将要带来的改变，很让人憧憬。她所描述的一些未来场景与徐蔚的预见是相近的，甚至他们之间的话语都透着一股子"撞词"的快乐。"消费互联网正在发生一个质的变化，它从以前的信息连接变成了链接，它可以链接行为，也可以链接活动。那么这种链接需要的通信能力，是此前难以满足的，幸好我们进入了 5G 时代"——这是江的表述。比较一下本书的内容，至少看起来彼此的话事风格是相近的、前瞻目标也是一致的。码链理论的核心就是链接，链接行为、链接活动，链接人与人、链接万事万物。

预见未来，基于技术以及科学规律，是完全可以做到的。但徐蔚在本书的封面上明显地写着"遇见未来"，这多少就有些让人犯蒙了。未来可以遇见吗？遇见的未来它还是"未来"吗？

一般语义上说，这种表述更多的只是一种修辞方式，如果不接受您自然可以理解成就是"预见"，这也无关宏旨。但如果将徐氏理论慢嚼细品特别是将其关于从"三维世界到四维世界的映射"、数字人及数字人的劳动，以及"物格地产"售卖、物格数字地产税源扩充等联系起来看，真就有种与未来一头相撞的感觉。不信，咱们往下梳理梳理，看是不是这样的。

码链数字经济商学院是码链团队的志愿者大本营，其数千名成员当下兴趣最大的事情之一就是物格门牌的销售。更有意思的是，占销售队伍重要角色的既非年轻白领、也非理工科大学毕业生，反倒是银发社会成员成了市场主角。他们穿行在各个物格服务点，推广的是他们认为未来前景看好的物格地产，他们满口的词汇是关于溯源、智慧合约、数字资产、码链价值链的价值分享。他们在各个毫不起眼的地方贴码，告诉人们一个新的商户在零成本的情况下就将营业了。他们串联商户的形式竟是自己账上的"元宝"在未来分红中的价值及特别提物权中的对冲……

有位经济学者在演讲中说过这样一段话，很让人感慨，他说，随着数字经济的发展，整个社会的节奏会越走越快，这就将有很大一部分的人被这种节奏给甩出去——这话不是危言。人们关心的是，将被甩出去的都会是哪些人呢？一般情况下，一定是年纪大的或者是文化少的，因为很多上了年纪的人或者文化基础很弱的人，连智能手机都不太会用，这就形成了与社会基本消费方式的硬脱离。但是，这个时候徐蔚出现了，他的码链理论那一套让社会观察者眼睛为之一亮：这到底是个什么新物种啊？！

我曾在某课堂上介绍过银发社会成员参与码链生态建设的事，我的基本观点是，在中国社会整体进入老龄社会后，类似于码链商学院这些大爷大妈级的贴码人群所组成的"数字人"队伍，将是中国人口红利的新一轮激活，是作为个体生命价值的再一次唤醒！未来人类世界关于寿命长短的认可不再是过往几千年所形成的"百岁天寿"，而将可能是衡量其生命质量的有效延伸及生命价值的无限拓展。

银发社会贴码人的行动，以及这种行动所表现出来的价值激活，让人产生了仅凭经验不可随意做出判断的警觉。

想想这情形，真是有种换了维度看世界的感觉，有了与"未来一头相撞"的惊喜。如果读者诸君在本书中读懂了物格地产的收入形式以及三千产业码的分享模式，理解了那个万物无所不在、万事无所不有的、"以人为本"的数字人世界，我想，您一定会确信与未来"相撞"的真实场景是正在发生着的。

这些场景如果您认为只是虚构的，正好 2021 年 8 月 13 日《参考消息》有则报道，其文来自《纽约时报》网站，醒目的标题是《网上可以买到埃菲尔铁塔》，而且同时强调，虚拟房地产市场呈爆炸式增长。条条大路通罗马，人家用的是什么技术咱们没必要去理他，但"虚拟房地产市场"也好、数字房地产也好，码链体系已经早早地进入数字地产的拍卖环节了，而且码链商学院里的志愿者们正在行动中……

六

徐蔚是懂大局的。当下的所谓大局既有"百年未有之大变局"，也有数字经济基础建设的科技创新大格局。数字经济建设，包括了数字产业化和产业数字化两部分。前者含有数字技术创新和数字产品生产，后者是指数字技术与其他产业的融合应用。所谓的数字产业化，就是数字技术带来的产品和服务，没有数字技术就没有这些产业存在。另外，产业数字化指的是产业原本就存在的，但加上数字技术后，就带来了产出的增长和效率的提升。

这些年来，我们国家的数字经济发展是很快的，数字经济的产值从 9 万亿元涨到了 36 万亿元这样的水平，其 GDP 占比从 20% 上升到了 36%。这个变化是可喜的。但在全球的数字经济增长国家排行榜中，中国不是最高的，德国占到了 63.4%，英国和美国分别占到了 62.3% 和 61.0%。不过我们也应该看到近年来，中国的数字经济一直是高速增长的，这是让国人颇值得骄傲的地方。但清醒的国人们也没有太多骄傲，而是在反思。很多人认为数字经济的增长上半场模式很快就要见顶了，即将转入下半场了。这个说法不是没有道理的。事实上，支持这种说法的理由，在徐蔚的这本书里都有过详细的阐释。当然，要说起"转场"的主要理由，还是因为中国的数字经济要由数字消费转向数字生产，数字产业化和产业数字化都是我们转场后的主攻方向，这才是主旨所在。而徐蔚的码链思想及技术，正给我们这种"转场"提供了理论、工具和解决问题的金钥匙。它不是解决所有问题的唯一，但它是解决所有问题都要利用的伟大工具。

欣逢大变局，码链走入了人们的生活，走入了国家的战略计划，这确实是件值得欣慰的事。由码链所构建的"以人为本"的科技新世界，将给中国的发展注入恒久的动力。

七

与未来相遇是件令人高兴的事，打动人内心的文字一般都会说"未来已来、心潮澎湃"。但在徐蔚的叙事里，既有高兴也有忧虑，这也是我们应该看到的。很多时候，理性比激情更重要。至少科学家是这样行事的。

还是先说说徐氏忧虑的事吧，就是他在书中无数次提到的"算力"。读者朋友多在网络信息中知道外卖骑手遭受互联网商家压榨的事，这一方面表明了马克思关于"劳动异化"的警醒没有过期，另一方面也看到了资本利用算力操弄的无底线。这事引起了社会广泛的愤懑与不平，这种"不平"的情绪显然也传达到了很高的主管部门，有一些政策的出台显然表明了对这种非法行为的严重不满，表明了对商人利用算力作恶的打击。算力本来就是计算机算的力量增加后的一种进步表现，何以每次负面表述时都必然要提及它呢？

我原本不大同意徐蔚在书中太多地提到"以人为本"这样的大命题的，但本书齐稿时，刚好全球性的疫情再度重暴，且其变种毒株比初级形态更加凶猛。为此，一家外网媒体发了一篇报道：辉瑞公司刚刚向投资者发布了一份新的声明，称它已经与微软达成了一项协议，将在疫苗中整合其 Pluton 处理器芯片。这种整合了处理器芯片的新疫苗的接种者可以减少疫苗注射后的疲劳和酸痛感，增强意识等。微软首席执行官萨蒂亚·纳德拉还表示，"这是医学界的一次巨大革命，加上微软强大的 Pluton 芯片，它将使追踪疫苗接种者的数据比以往任何时候都更加容易"。

我不知道别人看了这消息有怎样的联想，至少在我，越来越清晰地感受到芯片这一类硅基力量的走近，感受到了算力所决定和支使的某种无影"战士"与人类的悄然面对。我将这种感觉与徐蔚交流时，他的回答是，"机器取代人类的号角已经吹响，可大多数人还在懵懂之中"。

徐有这样的看法不自当下，这已经是他较长时间来一直担忧着的事。他曾在上一部著作《码链新大陆 物格新经济》中讲过一个故事。故事所要传达的是，如果我们不能强调"以人为本"的话，这个世界可能会因强大能量的算力的出现而让人类遭遇很难预料的一种结果。因为这种"力"实在是太可怕了。

2017 年的"人狗（机器）对弈"，"狗"胜于人，这事让世界惊愕不已。不完全是由于那只"阿拉法狗"的智慧带给人类以震撼，徐蔚为了提醒人们注意这件事的结果，特地写了个电影剧本《推背图》（后更名为《地球脑》）。这个故事所设定的"起因"是基于超级发达的人工智能打开了"潘多拉盒子"这一"事实",随后,一切可能发生的事都逐次发生了。其中有个细节让人惊恐:按照算力所统治的世界,已是硅基文明的社会首领"算"出了人的终极价值,认为这个只会消费、只会制造碳排放的种类,于硅基人社会发展是负面的,归属于考虑消灭的种类。但它们为了保证硅基文明时代的生物多样性,还是愿意把人这个"类"供养起来。但硅基人对人类的养法就很简单了,他们将人类的大脑取出,沉入一个类似于金鱼缸的器皿里通上电,以刺激脑电神经,从而让人类"幸福永生"于世……这个故事并不是要恐吓读者,而是说未来很多事情的发展因人工智能对人类智慧的超越而可能引起的结果。读到这里,至少我们明白了码链理论为什么总是强调"以人为本"这一话题了。因为,在一个由算力所控制的"未来"也许并非与你的想象一样美好,可能还有着另外一些你不愿面对的东西。所以,在徐蔚的码链理论和实践中,他一直是坚持讲"以人为本"这样一个看起来不是他一个理工男需要讲的大道理。于是,通过《地球脑》故事该是可以明白徐先生用心的:科学技术再发达,一切的一切,只能站在"以人为本"、以人为中心的地位出发才是人类所需要的未来世界,举凡背离了这一初心的东西,都将会走向人们期望的反面。

好啦,未来已来,让我们在本书中寻找那陌生又亲切的场景,想遇见却又十分遥远的明天、未来吧。

我们的目光一路同行!

作者介绍:一清,文化学者,《环球财经》杂志编委,中国网络电视台公益广告艺术委员会艺术总监,"中国梦"系列公益诗词创作人,《诗画中国梦》作者。

第一章　土崩瓦解　旧世界已经坍塌
　　　扭转乾坤　新世界码链重构

━━━━◆ 思维导图：新思维——扭转乾坤 ◆━━━━

物极必反、天道轮回；东升西落、不可阻挡。

日薄西山、土崩瓦解；硅基科技要毁灭人类；黑暗旧世界必然坍塌！

日出东方、欣欣向荣；碳基文明能缔造幸福；光明新世界已然重构！

构建人类命运共同体；乾坤挪移、否极泰来；破旧立新、推陈出新！

土崩瓦解——旧世界已经坍塌，颠覆以资本为垄断的帝国主义。

虚拟经济脱离实业、金融剥削流量压迫，旧的商业模式坍塌！

算法压榨外卖骑手、自私自利错误假设，旧的经营理念坍塌！

掠夺无罪打劫合法、海盗文化暗黑科技，旧的全球秩序坍塌！

机器殖民压力山大、巧取豪夺资本收割，旧的价值体系坍塌！

扭转乾坤——新世界码链重构，树立以人民为中心的发展思想。

以人为本智慧码链、一体四商智能合约，重构商业新模式！

道法自然扫码链接、绿水青山金山银山，重构新经营理念！

天人合一精神关怀、产业革命社会转型，重构全球新秩序！

世界大同共产主义、可信价值网络系统，重构价值新体系！

一、商业模式的坍塌与重构

旧世界的坍塌，包含了四方面的含义，首当其冲的便是商业模式的坍塌。原本基于互联网的商业模式是通过中心化接入、平台获胜、赢者通吃的模式。其结果就是将财富向上转移。而当前社会的普遍现象是大众被互联网、虚拟化模式不断洗脑，消费主义盛行、资本在各个层面主导社会及舆论走向。2018 年在论述码链思想及其实现价值时提出"2020 年天作大成"概念以来，通过模式变革等一整套全新的理念与商业模式新范式，为底层大众发声，本人于 2018 年 8 月在上海发起倡议把全国 100 个城市的民众组织起来，用血肉之躯筑起数字经济的长城，去对抗通过资本算力武装起来的传统的互联网垄断模式。

当今世界正面临着前所未有的严峻挑战，其中包括：经济复苏乏力、结构改革艰难、收入差距扩大、贫富分化严重、环境污染加剧、恐怖威胁增加、信仰危机蔓延、西方公信下降等诸多问题。这些问题的发生表明人类经济体系、政治体系和社会体系都面临着深刻的危机。令人遗憾的是，面对这场全球性危机，领袖和精英们的注意力主要集中在经济、金融和货币层面，焦点则是以量化宽松为核心的货币政策，以及以赤字和债务为核心的财政政策。

西方的货币政策和财政政策曾被奉为万应灵药、金科玉律，甚至成为某种新的宗教。一种新的、机械的、约化论或形而上学的教条统治着人们的思想，支配着各国的政策方针。这种约化论或教条的教义可总结为：一切政治的和社会的问题皆须通过经济发展和增长来解决，发展和增长则需要货币扩张和财政开支来刺激。而财政开支和债务增长的空间规模已经有限，因此，无限量的量化宽松政策就是唯一选择。该种约化论或形而上学教条充分彰显了当代人类思想的贫乏和思维的僵化，这种约化论或形而上学教条把宗教信仰、伦理道德、人文关怀彻底边缘化了。然而，人类历史的经验一再地告诫大家，要应对全面深刻的危机、为人类谋求新出路、为人民谋幸福，就必须要开辟出新的经济文明、新的政治文明、新的生态文明、新的思维方式以及健康文明的生活方式，首当其冲的就是要复兴和重塑人类的宗教信仰、道德情操和人文关怀。单纯地依靠货币手段、金融举措和财政政策、依靠新的货币金融和财政扩张来挽救金融危机和经济危机，从长期和本质上看无异于饮鸩止渴。

▍全球经济结构性内在失衡的总根源

自布雷顿森林体系瓦解以来，全球经济体系的内在结构出现了重大突变，即全球经济开始决定性地从产业资本主义向全球金融资本主义转变。其核心特征为：虚拟经济脱离实体经济自我循环、过度膨胀。更进一步，虚拟经济开始主导实体经济，虚拟经济的投机行为开始主导整个经济体系的价格决定和传导机制。此外，制造业中心与虚拟经济中心出现背离，发达国家继续掌控着货币金融中心和全球定价体系，新兴市场国家逐渐成为全球生产制造中心，却没有掌控全球资源和产品的定价权。发达国家凭借货币金融霸权地位给全球资源、技术、产品和服务定价，以非常强有力的手段实现全球收入的再分配，将新兴市场国家人民辛辛苦苦地创造出来的真实财富转移到发达国家，而一些新兴市场国家则面临着"贫困性增长困境"。所谓贫困性增长困境，就是指一个国家或地区生产越多、出口越多、资源消耗越多，相对真实收入水平、生活水平反而越低。

具体言之，全球经济内在结构性失衡主要表现为全球经济的五大变局：

1. 虚拟经济恶性膨胀，日益背离实体经济。这是过去四十多年来全球经济最显著的特征，也是全球经济中最令人困惑的重大现象。

2. 全球产业分工体系进一步深化，所谓产业"微笑曲线"完全颠倒过来。制造业越来越廉价,新兴市场国家围绕制造业的竞争越来越激烈。发达国家控制着金融货币、价格体系、技术和品牌,新兴市场国家则为了成为全球加工中心而相互激烈拼杀。在全球产业链分工布局上,新兴市场国家总体上处于劣势。全球产业分工格局的另一个基本特征是:发达国家的金融货币产品过剩,也就是流动性过度,而新兴市场国家的制造业产能过剩,也就是产能过度。

3. 金融资本主义主导的全球价格和资源分配体系,货币金融霸权形成新的剥削形态。新兴市场国家加工制造的产品在新兴市场国家的售价往往高于在发达国家的售价。新兴市场劳动者的工资和福利始终维持在低水平。本质上,新兴市场国家正面临着"贫困性增长困境"。

4. 2008 年全球金融危机以来,以美联储为首的发达国家中央银行实施量化宽松货币政策,进一步改变了全球货币、资本和金融格局,加剧虚拟经济与实体经济的脱钩,成为全球经济金融稳定的主要威胁。

5. 金融危机和量化宽松政策不仅没有削弱美元霸权,反而从多个侧面不断地强化了美元霸权。外国中央银行和投资者持有的美国国债快速地增长,美国国债市场的流动性持续扩张。新兴市场国家希望改革国际货币体系、削弱或部分取代美元霸权、摆脱美元依赖的努力还没有取得明显成效。

从更深层次来分析,全球金融资本主义是代表着人类经济体系演化的一个崭新阶段。人类经济体系,尤其是人类货币信用体系演变到今天,成就了一个异常奇怪的经济金融和货币体系,这个体系是由三类"两极分化"行为所构成的,是一个极为扭曲的经济金融系统。两极分化即:货币信用分配的两极分化、真实收入分配的两极分化、实体经济和虚拟经济的两极分化。这三个"两极分化"体系相互叠加、不断强化,把人类整体地带入全球化的金融资本主义时代,这就是人类经济金融系统最根本的制度缺陷,也是金融危机频繁爆发的根本原因,更是全球经济失衡和难以实现稳定、可持续增长的总根源。

从全球范围看，这三个"两极分化"很好地描述了当今世界的整体经济模式。随着虚拟经济日益脱钩实体经济，全球制造中心和金融中心加速背离，发达国家如美国、欧洲和日本的制造业逐渐出现"空心化"现象，全球制造中心决定性地转移到了新兴市场国家，尤其是转移到亚洲国家，转移重心又是在中国。然而，由于发达国家继续掌控着全球货币金融中心、一般购买力创造中心，掌控着全球价格体系、资源配置体系和收入分配体系，于是就形成了主导过去数十年全球经济的"基本模式"。这个模式就是：东方拥有产品制造和加工中心，西方掌控货币金融中心；东方制造和加工产品，西方创造货币购买力；东方为全世界制造产品，西方为全世界产品定价；西方大量发行债券和创造各种金融产品，东方则用自己的储蓄去购买这些金融产品；东方储蓄，西方消费；东方节俭，西方挥霍；西方向东方借钱，东方给西方融资。2014年2月10日美国《华尔街日报》发表了一篇文章《全球复苏的不祥预兆》，尽管该文作者对全球经济模式本质的认识不够深入和系统，但作者认为当时的金融危机已经过去5年多，全球经济运行的基本模式还依然如故的看法，一语中的地道出了"全球复苏的不祥之兆"。

从这些核心论点及其分析逻辑里，可以非常清楚地认识到：全球金融资本主义的危机是全面深刻的危机，危机的深层次原因并不完全是由货币和金融体系造成的，虽然国际货币和金融体系的动荡是导致金融危机和经济衰退的直接诱因，货币和金融危机只是全球经济金融体系内在缺陷的主要表现之一。全球性的政治危机、社会危机、生态危机、政府公信力危机、信仰危机才是人类面临的真正危机。

▎建立全球经济系统治理结构新秩序迫在眉睫

要纠正全球经济内在结构的重大失衡，就要应对当代全球经济、政治和社会所面临的全面和深刻的危机，世界各国在制定宏观经济的路线、方针、政策时，在决定微观运行的发展理念、商业模式时，应该至少从如下方向有所思考和改变：

首先，要对国际货币金融系统实施重大改革，根据某些重要原则，对全球性宏观经济政策进行协调和调整。金融危机至今，以美国为首的发达国家从来就不愿意进行国际货币金融体系改革，国际宏观经济政策的协调几乎没有任何进展，各国国内的结构性改革由于政治风险太高而无法实现。没有国际货币体系的改革和重塑，没有主要大国宏观经济政策之间的有效协调，就不可能实现全球经济的再平衡。一个真正的、全球化的经济系统确实需要一个公正合理的全球性的治理结构。

其次，世界各国尤其是西方发达国家应该更加充分地开放本国劳动力市场和投资市场，创造更加公平和完善的移民政策和投资环境，以妥善保障外来投资者和移民的合法权益，鼓励外来移民和外国企业家到本国投资兴业，以激活本国的投资和消费，同时刺激本国劳动力市场的改革。全球化不能只是贸易和金融的全球化，必须是全方位的全球化，包括移民、劳动力和投资的全球化。欧洲及其他一些发达国家面临的根本性难题是人口老龄化和消费力弱化，若不能够实施富有远见的重大改革，全身心地拥抱移民、劳动力和投资的全球化浪潮，反而固守僵化的保护主义政策，这些国家的国民经济总收入将陷入长期，甚至永久地衰退或低速增长的趋势。

此外，发达国家应该拿出更多资金，援助和支持世界上极端贫困国家和地区的经济发展与民生改善。在一个流动性金融资产高达数百万亿元的全球金融资本主义时代，极少数人每天的收入高达数万乃至数十万美元，他们随时都有能力穷奢极欲、肆意挥霍。而与此同时，地球上却还有至少10亿人每时、每刻都面临着饥饿和传染病的威胁。这是人类共同的耻辱！许多极端贫困的国家，正是今天那些发达资本主义国家曾经疯狂掠夺和肆意凌辱的殖民地。因此无论是从人道主义角度，还是从全球发展角度，发达国家都应该大幅度增加对极端贫困国家的援助和支持。

　　人类需要崭新的政治、经济、思想和文化思维模式。全球领袖和精英们应该带头反思今天人类经济和政治体系所面临的全面深刻的危机，尤其是虚拟经济恶性膨胀、整体经济脱实向虚、生态环境加速恶化、贫富分化日益严重、社会矛盾日益尖锐、恐怖主义日益猖獗等全球性的重大问题，反思人类经济、政治和思维模式所存在的重大缺陷。西方发达国家的精英们应该抛弃西方文明中心论，抛弃持续百年唯我独尊的帝国主义、抛弃沙文主义意识、抛弃"冷战"思维、抛弃双重标准，抛弃极端形态的"华盛顿共识"，以虚心和真诚的态度与广大发展中国家展开对话，加入东西方文明对话，缔造并形成全球利益共同体、人类命运共同体的新共识，这一点就显得尤其重要和迫切。

　　人类应该重新认识自然规律，重新认识自然和人类社会的关系，重新认识经济增长和财富积累的本质规律。经济学应该从自然科学、社会科学、系统科学、思维科学、行为科学、地理科学、东方哲学和宗教等里面充分汲取营养。建设经济学的新学科体系，尤其需要引入物理学中的"熵增"理念、物质不灭定律、能质转换原理以改造传统经济学的世界观和方法论；引入"经济生态链"理念改造成本、收益、财富、资本等概念、改造产业分工体系和价格机制的认识等。

▍码链思想应运而生

　　在旧世界已经坍塌，亟须重构新世界的大变局之际，码链思想应运而生。

　　码链思想是基于中华五千年文明演化而来的，码链思想的内涵是：以人为本、道法自然、天人合一、世界大同。码链思想理论先进纯洁，代表着东方文明思想引领现代科技发展从此将进入新时代，码链思想将在经济、贸易、金融、货币、法律、道德等各方面，深入社会的各个阶层，在全球范围内引发一场全面、整体、深刻、彻底的革命，完成从三维世界向四维世界的重构，开启新的经济文明、商业文明形态、构建全球利益共同体的神圣使命，是实现人类命运共同体的正确思维。

▌ 智慧码链思想建设数字社会新商业

社会发展演进速度是有加速规律的，农业社会数千年，工业社会三百年，信息社会需要几十年，进入数字社会只需要几年。如以扫一扫技术为代表的扫码支付模式只要数年，即达到十亿民众的普及。社会发展与演进加速，这是一种喜人的现象，但同时值得引起大家关注的是，这种倍速前进的社会发展节奏打乱了原有的秩序，从而导致各种问题的大爆发和矛盾的集中涌现。当然我们也应该看到，以当前互联网发展乱象来看，也是多有令人忧思的地方，多少也折射出无可奈何的盲人摸象的现象。

数字社会是建立在现实空间与网络空间之上的，各行业的社会人行为都需要进行数字化表达。人们要思考很多问题：如何把人类的社会化行为表达到网络空间，如何建立起一体化信息执行环境，如何实现信息数据的获取、处理、存储、传递等。需要有哲学基础和专利技术支撑的数字社会新商业模型。

在基于"数字人"概念与扫一扫专利体系发展而来的码链模型中，每个码其本质都是数字人对外提供服务的邀约。码在每次交互中包含两个维度：一是发行人的数字人，二是其所发行的服务内容列表。每次扫码接入就代表一次链接交互，将发行人所提供的服务和扫码的数字人连接起来。数字人之间通过交换数据使得扫码可获得所需要的服务。所有数字人所能获取的服务、获得每个服务的数字人这两个维度构成"数字人—服务列表"矩阵链接（Matrixlink）网络，也叫作"智慧码链"。智慧码链是建设数字社会新的数字经济新基建，是为重构已经坍塌的旧商业模式而创立的新模式。

而基于扫一扫在中国超过十一亿人的广泛普及群众基础，发展"统一发码，统一扫码"，形成"事前控制，事中监督，事后监管"的模式，就迫在眉睫，势在必行；同时，由于发码行已经完成了"扫码链接，统一发码"在全球近百个国家的申请／获得国际专利授权，为"统一发码"形成全球化应用标准及授权模式，奠定了"国际化，市场化，法治化"的发展路径。

二、经营理念的坍塌与重构

过去一切的商业模式和经营理念都是以营利为目的的，其主要原因乃是主导世界几百年以亚当·斯密为代表的西方经济学理论，而这个理论的前提和假设是错误的。此经济理论中，每一个人都被假设为追求利益最大化的自私个体。由此推导，商家为追求利益最大化，甚至将商品以次充好，也在情理之中。这个不仅在传统社会，母亲为家庭做饭做家务，其社会价值并未得到衡量，从经济学理论上来讲已经是不符合逻辑，而在新型冠状病毒肺炎（以下简称"新冠"）肆虐的当下，不秉承"我为人人，人人为我"的理念，而对自私自利，放任自由的一意孤行，更加凸显其"荒谬"。

▎旧经营理念的坍塌

进入数字化时代，我国的就业结构已经进入第三个拐点，那就是劳动密集型服务业主导的阶段。在此阶段中，开始有越来越多的人被更高效的机器和市场分工所淘汰，在算法提供的更高效率的加持下，部分传统制造业的岗位被消灭，哪怕是有一定生存技能的工人，一旦其掌握的技能和数字时代不匹配，就只能被迫流向更"低端"的行业。而只要肯吃苦就能有收入的外卖行业，已经算是较为理想的选择了。

近期，一篇名为《外卖骑手，困在系统里》的文章，戳中了行业普通劳动者的痛点。也许有人认为，外卖骑手的工作虽然辛苦，但薪资却是相对较高的，有些"痛"也是在所难免的，都是打工谁又是容易的呢？

在平台算法的计算下，外卖骑手的每一天、每一次配送甚至每一个步骤都会被精准地规范。在食客收到外卖的速度更快、平台获取收益也更大的情况下，外卖骑手的容错率却更低了。三年前3公里配送的时间是1个小时，两年前是45分钟，而在2020年这个时间被更加"高效"的算法压缩到了38分钟。

算法确实帮助社会提升了效率，人们也享受了效率提升带来的各种便利，但是作为社会组成部分的人却活得越来越不像人了，这也是普通劳动者们最为担忧的。

外卖平台不实际提供菜品，提供的是菜品的信息，可以在中间赚取两头的利润，是典型的商业"中介"。商家通过外卖平台增加了销路、平台招募了骑手拉动了就业、消费者通过平台点餐足不出户就可以享用美食。从表面上看，外卖平台似乎成为能够创造价值的大好人。

但事实上是，无论外卖平台、商家、骑手和消费者在享受算法带来的更高效率的同时，也陷入了藏在红利背后的困境。

首先是消费者，自2018年外卖大战进入尾声起，几乎每年的外卖价格都在上涨。此外，因为新冠疫情的原因，更多的消费者开始关注外卖的品质，为了能够吃到优质安全的食物，消费者逐渐接受了外卖变贵这个既成事实。哪怕人们不点外卖，置身事外地选择了堂食或者外带，也必须接受商家先外卖、再堂食、最后外带的优先级顺序，传统的消费者也已经开始被迫接受吃饭需要等待的现实了。

再看商家，虽然外卖平台增加了商家订单，消费者愿意承担的外卖费用相对提高了，但是商家的日子却变得更加困难。为了获得更高的流量和更加靠前的推荐位，商家需要积极参加平台的各类活动，但是这些费用却是由商家自身承担，甚至有些时候平台会在没有打招呼的情况下，强制上线一些促销活动，商家只能选择，被动接受。这种霸王式的活动，大规模的连锁型餐饮企业或许尚能承受，但是对那些小餐饮店而言，面对平台不定期的强制性活动，可谓举步维艰。

商家入驻外卖平台一般有两种合作方式，一种是只入驻平台，需要承担大约6%的费率，商家需要自己掏钱来供养配送员，非连锁的小型餐饮店根本就负担不起。另一种是既入驻平台也使用平台的配送，这种合作方式的费率大约为18%。由于外卖骑手的配送时间是从消费者下单开始计算的，商家出餐越慢，骑手超时的可能性就越大，而平台给骑手的时间压力就变相转嫁给了商家，商家需要做出的牺牲就是外卖优先，堂食、外带都得向后顺延。

此外，平台还要求商家只能选择一家平台"独家"入驻，商家一旦上线某家外卖平台，哪怕未来佣金上涨，为了辛苦积攒的销量和口碑，多数商家也不会轻易退出。2021年上半年，广东餐饮协会就特别点名批评了美团的高额佣金和独霸性经营问题。

即便如此，外卖平台的日子就会变得更好吗？不同于其他类型的生活服务，外卖服务是需要进行配送的。由于订餐的高峰过于集中且还有天气等不确定因素，外卖平台需要投入大量的资金研发智能调度系统，同时还需要有庞大的外卖骑手储备。从运营的角度出发，毕竟平台也需要盈利，而平均12%的佣金也只能勉强扭亏为盈，看起来似乎并不过分。举例来看：某团目前拥有超过400万骑手，2019年在某团的所有开支中，外卖骑手的成本是最高的，总金额超过了410亿元，而某团全年的外卖佣金收入仅为496亿元。也就是说，美团佣金收入的80%都花在了骑手身上。那么问题来了，难道佣金涨价的最终受益人是骑手吗？答案显然是否定的。在如今的外卖系统中，处于最顶端的仍然是美团和饿了么这样的外卖平台，而各大代理则处于中层的位置，处于最底层的才是数量庞大的外卖骑手。

过去的外卖骑手是直接与平台签约，福利相对较好，有五险一金和各种补贴，这就造成了很多人对外卖小哥收入高的印象。但自2018年后，美团和饿了么全面开启了"代理商模式"。此时的外卖骑手需要同第三方物流公司签约，与外卖平台则不存在任何雇佣关系，五险一金也变为只剩下一份人生意外险，一旦出事，哪怕侥幸捡回一命，个人也需要承担大部分的医疗费用，这就基本宣判了外卖骑手的"经济死亡"。外卖系统的"代理商模式"，相当于是变相地将原来平台应该承担的责任转嫁到了骑手身上。

而外卖骑手又被分为"专送"和"众包"两类，专送接受平台派单，相当于外卖行业的"正规军"；众包则需要骑手自己抢单，相当于外卖"游击队"。事实上，当下各行各业也都有众包的形式出现，包括财务审计、营销策划、产品开发等。

2021 年上半年，由于新冠疫情原因，外卖平台基本只给专送骑手派单，这些订单都是强制性的，系统会根据位置、距离等数据，最高效地将订单分发给骑手。骑手必须在规定时间内完成到店等餐、取餐以及向多个用户配餐，至于商家出餐缓慢、恶劣天气等不确定因素造成的延时，并不计算在规定时间内，一旦超时被消费者投诉，骑手这一天基本就白忙了。

网上曾流传一个短视频，一个外卖小哥因为暴雨的缘故超时被消费者训斥的画面。该视频让许多人从中看到了自己被甲方或领导责骂的影子。其实，被困在"算法系统"中的又何止外卖骑手？

有一家如今已能成为本地生活服务业巨头的外卖平台企业，就是依靠早期强大的地推和后期强大的算法，而算法只是一味追求效率，它一定会通过不断地压榨外卖系统中的各个要素来达到更高的效率平衡。例如，为了提升骑手的配送效率，他们开发了一套语音系统，以通过语音播报来提示外卖骑手，从接单到取货、配送的整个流程都可以在语音系统的引导下完成，从而让骑手可以更加专注于配送本身。这套算法最终提升效率的结果是为骑手节约了 2 分钟的平均配送时间，而这省下来的 2 分钟就意味着单位时间内有更多的订单和平台更大的市场份额、更多的利润营收。

这家巨头上市三年来，市值从上市之初的每股 40 港元一度暴涨到最高每股 280 港元，这背后的核心逻辑就是算法加持下的"效率"和一次又一次的提速。算法在考虑了消费者短期不愿意支付更高费用的情况下，也考虑到了商家短期内不愿意支付更高佣金的事实，还考虑到了骑手的精力是有限的，过度地压榨骑手终究要出大问题。

但外卖骑手既没有对抗平台的办法，也没有对抗骑手的组织，他们同小餐饮作坊一样，在整个外卖系统中甚至连议价的权利都不具备。

这篇"外卖骑手"的文章火了，网友们在网络上对骑手表达了同情，同时也对平台的做法表示了谴责，平台也象征性地道了歉，平台再将配送时长从 38 分钟放宽至 45 分钟，但还是有大量的外卖骑手会在 38 分钟内完成配送。究其原因，是哪怕工作的压力再大，这与现实生活的生存压力相比，这种被压榨的痛苦根本不值一提。

过去的十年中，随着国内产业升级，曾经四处打工的广大农民工也有相当数量被外卖与快递行业吸收，这就是新时代下的"血汗工厂"现象。需要特殊技术的工作，没有受过专业培训的人是无法胜任的，可替代性较大的工作再苦、再累也得干，否则就很难再有另外的出路。

虽然社会也不断在鼓励企业的善举，但最终抢占市场，比拼的还是效率。就快餐行业而言，哪个平台的饭菜更加丰富、便宜和拥有更快的配送，哪家企业就会得到更加丰厚的回报。

在互联网时代中，人们遗憾地看到，社会资源被不断聚集，财富垄断的速度迅速加快，FAANG 为代表的美国纳斯达克代表科技股票前 10 大巨头的市值，已超越过去 100 年累积的财富，并且在新冠疫情期间，不可思议般地持续暴涨。

▍ 重构经营新理念

"绿水青山就是金山银山"这是时任浙江省委书记习近平于 2005 年 8 月在浙江湖州安吉考察时提出的科学论断。规划先行，是既要金山银山，又要绿水青山的前提，也是让绿水青山变成金山银山的顶层设计。

码链思想重构新的经营理念，秉承"道法自然"的指导原则，特别关注绿色、低碳可持续发展。遵循"创新、协调、绿色、开放、共享"的新发展理念，凝聚"我为人人，人人为我"的社会价值共识。码链思想理论体系科学地诠释了中国特色社会主义的信仰和价值。

几百年来，人类社会生产力和生产关系不断变革，特别是互联网的蓬勃发展，打破了各方信息不对称，例如买卖双方信息不对等，或者交易双方不可信等问题，形成了像电商、社交、内容、情景等信息互联网的商业模式，使信息得以有效分享，并推动了信任在网络上的传递以及各行各业的数字化转型，加速了社会的飞速发展。然而，数字化浪潮带来的深远变革才刚刚开始。

码链经营理念是构建在可信价值网络之上的。它天然具有的开放透明、不可篡改、对等互联、易于追溯等特性，可以对医疗票据、财税发票、电子合同、应收账款、贸易仓单等代表价值的资产进行可信的数字化连接，记录它们在各方之间的流动、连接、权益分配的完整过程。码链大幅简化资产在传统流转环节中各方协同的摩擦，实现商流、信息流、物流、资金流的高度协同。

这将大大促进跨机构的数据共享，前所未有地让人、设备、商业、企业与社会各方更高效地协同起来，降低各方的信任成本，大幅提高商业和社会运转的效率以及价值的流通。码链的数字经济经营理念，为重构坍塌的旧经营理念找到了方向，建立了模型。

三、全球秩序的坍塌与重构

新冠疫情的持续发酵正对当前的国际秩序造成重大影响，中国作为这场关乎全人类未来走向的"抗疫战争"中的战胜国，首先要考虑的应是如何在后疫情时代建立一套全新的全球治理体系和规则秩序。这是中华民族的一次历史机遇，随着中华民族伟大复兴的历史进程不断加快，5000年的中华文明将再次站到世界的顶峰。

建立在海盗文化基础上的现有国际秩序

当前，所谓的国际秩序始于盎格鲁－撒克逊时代的海盗文化。

海盗传统，是英美国的立国之本，而掠夺则是英美国的本性。前有英国女王颁发的私掠证，今有《美国海军学院会议论文集》正式发表的文章为证，在这篇由两位美军退役海军陆战队上校所撰写的文章中强烈建议美国再次发放私掠船委托书，在世界各大洋上对中国的商船进行打劫，以此来打断中国经济的发展。

尼克松时期的美国国务卿基辛格，最大的成就是在中美建交中发挥了重要作用，所以这位老人一直将其作为一生荣耀。基辛格十分关注中美关系，尤其自2018年开始，中美关系越来越紧张，每次发生摩擦，基辛格总是首先表态，呼吁各方保持克制，以避免冲突的发生。

有趣的是，基辛格对话的目标从来都不是美国，而是中国。

这位老人撰写了一系列关于国际秩序的书籍，他对中美双方的呼吁也总是重点强调：希望中国接受现有的国际秩序。否则世界可能会陷入危险的边缘，甚至战争。

那么什么是现有的国际秩序呢？

所谓"现有的国际秩序"说白了就是美国奴役世界、洗劫世界的秩序。这就是美国的价值观。

在他们看来，他国经济发展，就必然挑战美国的霸权地位，从而引发世界动荡。这与美国前总统奥巴马"如果每一个中国人都过上好日子，我们美国人只能去吃草"的言论颇有相似之处。

美国至目前为止尚未签署联合国海权法案，美国海军因之默认众所周知全球四大洋皆为美国领海，由此可见他们要"维护南海的航行自由"是怎样的一种荒唐。

目前，美国的领土早已超过了巅峰时期的大英帝国，它像蛛网一样布局的军事基地，让全球除了中、俄、伊等少数国家外，看起来都要成为它想控制的领土。美国用美元、美军和美网掠夺世界，用美元纸片换取全球财富，这就是美国主导的所谓"国际秩序"。

2020 年中，丹麦爆出美国窃听欧盟各领导人事件，欧盟表示了对美国的深度失望。殊不知，令欧盟领导人真正难堪的是，丹麦只不过是扒下了那件皇帝的新衣而已，更肮脏的事情还在深藏中。这就是基辛格等美国政客心心念念的"国际秩序"，也是他们一直要努力维护的"国际秩序"。

时至今日，海盗文化虽已部分洗白，但改不了的还是那文化底色。在西方文化中，代表抢劫的海盗文化从来都是浪漫、勇敢、探索的代名词，对欧美海盗的"赞美"，从来都只给予抢劫成功并且已经洗白为绅士的罪犯，而不是给予失败者的。与美国同属五眼联盟的英国是第一个将海盗纳入国营范围的国家。

16 世纪的欧洲，西班牙是当之无愧的霸主，他们开着船到南美洲烧杀抢掠，屠杀印第安人，并抢走了占世界总储备量 83% 的 18600 吨白银和200 吨黄金。而彼时的英国正在进行圈地运动，通过掠夺本国农民来积累财富，人民之土地有限，权贵的贪欲却无限。当看到西班牙整船整船运回真金白银时，英国人垂涎三尺，跃跃欲试。于是，国力尚不如西班牙的英国将手伸向了海洋，伊丽莎白女王开始为海盗们发放"私掠许可证"。被授予"私掠许可证"的海盗，开始为英国抢劫周边国家的运输船只。在当时海盗被抓获是要被处以绞刑的，但如果拥有"私掠许可证"，就可声称自己是奉命行事并享受战俘待遇。

在此时期，英国学者们开始美化海盗，将其包装为"绅士海盗"，政府也允许资本投入海盗业务，分红劫掠所得。于是上至女王，下至地主乡绅，甚至农夫都踊跃资助海盗进行掠夺。只要海盗们抢有所获，整个国家就为他们的胜利而欢欣鼓舞，而最出色的海盗船长则成为国人景仰的民族英雄。当然不是每一次都会成功的，如偶尔有失利则朝野上下又为之捶胸顿足。据西班牙公布的资料，仅英国皇家海盗德雷克劫取的金银就价值五万英镑，这几乎就是英国当年的 GDP 了。

正是因为英国不断地通过海盗进行劫掠，西班牙陷入了英国海盗的汪洋大海。西班牙在大洋彼岸所获之"利润"被英国不断地蚕食。直到 20 年后，西班牙在加勒比海修建了大批据点和堡垒，护航舰队的实力也大为增强，并剿灭了德雷克等一批英国海盗，才初步扭转形势，并逐步与英国形成正规战争。

但 20 年的时间，已经让英国抢得盆满钵满，这也是西班牙失去霸权的重要原因之一。随后，英国坚定了没有任何生意比抢劫来得更快的信念。令英国没有想到的是，200 年后它终于碰到了一个比它更能抢的主。

1773 年，英国决定对北美殖民地实行茶叶销售零关税，这虽然意味着北美人民可以喝到更便宜的茶叶，但同时也意味着美国那群走私犯们，再也不能从关税的差价中挣钱了。

为了挣钱，这群走私犯们揭竿而起，终于爆发了北美独立战争。但当时的大英帝国实力如日中天，海军实力更是无可匹敌，美国只有民兵，甚至没有标准化的制服，胜利毫无意外地落在英国的一方。

美国人却通过两招出奇制胜。一方面，投靠法国，让法国与英国发生冲突。另一方面，美国大量发展私掠船，抢劫英国商船和补给船舰。

据统计，当时在整个独立战争期间，美国至少有 9 万人参加了私掠船队。9 万人和 3000 艘以上船舰的规模，很快让英国人陷入了汪洋大海。根据英国提供的数据显示，在整个独立战争期间，一共有 2208 艘英国船只被美国人打劫。这就直接导致了英国到北美殖民地的商业来往全部瘫痪，英国海陆军的后勤补给被不断侵袭与骚扰。

2020年《美国海军学院会议论文集》正式出版，内中发表了由两位美军退役海军陆战队上校所写的文章，强烈建议美国再次发放私掠船委托书，剑指在世界各大洋的中国商船，以此来打断中国的经济发展。

他们建议，由美国私营军事机构承包私掠船的经营，政府提供服务并注入相应的资金就能获得丰厚回报。按美国的这种文化传统，只要官方同意并鼓励，必有成千上万的人会从事此项活动。

这些行为，在中国人的价值观看来，完全不可理喻。但在美国的世界秩序中，这被视为一种"合法"。早在1856年，全世界几乎所有国家都签署了反海洋掠夺的《巴黎宣言》，宣布私掠船只为非法行为，而美国却明确拒绝，强调将继续保留海盗抢劫的权利。直至1907年，《海牙公约》签署后，美国才勉强同意打击海盗行为。

虽然基于海盗行为的世界秩序看起来好像中止了，但当今的世界秩序，依然深受美国规则影响。无论是海盗行为还是恐怖组织，都由美国定义。

20世纪全球影响最大的事件，应该属于"1971年尼克松把美元与黄金脱钩"，即金本位垮台。因为，人类历史上第一次出现可以不再需要直接通过殖民掠夺，而是通过印刷钞票就可获得"真实货物，自然资源"的一种全新的"全球殖民方式"。

直到今天，美国还依然故我，理所当然地通过美元、美军、美网进行掠夺和维系美国优先的国际秩序。

可以预见，当美元秩序被打乱的时候，美国大概率将再次走上"合法抢劫"之路。2020年新冠疫情期间，德国柏林警卫队预订的N95口罩遭到美国"合法"抢劫就是例证。

2021年初，美国还以指责"强迫劳动"为借口，先后抢劫了价值100万美元的马来西亚手套，直接派发给美国各部门。

只是在今天，美国可以随时抢劫它的"盟友"，但面对崛起的中国不断下水的战舰，它却不敢有明抢的勇气。

那么，美国是否会甘心缩手呢？不会，它会变本加厉，借助"新冠溯源"，组建新"八国联军"狼狈为奸，妄图再一次把不平等强加于中国人民之上。

殊不知，这次真的是搬起石头砸自己的脚。

▍以"道法自然、天人合一"精神关怀重构全球新秩序

信仰是人类特有的一种精神现象，是世界观、人生观、价值观的集中体现，信仰的形成和发展一般是建立在人们科学认知的基础之上，人的认知越全面、越深刻，其理想、信念、信仰的确立就越真实、越坚定。

中国优秀传统文化中蕴藏着解决当代人类许多难题的重要启示，其中也包括关于人和自然关系的理念和思想。习近平指出："中华文明历来强调天人合一、尊重自然。""天人合一"是视天地万物人为一体的思想。在中国古代文化中，人与自然的关系被表述为"天人关系"。董仲舒说："天人之际，合而为一。"季羡林先生对此解释道：天，就是大自然；人，就是人类；合，就是互相理解，结成友谊。在儒家看来，"人在天地之间，与万物同流""天人无间断"。也就是说，人与万物一起生灭不已，协同进化。人不是游离于自然之外的，更不是凌驾于自然之上的，人就生活在自然之中。程颐说："人之在天地，如鱼在水，不知有水，只待出水，方知动不得。"即根本不能设想人游离于自然之外，或超越于自然之上。

"天人合一"追求的是人与人之间、人与自然之间，共同生存，和谐统一。人与自然彼此和谐的关系构成了中国传统文化中的终极价值关怀信仰模式。道家主张通过自然无为实现与道相统一，最终实现人与自然的和谐。孔子主张"有为"参与到自然的发展变化中，注重人的自我实现以及对道德人格的追求，在改造社会的过程中，人的主体地位不断得到肯定，并最终成就了积极的入世精神。道家与儒家的不同价值取向形成了中国信仰刚

柔相济、进退互补的精神结构，以不同的方式实践着"天人合一"的终极信仰。

历史唯物主义者认为："人们创造自己的历史，但是他们不是随心所欲地创造，并不是在他们选定的条件下创造，而是在自己直接碰到的既定的，从过去继承下来的条件下创造。"

当代中国的信仰重构，就是在坚持马克思主义信仰统领社会发展的前提下形成的兼收并蓄的信仰体系。而这种信仰体系是建立在中国传统文化基础之上的。

中国特色社会主义信仰坚持和发展了共产主义学说的核心价值体系，也是"天人合一"精神关怀的具体表达。人生需要一个明确的、积极的奋斗目标来作为价值上的终极关怀。中国特色社会主义信仰通过"富强、民主、文明、和谐、自由、平等、公正、法治、爱国、敬业、诚信、友善"的社会主义核心价值观确定做人的目标，确定人们的伦理观、政治观、经济观、社会生活观。中国特色社会主义信仰为中国现代化建设事业提供了强有力的动力支持。这种动力主要表现在坚持中国特色社会主义，实现中华民族的伟大复兴，构建人类命运共同体的共同理想上。

码链思想蕴含"天人合一"的精神关怀，码链技术把码链思想与现代科技相融合，通过道、法、术、器来呈现新的全球秩序，以"天人合一"的精神关怀重构全球网络世界。展望未来，唯有符合人类自由意志的码链世界，才禁得起时间的考验，带领人类走向广阔的未来。

▌ 码链思想带动产业革命与数字社会转型

历史上生产力的重大进步引发了三次产业革命；而当今正在发生的新一轮产业革命，将经历人类历史上最为深刻的变化，也就是人类社会从工业社会向信息社会和数字社会的方向转型。这种变化不同于以往的带有被动、局部和修补性质的结构调整，而是对整个社会体系结构的重组与重构，包括生产力和生产关系。

码链思想所触发的产业革命与社会转型变革已从新的价值创造体系、新的社会管理体系和新的智慧文明体系三个维度全面展开，并使得人类社会的发展进入指数级增长的阶段。由于这场变革的彻底性、系统性、技术性和复杂度，所造成的基本规律的改变，网络空间与现实空间的差异相当于爱因斯坦相对论与牛顿定律。基于二维码"扫一扫"发明专利所代表的"点、线、面、体、系"的数字人网络理论，相对于互联网、物联网、社交网络，更相当于量子纠缠理论对爱因斯坦相对论的提升与颠覆。

数字社会，就是建立在现实空间与网络空间之间全新的信息连接模式。可以在现实空间的社会体系中抽象表达网络空间，并通过信息系统和数字系统的开发建设，从而在网络空间建立起支撑一体化的信息执行环境，真正推进"数字经济"的新型基础设施建设，这是摆在我们面前的一个重大课题。

码链数字社会新思想是第一代互联网、第二代物联网、第三代社交媒体网络、第四代数字人网络的基础上发展起来的，码链数字人是典型的东方哲学思想与西方科技融合的产物。其可以通过码链透过三维世界看到来自四维世界的投影，也可以通过码链把三维世界映射到四维世界，三维和四维相互转化的过程中，在信息化基础上数字化重构的新世界的展开。从而完整地记录人类社会化行为的每一次入线、出线交互，融合线上、线下商业服务，在高效、安全、可靠的同时有效保护个人隐私。

码链思想倡导"我为人人，人人为我"的共生共存的价值状态，顺应了人类历史发展的趋势和潮流，为后疫情时期建构国际政治经济新秩序提供了富有远见的思维方式，为实现世界各国人民对和平与发展的美好生活向往提供了"一剂良方"。

依托码链思想，利用码链模式，目前在全国三百个城市三千个区县同时展开的 2100 万个"物格门牌"，就如人体遍布全身的穴位，通过"扫码链接，分享传播"而形成的互通互联的网络，仿佛"流淌全身的经络"，特别是"发现真善美、传播价值链"的经济哲学更是作为"正向促进、良性发展"的可内生循环的基础。

大变局中，国际秩序必然走向人类命运共同体的新秩序。码链思想充分诠释了人类命运共同体的全球治理观，为推动全球构建以合作共赢为核心的新型国际关系和公正合理的世界秩序奠定了思想和理论的基石。

四、价值体系的坍塌与重构

人类，在土地上劳动，创造了价值，也就创造了人类社会本身。马克思主义劳动价值论，言简意赅，大道至简。

而效用价值论，则是巧舌如簧，为所谓的自由民主人权、市场经济巧取豪夺进行理论武装。正如亚当·斯密在《国富论》中解析全球产业分工时认为的，每一个行业都有其历史背景与森严的阶级性。

亚当·斯密《国富论》的全球分工理论，是为英国在第一次产业革命取得优势，面向全球殖民扩张服务的理论武装。

人类在经历了第一次产业革命、第二次产业革命，进入信息革命的时代，出现了互联网生态体系。互联网构建的是一个基于 TCP/IP 协议的机器世界，由于互联网底层的逻辑是基于虚拟的 IP 地址，并采用中心化的接入方式，故而在互联网经济的价值体系中形成了由上自下的吸血效应：将底层大众辛苦积累的财富不断向上转移，形成少数人的富裕，这样的价值体系既不符合时代的发展趋势，也与社会主义的核心价值观体系相违背。这种价值体系的形成必然会出现新的垄断。因之财富的不断聚集，也必然加速了物极必反的过程，所以"坍塌"也就必然性地出现。

刘鹤发表于《比较》杂志的论文《两次全球大危机的比较研究》获得第十六届（2014 年度）孙冶方经济科学奖。

该论文写道：

本次危机（2009 年华尔街金融危机）爆发之后，我们一直在思考这次危机可能延续的时间、可能产生的深远国际影响和我们的对策。从 2010 年起，我们开始启动对 20 世纪 30 年代大萧条和本次国际金融危机的比较研究，邀请了中国人民银行、银保监会、社科院、国务院发展研究中心、北京大学等单位的研究人员参加，这些单位都完成了十分出色的分报告，本文是此项研究的总报告。总的看，金融和经济危机的发生是资本主义制度的本质特征之一。工业革命以来，资本主义世界危机频繁发生，20 世纪 30 年代大萧条和本次国际金融危机是其中蔓延最广、破坏力最大的两次，它们都是资本主义内生矛盾积累到无法自我调节程度后的集中爆发。

两次危机的共同背景都是在重大的技术革命发生之后。长周期理论认为，技术创新引起繁荣，繁荣又是萧条的原因，重大的技术革命引起大繁荣，毫无疑问也会引起大萧条，这是历史周期率的重要表现。1929 年爆发的大萧条是在第二次技术革命后发生的，而这次危机则发生在"第三次浪潮"之后。重大的技术革命总是使生产力得到极大程度的解放，这不但改变着生产函数和产生"毁灭"的创新效应，而且每次技术革命都对社会结构、地缘政治、国家力量对比产生深远而根本性的影响。如果生产关系调整滞后于技术创新后生产力的发展，上层建筑调整滞后于经济基础变化，潜在的危机风险必然加大。对这个问题，著名经济学家熊彼特做出过十分到位的描述，康德拉季耶夫也做过大量研究。所不同的是，从技术革命发生到产生危机的时间大为缩短，1870 年以后发生的电力技术革命到发生 1929 年的危机间隔了 60 余年，而 1980 年以后发生的信息技术革命与本次金融危机之间只隔了 30 余年。其警世意义在于，今后当重大的技术革命发生之后，不仅需要认识它的进步作用，抓住它带来的机遇，而且要充分意识到重大变革会随之出现，充分估计震动性影响和挑战（以电力技术的广泛应用为驱动力的第二次技术革命开始于 1870 年，到"二战"结束。以电子计算机、原子能技术、航天科技为驱动力的"第三次浪潮"开始于 1945年，1978 年 IBM 推出个人计算机，开启了以信息技术的广泛应用为驱动力的信息和新经济革命）。

那么时至今日，发源于 20 世纪 80 年代的信息技术，带来的"全球经济危机"，是否消除了呢？我们的回答是没有，因为泡沫并未消除，供需尚未平衡；如果说参照上个危机的结局，是通过"二战"大规模破坏之后，而获得重启的话；那么这次危机，也必然经过"价值体系的坍塌而重建"，才能获得重生。

▎ 资本主义，金钱至上主义的破产

当纸币滥发，通货膨胀的时代就到来了。资本逐利的天性决定了不愿意再进入实体经济，也就是金融不再为实体经济服务，客观上分析，这是因为发达国家人口减少，平民百姓的收入便不再增加。

那么不进入实体经济的资本，会去哪里呢？一般而言，会去追逐暴利，趋向于爆炒的"高利润标的物"，这也是日本股市房产暴涨，中国房地产暴涨，美国纳斯达克指数创造新高，2008 年华尔街金融危机助推了美国国际集团金融产品部门（AIGFP）的高收益，以及这两年来全球金融资本配置下的比特币的暴涨暴跌的缘由。

这些标的物的炒作，都是依靠转移负债的形式来进行的，暴利吸引，引导负债，从而创造出更多的"货币"，来维持吹大泡沫。然后，通常以每隔十年为周期，使得泡沫破裂，并同步资本收割。

因此，才有法国总统马克龙说"金融资本主义已经失败"的言论。

那么资本主义所代表的"金钱至上主义"是否已经破产了呢？

现今的社会，金钱无孔不入地渗透到大众生活的方方面面。但人们是否想过，你手头挣来的钱的实质是什么？可以这样说：钱只是银行账户或支付宝账户里的"一个数字"而已，这个"数字"仅仅代表一种未来的信用。

举例而言：如果你是某集团的员工，你把你一个月的辛劳贡献给该集团换取了一个月工资（假设 1 万块钱）的时候，你是否知道这 1 万块钱到底是什么？

假设这 1 万块钱是该集团从中国银行贷款，中国银行从央行逆回购发行而来。那么大家很容易发现：这 1 万块钱的来源是央行所发行的票据，这个票据的信用来源于中国银行承诺回购还款，而中国银行承诺的信用则来源于该集团还贷款的承诺。可是，无论大家知道或者默认该集团是否会破产，员工拿着人民币到你这里来交换你的一杯咖啡时，你是愿意还是不愿意？结论是你一定愿意，因为你收到的是人民币，你期待着它能换取你未来所需的东西。在这里，你得有所注意，你收到的人民币可能是一个你并不能确认的信用。

由于法币（包括但不限于人民币）的使用过程和来源无法溯源，于是整体上法币的信用（也就是国家主权信用）偷换了个体信用（某集团的企业信用）。

一般情况下，这不会有问题，但是当千千万万个某集团都不能兑现它们的企业信用的时候，将会发生什么问题呢？那一定是金融体系的系统性危机爆发。

其实你会发现在这个交换过程中，你的一杯咖啡被那位员工剥夺了（被交换了），而那位员工的一个月工作似乎也被剥夺了，剥夺他的是那个投资拥有该集团系着名牌皮带的"企业家"。

资本主义制度的核心就是这种剥夺，现代金融制度利用信息的不对称性，把这种剥夺巧妙地掩饰了起来，给人们一个虚幻的印象，通过对这种虚幻印象的不断激励，创造出疯狂地追求金钱的社会现象。

M2 是反映广义货币供应量的一个重要指标。广义货币供应量是指流通于银行体系之外的现金加上企业存款、居民储蓄存款以及其他存款，它包括了一切可能成为现实购买力的货币形式，通常反映的是社会总需求变化和未来通胀的压力状态。近年来，很多国家都把 M2 作为货币供应量的调控目标。2000 年末，中国的 M2 是 134610 亿元，2016 年末中国的 M2 是 1550100 亿元，增长了一个数量级，请问你的工资和拥有的现金是否增加了 10 倍？ 如果不是，那么你很大概率就是那个被剥夺的人。

由此回顾一下美元霸权统治之下的全球经济：1978 年开始的拉美债务危机，1988 年到达顶峰的日本经济泡沫，1998 年东南亚金融危机，2008 年发源于华尔街的金融海啸等。当美国人民走上街头，占领华尔街的时候，他们实际上已经觉醒。他们不愿意被剥夺平等，被剥夺机会。

2018 年，全球金融体系乱象已现；2019 年中美贸易战，由此危机四伏、险象环生；带来系统性崩溃的危机。这样的危机如爆发，几乎全世界所有国家都将无利可图，无计可施。1929 年大萧条、大衰退，伴随而来的是关税法案、纳粹军国、凯恩斯主义和"二战"。直到"二战"之后美、欧、日重新建立了信用释放和分工循环体系，才化险为夷。

2019 年 6 月，西方传来脸书公司（Facebook）即将发行超主权的数字货币（Libra），计划选定 100 个节点。这些节点都与 Facebook 一样，代表着美国的科技精英与金融权贵，唯独缺乏"人民"二字。那么，Libra 的出现，是否会成为压垮骆驼的最后一根稻草呢？ 以码链为代表的人民的联合（利益共同体），是否能够成为中流砥柱呢？！

▎构建人类的可信价值互联体系

码链网络是一套基于数字人网络技术而构建的可信任价值网络系统，一个秉承着大同世界和共产主义思想与信息通信科技相融合的新体系。这个体系可以把它简单理解为：通过码链使人们可以用数字化的方式进行映射接入，来进行从三维世界到四维世界的投影，以及从四维世界到三维世界的反射。

码链透过分布式网络实现价值的有效传递，构建了新一代价值互联体系，使得许多变化正在发生并加速。通过商业基础设施的重塑，让新生产关系和原有生产力更好地结合，大大降低数据交易和交换的成本，并且与其他场景和技术相结合，可以完成许多之前认为难以完成的工作，催生一个迸发出巨大能量的价值互联网。

这个价值互联网可以让全民都参与到码链世界的可信价值网络的构建中来。当价值互联网络像信息互联网那样成为遍布全球的基础设施后，码链体系具有共识机制的智能合约作为自动执行、开放透明的去中心化网络协议，将确保价值互联网络的规则被可信地执行，并将带来一个新型契约时代——无论是个人与企业之间的金融、商业信用，还是个人与社会、机构与机构之间的新型信任，码链都将重塑现有生产力、生产资料与生产关系，形成终极协同的未来数字经济。

在这个可信价值网络系统中，除了百亿人口、千亿智能机器外，还将有几十亿甚至上百亿或上千亿的智能契约自动化运行，包括人、企业、机器，都将重构新的生产关系。让信用、信任乃至信仰都可以像信息一样自由流转，由智能契约组成对等网络进而形成全球协同体，让数字经济进入高效、透明、对等协作时代。届时，人类社会自然会进化成人人为公、各尽其力、各得其所的新契约社会。

码链所构建的可信价值网络不仅可以产生很多分支，即基于不同的主题来提供"服务"，还提供了整个生态体系模块组件。因为码链认为这个世界的主要组成部分，是由 B 端提供的商品、服务构成的。比如通过在"物格"上扫码链接，形成价值链，"物格"是以你的客观所处的经纬度为中心来接入并呈现的。"扫码的点"，则是由本地化服务来提供，将码链世界去中心化社会中的所有数据连接起来，这就形成了我们的三千个产业码，甚至可以把地球表面的每一个物格，看作服务的接入与提供的对象。

发码行正从"扫码授权维权，加入扫码联盟"的努力中开启建构理论并付诸实施，以推进"物格数字地球"的建设。这不仅是从点扫码接入价值链形成码的链条，更是码与码的互联互通，不同的产业码之间无论通过何种方式接入，是可以追溯接入源头与传播路径，不同于互联网中心化接入的互通互联模式。

五、码链重构新世界之范式革命

> 码链重构新世界之范式革命，一切皆为未来。尽管在去中心化的社会结构中，包括分布式计算、区块链技术在内的众多方案可谓层出不穷，但从哲学高度到技术层面的创新来看，在这些方案中，除了码链外，没有任何一个能担得起在数字世界里构建人类命运共同体的责任。

回顾过去，中国改革开放四十多年，是从"农村包产到户，解放个体生产力"开始的。今天的中国，GDP 增长 30 多倍，已经发展成为世界第二大经济体，世界第一大出口国和第二大进口国，世界第一大吸引外资国和第二大对外投资国。从 1978 年开始的改革开放形成了一种凝聚共识的机制，解放和发展了中华大地的生产力，释放了华夏文明的巨大发展潜力。是中国进入社会主义建设和发展新时期，为指导国民经济和社会发展、国家治理和外交国防的一种新范式。

面向未来，在数字时代构建和实践"人类命运共同体"，同样需要一种新范式作为世界观与方法论。依托"以人为本"的文明公理而创立的码链思想，建构的人类社会碳基文明的新体系，必将成为实现共产主义的理想目标，缔造幸福美好大同世界的灯塔。

码链思想重构新世界之范式，是由"以人为本、道法自然、天人合一、世界大同"的中华优秀传统文化支撑，应用扫一扫、码链组合专利技术构建物联网世界，秉承着去中心化的理念，"进化"出全网通信的能力，提供各种适应性开发框架工具，让分布在世界各地的人都能依托"物格即经度纬度的标识"来提供"服务"，通过"扫码接入"来形成"算力"，而"物格"与"物格"之间就可以用类似区块链的区块，形成全网共识链条，这就是"物格链"。"物格链"不仅基于"物理位置网格空间"而生，更关键的、更有价值的是可以全民来参与，而非像区块链经济一样只是精英主导的所谓"阳春白雪"，机器控制、算力为王。

"科技发展"必须秉承"以人为本""为人类服务"的理念，为人类种族延续发展服务，为人类的价值体系创造服务。而非为消灭人类物种本身而逆行。这是人类社会毋庸置疑的真理。但西方某种势力却在提倡"超人类""超神"等新物种，对可能造成的人类种族灭绝的后果视而不见，推波助澜，真是其心可诛。

支撑码链重构新世界范式的"道法自然"是自然之道。《老子》第二十五章说："人法地，地法天，天法道，道法自然。"把自然法则看成宇宙万物和人类世界的最高法则。老子认为，自然法则不可违，人道必须顺应天道，人只能"效天法地"，将天之法则转化为人之准则。王弼注曰："法谓法则也。人不违地，乃得安全，法地也。地不违天，乃得全载，法天也。天不违道，乃得全覆，法道也。道不违自然，乃得其性，法自然也。法自然者，在方而法方，在圆而法圆，于自然无违也。"他告诫人们不妄为、不强为、不乱为，顺其自然，因势利导地处理好人与自然的关系。即追求一种"人法地，地法天，天法道，道法自然"的精神境界；这里的"道"，即宇宙运行的规律，道法自然所诠释的就是人与自然和谐共生的一种融合关系。尊崇"道法自然"的道，码链的数字世界里，从"术"的层面，通过光取代电的"扫一扫"，形成数字世界新的联网映射接入方式，在网络体系中引入"数字人"理念，用码来标识"数字人的每个行为与服务提供的表达""用码取代IP",形成了"以人民为中心、以群众为节点"的,新的代表人类社会,人类文明的数字科技。

"天人合一",这里的"人"是指小宇宙,"天"即外部世界,是大宇宙;天人合一就是小宇宙与大宇宙的互通互联与链接,也就是和衷共济、和合共生,而非"自私自利,害人害己"。这与西方世界总是妄想通过科技发展去掠夺大自然、主导大自然而破坏大自然相对比,可谓天地之差。"天人合一"的世界观告诫人们,人类只是天地万物中之一员,人与自然是息息相关,联通一体的。码链技术把天人合一的思想与现代科技相融合,通过道法术器来呈现数字世界的全球新秩序,以"天人合一"的精神关怀来重构全球网络世界。

在本书所强调的"范式革命"理论体系中,"世界大同"是一个重要的目标总结。这个理念最早是孔子提出来的,《礼记·礼运》说:"大道之行也,天下为公。"码链构建的数字世界,也对应到当下中国人提出的"构建人类命运共同体"之说,是一脉相传的。无论是扫一扫的映射接入、还是价值链的商品溯源,以及产业码的一体四商和统一发码管理,都体现了"大道之行也,天下为公"的中国特色信仰和价值;"世界大同,万物一体"的数字世界顶层设计。

人类在地球的土地上劳动,是人类社会的基础本质(三维世界),未来人类进入数字世界(四维世界)和数字经济时代,"数字人"在物格上"扫码链接、分享传播"就是数字化劳动,是物联网数字经济时代的标志,更是融合了解决社会经济发展四要素的综合性解决方案:土地、劳动力、科技发展、资本投入。随着扫一扫专利技术在全球进一步的推广和普及,人类将逐渐发现一个在"码链的新大陆"上构建了"物格新经济"的大厦。物格数字地球,因其体现了码链思想,将呈现出未来数字经济的基础建设,最终必将取代整个互联网生态体系。由此可见,除了码链外,没有任何一个能担得起在数字世界里构建人类命运共同体的责任。

码链数字经济生态系统

码链基于数字人、码链、物格，构建出"点、线、面、体、系"的路径，"一体四商"的数字化经济生态系统。

在这个生态系统中，"点"是扫一扫；"线"是价值链；"面"是产业码；"体"是交易所；"系"是提物权。其中"一体四商"就是人类命运共同体、全球利益共同体的数字经济时代的表达，从中国传统的道家思想来说就是太极，太极就是浑然一体；"四商"就是生产商、消费商、交易商、服务商，就是组建联合体，通过凝聚共识、智能合约、激励和约束机制把全社会都无缝地融合到了一起。形成"天下一家，世界大同"的局面。

码链数字经济体系在全国开展的实践活动

码链体系是在 2018 年的 8 月 8 日，在上海发起倡议打响反对以阿里为代表的互联网垄断平台的第一枪。一个月后，在山东济宁挂牌成立了第一家码链经济商学院，正式开启了在全国设立一百个城市商学院，带领本地老百姓在数字经济财富再分配的大潮当中，做"打土豪，分田地"的"弄潮儿"。带领大妈大叔群体通过贴码分享、码链链接的数字化劳动，来对抗利用资本算力渗透的互联网垄断势力。经过一年的发展，目前已形成了"农村包围城市"的态势。到今天已有上百万级的，以大妈大叔为主的底层百姓，正乘坐在码链数字经济生态体系这辆通向未来的快车上，弯道超车，走上共同富裕的道路。

2018 年"码链预见未来"，深度剖析了当前虚拟经济脱离实业，互联网用 IP 统治世界，阿里等平台巨头靠资本的无序扩张，垄断互联网平台，用剥削流量压迫商家，用算法压榨外卖骑手，用大数据杀熟收割消费者等手段，破坏市场经济秩序，以阿里为代表的互联网垄断平台正在陨落；互联网的商业模式、经营理念、价值体系、全球秩序正在坍塌。以"一鲸落，万物生"的生态现象为论，向听会者分享了遇见未来的码链，正在颠覆互联网的大变局。详细介绍了在这场大变局中，基于扫一扫发明专利和码链专利池组合专利构建的，码链数字经济生态体系的思想、理论、技术架构，以及在这个体系中秉持"我为人人，人人为我"理念，建构的"一体四商"码链模型，正在从"点、线、面、体、系"展开，颠覆互联网，重构基于物联网的码链网络新世界的实践。分享了所有人扫一个码，就可以开一家店，不会再被巨头垄断的码链设计。

2019 年 10 月，西安举办了"物格庄园游戏"全球首发，"御空眼镜物格码，物格庄园价值链"。2020 年发码行也即将推出的"物格发码管理中心"的"物格数字地球"软件，以及"发码行"专利授权"城市管理节点服务器"，将开通"物格规划"和"二级开发"销售的系统流程。而其中三千产业码甚至是"地球码（把地球表面的每一个物格），都被看作服务的接入与提供对象"。

码链数字经济体系目前已经在全国签约 400 家码链数字经济商学院。搭建了以商学院为代表的"价值链、物格代理"系统覆盖了全国 300 个城市（包括台湾地区的台北、高雄、新北三个城市）以及 3000 个区县的运营体系，初步形成了"码链数字经济生态体系"的全国根据地。其中以"名电码"牵头为全国构建的"交易商"体系已经在全国 300 个城市建立覆盖数百万家线下店铺的类似连锁加盟网络，树立首个"产业码交易商"的样板案例，为在全国乃至全球推广"一体四商、统一发码"奠定了坚实的基础。

通过码链人在 300 个城市 3000 个区县的实践活动，目前已有上百万大爷大妈群体正在通过贴"名电码"，参与流量分配的数字劳动的实践成果。并充满自信地向与会者预告，互联网通过资本控制流量的时代，很快将被码链吸引的百万、千万级产业码贴码大军颠覆。

第二章　先知先觉　码链预见未来
点石成金　码链遇见未来

思维导图：新存在——点石成金

赤子之心、血肉之躯、点石成金、遇见未来
为天地立心、为生民立命、为往圣继绝学、为万世开太平！

中华阴阳五行哲学引领人类科学发展技术创新
中华文明新理论、数字社会新气象；
阴阳五行新时代、群众路线新实践。

码链预见未来：数字人网络、阴阳哲学引领科学发展

阴：真理之道 → 码链体系预判了十大标志性事件全都实现和应验；

阳：血肉之神 → 码链自发性共识让市场在资源配置中起到决定作用；

码链遇见未来：光传感接入、五行哲学引领技术创新

木：数字人 → 数字人网络（基于主题、社会地位及社会态度）；

火：感动芯 → 光传感接入（凌空闪信棒、五感通信移动终端）；

土：地球脑 → 扫码支付大一统（数字货币发行、互联互通互融）；

金：产业码 → 实业金融产业码（产业码全球布局对抗 Libra）；

水：价值链 → 码链重构新世界新社会（从财产自由走向人身自由）；

一、码链"预见"并"遇见"十大标志性事件

2006 年本人首先把传感芯片装入国产手机，并开发出基于"摇一摇"的求签拜佛这样的杀手应用，在 2007 年预言了如日中天的诺基亚或将在 5 年内消亡。其主要的理论依据为：传感接入的方式因为更加符合人性，故必然取代传统手机的键盘交互方式。码链的技术团队开发出了一整套基于智能手机传感接入的规范标准（类 JSR256 的感动芯引擎接口系列），并将其装入国产手机中。而诺基亚却拒绝了"这个"提案，意在保留塞班（Symbian）操作系统，而该操作系统的主要特征就是通过键盘进行输入，从而导致诺基亚在最关键时期丧失了传感接入的触摸屏市场，也就失去了整个智能手机市场。故而应该跳出科技发展的周期，站在码链思想的哲学层面的高度更加准确预见未来。

2011 年 10 月 30 日，本人在新浪"徐蔚－扫一扫发明人的博客"发布题为《未来五年移动互联网的十大标志事件》博文所预判的十大标志性事件目前已逐一实现。

这些预判结论的得出，都是与本人于 2006 年在美国提交的一项命名为"数字人"的专利有关，该项专利描述了一种能够"基于主题、社会地位及社会态度来构建一种人际交互的数字人网络的方法"（A method for establishing social network system based on motif, social status, and social attitude）。之后这项专利不仅成为 Facebook 30 多项专利应用的基础引用，更是让微信、Line 等社交聊天软件，在构建"数字人网络"的征途上没有偏离正确的方向。回顾 2008 年北京奥运会，通过"摇一摇"专利技术制作的"凌空闪信棒"为开幕式节目打造了精彩的"璀璨星空"、2010 年为上海世博会信息通信馆提供"五感通信移动终端"获得会展奥斯卡金奖、2011 年为国

家旅游局提供"扫一扫"打造智慧旅游的试点项目之后，秉承着"以人为本"的东方文明思想，开启了基于"扫一扫"融入"数字人网络"的"码链数字经济生态体系"的步伐。

十年前新浪博客博文中对"未来移动物联网"的判断，来源于回答邮件的"要点归纳小结"。这次讨论的话题包括：移动终端何时能大量普及等问题。移动终端使得人们可以摆脱 PC 计算机在桌子前的束缚，可以在真实世界、真实场景中与万事万物进行移动链接，从而构建成物联网，故名"移动物联网"。

预判针对"移动物联网"与传统的基于 IP 协议的互联网相比较，本人指出：这两类事物的本质区别在于"万事万物"都应有"码"，可以通过移动智能终端进行扫码接入，移动终端都必须含有"数字人 DNA 身份标识"。并且在"扫码链接、形成码链"的时候，能够自动地代入这个"数字人DNA 身份标识"，进而把地理位置、时间印记进行自动叠加，这就是 PIT 技术的来源，这样就建立了"万事万物互联"的世界模型。后来将这个世界模型称为"码链模型"。

十年前的预言，其实就是针对人类社会必将按照"码链模型"的方式来构建，而所有"标志性事物"的出现，则是从"码链预见未来"到"码链遇见未来"的最好诠释与注解。

▌预判的第一大标志性事件

主流手机标配 5 种以上传感物联接入器件（增强二维码、NFC、超宽频、超声波、红外、Zigbee- 无线个域网变种等的新协议，包括传统的 Wi-Fi / 蓝牙）。

物联网也称传感网，包括感知、网络、应用三个层次。物联网的定义是：通过射频识别（RFID）、红外感应器、全球定位系统、激光扫描器等信息传感设备，按约定的协议把任何物品与互联网连接起来进行信息交换和通信，实现智能化识别、定位、跟踪、监控和管理的一种网络。

作为数字人接入物联网的设备，必将成为主流手机的标配。随着物联网时代的到来，智能手机标配的传感物联接入器件，已超过当初所预判的5种。而物联网链接的不只是"信息"，二维码里是"接入物联网服务的控制指令（Command & Control）"，也是接入海量商家服务的入口（Portal & Agent），同时还是进入"数字人网络"世界的门户入口（Gateway & Interface）。一个简单的"扫一扫"动作就能完成即时的服务接入，不需要注册，甚至不需要下载 App，不需要关注其他与"服务本身"无关的信息、动作与干扰，简洁明了，可直奔主题（Motif），表达用户的社会地位和社会态度。

▌ 预判的第二大标志性事件

基于物联网打通整合线下海量资源集约到线上的 O2O 的接入平台公司崛起（Offline2Online 不是传统互联网的 Online2Offline）。

实现这一预判最具代表性的，就是码链数字经济新商业模型。这一新商业模型基于码链思想，秉承"从群众中来、到群众中去"的群众路线开展社会化实践活动，建构了"道、法、术、器"实施路径。

典型示范应用：名电码是众多产业码之一，也是码链数字经济生态体系第一家全国性的产业码，原山东省济宁市（兖州）副市长冯继福先生就以山东济宁为根据地，带领着全国的大叔大妈开展这项示范工程。其突出经验在于：从 2020 年创立伊始，就着手构建将覆盖全国 300 个城市 3000个区县每一个基于地理位置的名电码交易商体系。线下海量贴码开店，为每一个数字人免费生成含有自己 DNA 的二维码，在扫码链接代入地理位置信息，从而实现"电商引流的追根溯源及按劳分配"，从而破解互联网电商导流的重大难题。

从当下数据中可以看到，名电码在 2020 年贴码开店数（交易商数量）已有 200 万个，2021 年底将达 500 万个交易商。因为码链体系内是统一发码，统一扫码链接就可实现其所接入的是统一的"凌空商城"，就可实现"一点接入，万物互联"。

预判的第三大标志性事件

智能手机开始取代银行信用卡 / 钥匙 / 身份卡，其他如手表、数码相机、MP3/MP4。

如今，大家使用的智能手机的钱包、数字货币钱包就是如此。

预判的第四大标志性事件

非银行体系基于移动物联的支付公司成为线下小额消费的主流。

当前，扫码支付已取代了银行卡 POS 机，成为线下支付的主流，市场超过 95%。在蚂蚁金服招股说明书中，支付宝在 2019 年度处理的基于扫码支付为主的总金额达 118 万亿元，超过中国 2019 年的 GDP 总额。

预判的第五大标志性事件

三网融合四屏合一的广告平台与发布。

如今码链数字经济生态体系推出的"广告码"这一产业码，正在实现这一预判。

通过扫码链接，使得人们在从广告接入、产生了解、到购买实现的全过程，可以实现"无时不有、无处不在"。

只有通过统一扫码接入"广告码"，才能做到在计算机屏幕、电视屏幕、手机屏幕完成"统一的广告行为管理"。

2020 年码链已经开始启动"广告码"了。

▎ 预判的第六大标志性事件

互联网 PC 手机巨头公司，纷纷改名"移动互联网公司"，一如 DELL 当年把 DELL PC 名字改掉那样，或者如 DEC、康柏等兼并倒闭。

最明显的案例就是腾讯公司，以前是基于 PC 的 QQ 主导，而 2011 年微信兴起之后，主要靠基于移动端的微信成为主流。无怪乎马化腾先生感叹：如果微信不是出自腾讯，那么腾讯今天是否还存在？

▎ 预判的第七大标志性事件

开始出现话费通信费全免除的专业移动运营商，主营搜索、广告、电商等其他盈利模式。

预判几年后，依靠租用传统电信运营商的通信资源开展电信业务的新型电信运营商——虚拟运营商开始出现。虚拟运营商一般拥有某种或几种能力（如技术能力、设备供应能力、市场能力等），在租用基础通信资源之后，根据自身主营业务优势对通信服务进行深度加工，最终以自己的品牌、自建的客户服务系统，向消费者提供各类通信服务。传统电信运营商按一定的收益分配提成，把部分业务交给虚拟运营商去发展。在获得收益的情况下缓解营销成本压力，同时节省出更多资源去发展自身核心业务。我国工信部于 2013 年底便开始向国内各类企业颁发电信行业虚拟运营商牌照。

虚拟运营商是分工细化的产物，它们不必向用户提供各种服务，也无须为普遍服务付出高昂代价，这样就可以腾出更多的精力将服务定位于某一范围内的细分市场。因而虚拟运营商对用户的需求有更好的理解，能够针对特定的用户群采取不同的运营策略，充分满足市场需求和发掘市场潜力，带动整个产业的发展和进步。

▌ 预判的第八大标志性事件

柔软大面积显示屏幕随身（前胸马甲袖套等都可能成为随身的显示位置），各种增强现实效果的应用出现。

2013 年 10 月 7 日，韩国 LG Display 宣布开始量产首款柔性 OLED（有机发光二极管）面板，用于智能手机。2014 年，柔宇科技发布了全球最薄的彩色柔性显示器，其厚度仅为 0.01 毫米，其卷曲半径可达 1 毫米，并可向任何角度和弧度进行自由卷曲伸缩，而且已成功与智能手机实现对接。2013 年 10 月 9 日，三星宣布，通过韩国 SK 电信发布曲面 OLED 显示屏手机 Galaxy Round。Galaxy Round 是世界上第一款曲屏手机。配备 5.7 英寸的 1080p 高清屏，Android 4.3 系统和三星 Touch Wiz 触控技术。

2014 年 10 月 30 日，在日本横滨举行的显示发明展览会上，日本创新高科技半导体能源实验室展示了 5.9 英寸柔性可折叠有机发光二极管（OLED）显示屏。这种显示屏在配备触摸传感器后可弯折 10 万次，能满足市场多种产品所需。柔性可折叠有机发光二极管（OLED）显示屏，在配备触摸传感器后同样可弯折 10 万次。2021 年 2 月 23 日消息，比亚迪股份有限公司公布了一项名称为"柔性屏用折叠装置和移动终端"的发明专利，公开号为 CN112398977 。

▌ 预判的第九大标志性事件

移动搜索将基于位置传感和 SNS 关系，远超互联网。

目前实现这一预判最具代表性的，就是基于物格的交友软件。目前码链数字生态体系成都运营中心目前正在开发一套基于真实地理位置的（类似 Club House）主题交友聊天软件。

基于物格的数字地球已经凌空出世，我们相信基于位置的搜索也将很快呈现在世人面前。

▎预判的第十大标志性事件

基于物联网 O2O 的云计算公司 IPO，成为明星，增长势头直追 Google/Amazon/Facebook。

目前，重组后的纳斯达克上市公司 CCNC（码链新大陆），就是整合上述业务的平台：不仅是基于地理位置的物格游戏，更有物格门牌业务，以及码链体系发布的中国消费指数通证 CCC，后续发展可期。

码链预判的十大标志性事件，正如以色列学者尤瓦尔·赫拉利在《人类简史：从动物到上帝》（中信出版社，2017 年 2 月出版）阐明的学术观点：人类历史从石器时代至 21 世纪不断演化发展，整个人类的历史分为四个阶段：认知革命、农业革命、人类的融合统一与科学革命。码链从预见未来，到遇见未来，历史正在不断地重演自身。

二、扫码支付与 DCEP 数字货币

在 2011 年本人预言了银行卡 POS 机将消亡，并被扫码支付所替代（当时国际主流支付方式除刷卡支付外都是以 NFC 为主，包括谷歌 PAY，SAMSUNG PAY，以及苹果推出的苹果支付）。全面取代时间预测是 5 年。事实上，中国自 2014 年"双十一"起开始大规模补贴扫码支付，2015 年扫码支付全面替代银行卡和 POS 机。在科技创新洪流推动之下，支付巨头的挑战远未结束。2020 年，二维码互联互通工作刚刚起步，后疫情时代人民币数字货币（DCEP）"呼之欲出"，DCEP 或将成为新版定向刺激的选项，推出进度将在疫情后加速。

从 20 世纪 90 年代各家银行卡的壁垒之战，到 21 世纪之初银联的互联互通；之后是二维码"扫一扫"第三方支付的崛起，支付宝、微信支付二

主相争。如今二维码的互联互通再度预示着统一发码时代的来临。而与此同时，数字货币亦疾驰而来，试图通过货币形态的革新，将货币功能与支付功能合二为一，在根本上形成一统。

这是个一箭三雕之策，监管强化、消费者便利、市场重构。

人们依稀记得十余年前，金卡工程互联互通之艰。大小银行利益纷争，纠葛难解，最后在央行科技司推动下，银联实行会员制，将各家银行纳入其中，以打造民族支付品牌，唤醒市场合纵连横。

如今，自发产生于互联网市场的第三方支付机构，不同于银行，多为民营资本实控。连横之举必将面临更复杂的利益协调，然而这背后受益的将是无数消费者。

支付宝等第三方支付机构要看到，数字货币洪流已至，分裂的二维码支付，纵有数亿受众捧月相待，但相对于来自央行部门的货币形态革新、互联互通以及互融互利的惠民之实，如不拆除壁垒，则将成为阻碍时代脚步的藩篱。

未来已来，原有技术基础上的利弊权衡是必须进行的考量，而自我颠覆已然在路上。

在扫码支付尚未统一之际，另一场来自数字货币的竞逐已然敲锣。支付未来，统合之下，必然是一场数字对决。

"用支付宝还是微信支付？"不久的将来，消费者在通过统一发码的二维码支付结账时，当下常被问起的这个问题有望省去，人们也无须为使用哪一个二维码 App 而感到纠结。因为，微信与支付宝之间的二维码互扫互认工作正在路上。

2019 年 8 月，中国人民银行发布金融科技三年发展规划，明确提出推动条码支付互联互通。同年 10 月，中国人民银行副行长范一飞先生在第六届世界互联网大会金融科技分论坛上提道："将进一步加快制定条码支付互联互通标准，统一监管规则，推动实现不同 App 和条码的互认互扫。"

这意味着超过 30 万亿元市场规模、涉及十亿以上用户、几千万家商户的二维码支付市场，经过四年合规化发展后进入疾速融合阶段，支付巨头各自为王的割裂局面也将因此终结。

进入 2020 年第二季度，网联完成标准条码互联互通"付款扫码"多机构的生产交叉验证；财付通与银联正在开展条码支付互联互通试点；工行与银联、支付宝合作，实现二维码互认互扫……

据了解，由中国人民银行科技司牵头，支付清算协会配合的条码支付互联互通相关技术标准和业务规范制定工作正在推进。此前，监管部门已向相关业务机构发送草案以方便技术验证试点。

央行权威人士曾经表示：如同 21 世纪初银联成立、银行卡联网带动了银行卡产业整体发展，条码支付统一标准对支付市场，甚至对支付宝、微信支付两大巨头的正向效应都较为显现。

艾瑞咨询数据显示：2019 年四季度，中国第三方移动支付市场保持平稳发展，交易规模约为 59.8 万亿元，同比增速为 13.4%，支付宝、财付通二者份额达到 94%。当季，线下扫码支付交易规模约为 9.6 万亿元，环比增速约 11.6%。

商业机构给出预判，二维码支付互联互通不仅方便商户、用户，还在一定程度上提高了支付安全度。但是，这种融合并不利于支付机构垄断地位的稳固，进而将诞生新的商业竞争模式。

DCEP（Digital Currency Electronic Payment）是中国人民银行研发的电子货币，是 DIGICCY（数字货币）的一种货币形态。DCEP 的完整字面意思就是数字货币电子支付。数字货币的货币形态本身包含了支付功能和链接功能，将通过货币形态的创新来推动支付形式的迭代，这同时意味着直接能够实现二者在技术标准方面的统一。

根据官方披露显示，DCEP 完全是针对 M0（流通中现金）的替代，依据 M0 属性来看，DCEP 主要是针对小额零售高频的业务场景。华西证券分析师指出：从公众侧来看，支付领域将受到 DCEP 直接冲击。

中国银行原行长李礼辉表示："将要发行的央行数字货币与已经普及的二维码支付应该会并行不悖、平行发展，在发展过程中谁能够做得更好、更加便捷、更加可靠、成本更低，谁就会拥有更大的市场。"

2020 年 4 月 23 日，中国人民银行 2020 年支付结算工作电视电话会议指出：2020 年中国人民银行的支付结算工作要践行"支付为民"理念，大力加强支付体系的管理，充分发挥支付体系在推动经济高质量发展中的基础支撑作用。

可以预见，从二维码支付互联互通到法定数字货币呼之欲出，在支付为民的宏大理念之下，涵盖监管、清算、银行以及支付机构的"扫码支付大一统"局面将无可避免，行业格局亦将因此发生巨变。由此，基于"统一发码"的"事前控制，事中监督，事后监管"的模式，也将很快到来。

三、超主权数字货币与产业码布局

2014 年再次预言：超主权数字货币将出现。美元霸权可能会通过 Libra 不断在数字货币领域延伸，对人民币的国际化形成挑战与威胁，面对 Libra 美元霸权咄咄逼人的气势，正确的应对之策是全面开启产业码的全球化布局之旅，2019 年就在国内完成百家产业码服务器的布局，并正式开启码链与全球数字经济的争霸之旅。

2019 年 6 月 18 日 Facebook 的 Libra 白皮书正式发布，意味着首个超主权数字货币诞生。随着 Libra 的横空出世，一石激起千层浪，世界各个阶层团体都在议论，Libra 的横空出世究竟有什么划时代的意义？首先看到，Libra 白皮书的第一句话就是：Libra 的使命是建立一套简单的、无国界的货币和为数十亿人服务的金融基础设施。

没有丝毫隐晦，Libra 就是要建立一个"无国界货币"，这就是 Facebook 的目标，Libra 锚定多国法币组成的"一篮子货币"，这在区块链世界被定义为"稳定币"。很多人在热议 Libra 是不是要取代美元的货币霸权，成为新一轮的"世界货币"。

但是，Libra 的本质不是在挑战美元的货币霸权，而是要在数字货币领域巩固美元的货币霸权。Libra 是美元霸权在数字货币领域的延续。

Libra 只是一个象征性的名字，它还有另外一个寓意性的名字，就是"全球货币"（Global Coin），不管是稳定货币还是全球货币，从这些称呼来看都是剑指具有美元性质的数字货币。Libra 的本质是以美元为支撑的数字货币将挑战世界各国主权货币，更有可能在不久的将来，强势取代落后国家的主权货币。而美国的霸权不仅仅来自军事和政治，更是来自美军、因特网与美元的霸权体系。

美元霸权可能会通过 Libra 不断在数字货币领域延伸，而这对于人民币的国际化更是巨大的挑战与威胁。如果人民币不趁着这个机会顺势突围，当 Libra 大势已成时，人民币面临的困境将更加艰巨。

但是中国经济环境与宏观政策的复杂性，无法让中国政府出台倾向性的货币政策，尤其是针对目前还充满争议的超主权数字货币，而这些先驱性的探索工作最终只能交给私人性质的公司进行前期探索。

面对 Libra 美元霸权咄咄逼人的气势，码链体系的应对之策是全面开启产业码的全球化布局之旅，并已经于 2019 年在国内完成百家产业码服务器的布局，正式开启码链的全球数字经济的争霸之旅。

产业码实际上就是围绕着一个核心企业为龙头，跟它有关联的上游供应商、下游经销商，它的分公司、子公司甚至是终端消费者而组成的一个闭环生态系统。在这个闭环生态系统里，用技术来提高它们之间的资金流动效率。产业码可以提供的金融方案是：将这个核心企业对一级供应商的应付账款，也就是一级供应商的应收账款的债权，把它数据化和电子化变成了一种可交易凭证，来代替银票或者商票。

事实上，码链体系已经在 2019 年完成了一百家产业码服务器的搭建，这些服务器可以为企业建立起属于自己内部的一个金融账户和账户交易及管理体系。需要强调的是：这些产业码服务器一定是基于真实的贸易背景来做的事情，而不是空发或者是无限制地、无节度地去发行这种金融凭证，一定是每一张凭证都对应着一票真实的交易背景。因为基于真实贸易背景的工业金融风险相对可控。所以也是中小微企业解决融资难、融资贵问题的非常有效的方式。

简言之，产业码可以为人们提供一种非法币、灵活流通的资产凭证。从本质上来讲，这种债权凭证可以是一个二维码、是基于真实贸易背景，基于核心企业信用发行的。从法律上讲，它是一种债权凭证，可以认为是产业码在现有法律框架下进行应用创新的模式。这也是产业码向金融行业提供的应用机会。未来，产业码可能与价值百亿元的资产绑定，发展成为一种流行的交易媒介和价值储藏手段。

人们也看到 Facebook 公司发行的 Libra 在更广泛的应用中，大部分是来做价值储存、交易媒介和锚定借贷。而产业码崛起的一个很重要的结果就是传统全球金融产业和实体产业的结合，因为产业码代表着全球货物流通市场中大家希望共同开发的新基础设施建设的新高度。

这是产业码的另一项创新，这是结合了传统产业、金融以及法律的创新。20 年后人们再回头看全球产业码的早期发展，它可能会是促进码链体系生态发展成功的各个因素中最具颠覆性的一个新发展。

四、码链重构新世界社会治理体系

2020 年是极不平凡的一年，新冠病毒席卷全球，由于中国政府管治高效，生产秩序快速恢复，在这样的背景下再去回顾三年前本人预言：从码链元年（2018 年）的开启、到指数增长（2019 年）、天作大成（2020 年），就更加意味深长。而到大同元年（2021 年）就可以更加深刻地理解"旧世界正在坍塌，码链重构新世界"的重大意义。

社会分化

谈到"社会分化"这一话题，应该要把视野放得更宽一些，这里的"社会"是指世界社会。

美国长期以来的两党对峙，也是来源于启蒙与宗教的对抗。其余小党不过是启蒙与宗教对抗中的所属分支，最终都汇聚到了启蒙与宗教的大主题之上。当然，美国两党在历史上扮演的角色有过转换。最初，民主党代表宗教势力至南北战争时期，共和党形成并开始代表启蒙思想。如今，双方身份互换，共和党代表宗教势力，民主党代表启蒙思想。所以，两党都脱离不开宗教底色，只是对宗教的理解与认知程度不同而已。

从古至今，国家的两极分化通常都是一个王朝由盛转衰的序幕，美国也无法逃出这样的兴亡规律。美国政客为了掩盖深层次的社会失衡问题和获得竞选资源，不惜以种族、民族甚至性别等社会标签来区分"我们"和"他们"，挑动民众互相对抗，让百姓彻底沦为政治囚徒。

另外，启蒙与宗教的对抗导致的族群和聚集地的问题也开始形成社会贫富的两极分化。例如在美国南部的黑人社区，不仅使就业和文化教育处于劣势，犯罪率更是高得离谱。很难想象在一个缺乏社会秩序稳定的地区，又怎么可能催生出优良的经济环境。

美国兰德公司的一份报告就曾指出：自 1975 年以来，金字塔顶端的富人们已经从底层大众手中"窃取"了 50 万亿美元。而此次的新冠疫情暴发使得美国 46% 的家庭面临储蓄耗尽、无法支付租金、无法偿还信用卡和贷款的财务危机。讽刺的是，特斯拉 CEO 马斯克的身价却在 2020 年暴涨了 2.4 倍，突破 1000 亿美元。正如《纽约时报》刊文所言，美国如今最大的任务不是对付中国，而是应考虑为底层人民提供机会和尊严。当数量众多的美国人面临失败时，美国便没有资格再谈成功。

当人类文明向下一个阶段迈进时，需要的将不再是各自为政、相互争夺资源的思维模式。而是要坦诚地沟通面对未来可能出现的更大威胁。人类需要成为一个共同体才能真正地把握自己的命运。当这一次的疫情过去，我想很多的国家与人民都将认识到，人类的真正敌人并非来自不同文明的国家与民族，而是那些看不见的病毒或其他自然灾害，甚至是来自外太空或人工智能的灾难。一个相互敌视、相互掠夺和同类相残的人类社会是没有前途可言的。所以可以判断，代表人之为人的东方人性文明才是人类的未来所在。

▌ 全面创新人类治理方式

人类社会这数万年来，一直在不断地学习、改进社会治理方式。

西方在中世纪甚至可以通过所谓捍卫名誉的决斗，在光天化日之下，"合法"地杀人而不受制裁。

后来西方国家法治化了，有三权分立，有法院、有律师、陪审团等，但"一战""二战"前的国家间还像中世纪的决斗一样野蛮，"二战"后西方内部无战争，但中东等极权国家还是战火不断。

中国历史上最好的时期是春秋战国，百家争鸣、大师辈出。以后元、明等朝代反而越来越专制，清代让专制集权走到了高潮。

过去人类治理靠的是宗教、文化、民族、国家、公司等方式，其实是一个树状结构，由土壤而根、由主干而分支，层层控制。

而码链体系的分布式共识是网状结构，是用数学的共识来进行人类组织管理的新方式。

人类社会自国家出现以来，组织形式大多时候是以科层制为组织架构的政府机构，基本按照"管理—规制"的模式对社会和公共事务进行管理，这个模式存在很多优势，但也有短板。在体系内，各个节点只能从其上级也就是中心处被动地接收指令和信息，而毫无主动权；在体系外，各个中心又各自为政，互不交流，导致信息和价值的流动效率低下。在面临需要复杂信息传递、存在多重利益纠葛的民生领域，科层制就显得效率低下，还会出现由于权力集中而滋生的权力寻租以及因信息不透明而导致的公平危机等问题。

在民生领域，可以利用物格码链"自治性"的特点，摒弃传统的"管理—规制"模式而遵循"治理—服务"理念，从而减少国家治理的成本。所谓物格的"自治性"是指所有参与到码链体系中的物格均遵循同一共识机制，不受任何人干预，自由地交换、记载、更新数据，自发地共同维护整个码链体系的信息可靠和安全，因此，"自治性"也可称为"共治性"，即每个参与者并非完全分散的原子型存在，而是共识机制中的有机组成部分。

"新中国正是指中华人民共和国 The People's Republic of China。这个 Republic 一词，值得好好体会啊！ 而且与中华人民共和国成立前使用的'中华民国'（Republic of China）不同，新中国是 People（人民）的 Republic（共和），而不是某些利益集团和权贵资产阶级、买办资产阶级的共和，那种共和，只是一种媾和而已。"

▎迎接超大规模智能协同的数字时代

物格的出现可以让你个人的财富自主权在地球、乃至在人类可能涉足的一切领域中得到充分保证，法院、警察、边检都不可能强制拿走你的财产，也不可能通胀缩水。

经济学大师米塞斯将自由的定义浓缩为一个词——私有财产，而经济学家霍普在《私有财产的经济学与伦理学》中则"匪夷所思"地指出：不是因为财产权能够保障我们的自由和幸福才重要，而是因为私有财产本身就是公理，这一公理是一切认知的起点，而非工具。

中本聪 2008 年 10 月 31 日的创世论文 *Bitcoin: A Peer-to-Peer Electronic Cash Systems* 说，希望比特币成为点对点的电子现金。但十多年来，自组织、自激励、全开源的发展却背离了中本聪的初衷：比特币似乎并不具备相对稳定、可作交易工具的属性，也没有法偿性与强制性等货币属性，而成了一种数字资产。

虽然比特币不可能成为较为稳定的货币，但它带来的技术却正在催生超主权的数字货币，比较典型的有 Facebook 等拟发的 Libra 和中国央行拟发的 DCEP。

而码链用户若以当前速度不断增加，或在不久的将来诞生一款原生货币，基于码链的技术和生态结构，该货币可能在金融普惠、支付和跨境汇兑等方面取得诸多突破。

诺贝尔经济学奖得主哈耶克曾大胆设想："货币发行难道天然归属政府吗？能否通过市场自由竞争形成更加稳定的货币体系？"

这个设想正通过码链思想逐步变成现实。

移动互联网在仅仅两三年的时间里，就破除了传统新闻、言论由电视广播、报刊、出版社垄断的历史，网红们不再需要书号、权威背书，美国很多政商名人的 Twitter 账号的影响远超美联社、《纽约时报》。

数字货币与法币之争实际上就是市场经济与计划经济之争。这不正是码链天下大同的初心愿景吗？

此外，码链体系对科学的促进主要体现在两个方面：

首先，码链通过技术手段降低了人类减熵共识中的人性权重。热力学第二定律从理论上推导出宇宙天然而熵增，天文望远镜的观测也从实际上验证了所有天体都正在离人类远去，最终将无序而归于热寂。

这就是熵增定律：在一个封闭的系统里，如果没有外力作用，它就会不断趋于混乱、无序。

"万物生长靠太阳。"所幸地球有太阳这个麦克斯韦妖，以自己的衰变为代价而源源不断地向地球注入外力，使地球生机盎然，使人类在有限的范围内减熵构建秩序。

而基于人性的减熵共识很可能误入歧途。

码链体系是以二维码作为介质和入口，建立起一个泛中心化的信息存储和内容分布式网络，因它无法造假、篡改，故而可建立起毋庸置疑的可信价值共识。这使得人类对抗宇宙的减熵不但有效，而且高效。

如果说外来的鸦片战争打破了中国专制王朝的封闭循环，码链价值共识也许正是突破人性共识的外来麦克斯韦妖。

另外，码链的出现也将为人类社会带来全新的万物互联时代。大家知道，过去社会的管理模式是树状结构，以国家政策信息传递为例，是从中央到地方再到基层、沿着省、市、县、乡、村、户的顺序最后到达个体。而互联网、特别是移动互联网的兴起则不然，使人们的信息传递由单向到多向，由灌输到互动，由树状到网状。

现在的信息不像过去一样非要靠各大报纸杂志发布才能广为传播了，很多网红、大咖的影响远超那些正部级、正厅级干部，那些动辄有上百亿元固定资产、成千上万员工的传媒集团，曾经宣传系统是最肥的报业、电视等传统媒体都要被迫转型，不然就走向衰落。

正在到来的数字时代以 5G、6G 为标志，每个设备甚至人体都将植入芯片，都可捕捉、存储、演算并智能输出、实时处理数据。

数字时代不仅可以像互联网时代一样人与人相互传递信息，而且可以传递价值，进而实现人与机器、机器与机器的人机、机机互动。使二维互联网升华为三维乃至四维智联网。网上的每个人、机器都有自己的四维地址，人人、人机、机机对话和智能交易将变为现实。

要真正发挥市场在资源配置中的决定性作用，就必须要充分地发挥码链体系的作用，通过重复博弈规范所有参与者行为，使理性经济人降低交易成本，用市场博弈来合理配置资源，使人人、人机、人物、机机、物物的超大规模多方协作全面落地，让市场实现一年365天、24小时、全天候、全地域、自动化、智能地捕捉、计量、分配和结算价值。可以预见，码链将带来科技及经济社会治理方式多元设计的爆发式增长并加速全球万物互联及超大规模智能协同的数字时代。

第三章　码链思想　方向决定道路
文明选择　道路决定命运

思维导图：新上层建筑——码链思想

习近平总书记指出：方向决定道路、道路决定命运。

码链思想诞生：道家思想对全球文明创新起推动作用。码链思想影响各国政治、经济、文化和社会治理的路线、方针政策，为大同世界建设提供依据，推动实现人类命运共同体。

码链思想内涵：以人为本、道法自然、天人合一、世界大同。

方向决定道路：阐明码链思想的基本原理，特别是光取代电的基本原理和智慧码链的思想内涵；

揭示机器人帝国主义硅基文明必然灭亡、碳基文明理念必然胜利的趋势和途径。

道路决定命运：码链思想的诞生，开辟世界大同、人类命运共同体、成为碳基文明的思想武器；

码链为全人类打开通向新世界的大门，为人的全面发展和全人类解放指明路径。

码链思想使命：凝聚码链共识、宣传码链思想、弘扬码链文化、播种码链文明。

一、道家思想是科学真理

道家思想是中国科学乃至全人类科学的根本科学，以道驭术则无往不胜，但如果发展仅仅停留在"术"上，则很容易犯技术逻辑完美、目标方向选择的错误，商业逻辑背后的智慧者就是其商业指导哲学。2016年，本人发表了《乔布斯如果还活着，他会把库克掐死》的文章，文章指出，乔布斯并不是一个科学家，而是哲学上的完美主义者，他追求的是整个逻辑自洽，哲学上的完美。人们看到，苹果于2014年9月推出了苹果支付，并集中大量资源宣传一个在哲学层面上有重大缺陷的商品。故而，当苹果支付在中国被扫码支付打败时，或将就是苹果从神坛跌落之时。

▎ 为什么说道家思想是中国科学乃至全人类科学的根本？

中国的儒、道都很重视未来发展，但儒家思想侧重于"人和人"的关系，即通过"仁义礼智信"来规范和稳定社会秩序。而道家思想强调的是"人与自然"的关系，即人一定要配合天道。

道，是内生的规律性，是生生不息、自然循环的真正科学的根本。有"道"无"术"尚可求；有"术"无"道"止于术！以"道"驭"术"术必成；离"道"之"术"术必衰！无论世上多么厉害的"法术"，如果不遵循"道"，违反自然规律，就是自作孽，不可活，都会受到老天爷惩罚的。西方主导的只注重"术"和"利"，把"道"搁置一边是造成今天科技畸形发展的根源。这充分说明，科学是有"阶级性"的。

其实，国外也有很多科学家、学者都很钦佩道的科学意义。如果中国的科学能够沿着道家思想的轨道推进，也许早已展开了人类社会的历史画卷。

码链思想就是五千多年的中华文化与现代科技高度融合的历史产物，即"以人为本，道法自然"。

▍Pay 支付的"硬件"伤

关于移动支付市场上支付方式的争论中，太多不理性、无意义的声音充斥其中。在对于 Pay 支付的分析上，我们认为：

首先，NFC 技术需要两个额外的硬件设备，一个 NFC 芯片，一个 POS 机，当然这其中还需要一整套的维护费用。

例如，上海某公司因为要维护上海 POS 机正常运行，需要一个千人左右规模的专业团队，在当地进行硬件的维护和升级，这相当于一个快递公司的规模。这表明，基于 NFC 技术基础的 Pay 支付，其硬件配置和后续的维护升级的成本是巨大的。

其次，因为是额外的硬件，所有的产业链的公司就永远不可能统一。比如手机就割裂成两大阵营，安卓和苹果。同理，不同手机商的硬件怎么可能统一起来？事实上，硬件会形成以"手机厂商"为中心的闭环。

应该说硬件的兼容性问题，是很多生产商难以走向大规模、标准化的难点之一。当然技术可以兼容，行业之间可以进行融合，一种合作共赢的机制也的确符合市场的存在。但是目前看来，这种融合速度似乎远不及扫码支付在市场普及的速度。

基于码链扫一扫专利技术的"扫码支付"的推广、普及和运营，可以涵盖到整个"产业链"的各个环节，涉及多个利益相关主体。

▍支付只是一个环节，而扫码却可以贯穿整个交易的"价值链"

在今天的现实生活中，扫码支付能获得优惠券，也能获得打折，还可以完成下单，既能完成支付这个环节，又可以向前拓展到电商下单购物，进一步整合"广告传播、客户关系管理"的全产业链。

手机就像一张活的卡，扫码支付只是其中功能之一。打个比方说，其应用目前还是小学生阶段，还有中学、大学、硕士、博士、博士后等各阶段，甚至一直可以进化到"地球脑"阶段。

当然，在现实当中，这样的场景也正在被应验。如今，微信这样的扫码支付正在交易的整个过程乃至生活的方方面面渗透，比如扫码享受优惠、扫码加好友、扫码确认登录信息等。

而反观 NFC 技术支持的 Pay 支付，目前最大的噱头还是在于与各种银行卡绑定，其要发力的点仍然是限于交易当中的货币支付环节。虽然，NFC 也早在其他领域和场景有所应用，比如校园卡、公交卡，但这些应用也需要新的硬件布局和维护，而且也仅仅限于支付环节。

在当今时代，相对于交易的整个环节，以及生活的越来越多样性，若是某个工具仅仅满足于某单一的功能，就比如卡在大多交易场景中只能完成货币支付的功能。这样必然会被消费者所诟病，因为追求更极致的体验，人们自然希望所有的功能都是可以高度集成和组合的。如果无法完成与其他业务的有效连接，必然不能满足社会需求。

Pay 支付功能单一的尴尬，有两个主要原因：首先，该支付技术的解决方案因参与所需的主体繁多，在成本、利益的均衡上，很难让各方都达到满意的状态。其次，最重要的是，基于硬件的 NFC 支付技术，不能完成拓展功能。NFC 技术基于实物芯片的这一属性，使得功能上基本上已经确定无法更改。若要完成升级则要继续投入人力和硬件成本。而扫码技术基于光反射技术，却可以做到零成本的功能迭代。

▎商业的逻辑透着哲学的智慧

在人们的认知框架下，存在着一套哲学的逻辑——"光取代电成为联网接入的必然性"。在支付上，"光电"连接必然取代"电电"连接。光电连接就是扫码技术，电电连接也就是 NFC 技术。

就像乔布斯已开创出手机不需要键盘的移动互联时代，因为诺基亚不理解这个哲学思想，始终停留在手机是打电话的理解上，坚持不肯放弃塞班操作系统，固守在键盘输入的逻辑往下走；尽管它占有了全球最大的市场份额，但最终却没有逃脱被苹果颠覆取代的厄运。

在利用两个硬件达成链接这个技术的逻辑下，NFC 技术已经做到了"90 多分"，无法再有大的发挥空间，不可能再往前进步了，因为它的技术路线是错误的。

人们往往被自己的认知局限所限制。现实是极其复杂的，一般情况下，谁也不能穷尽原因得出未来的某个结论，历史的大流只有少部分人能洞察。

移动支付的根本要点在于到底是走电和电连接，还是走光和电连接，这个问题很重要。相比起 NFC 需要硬件改造，为啥不利用互联网这个已经成熟的网络，找出更安全的支付手段呢。作为有哲学思想的智者乔布斯如果还活着，一定会"掐死"库克这个错误决策，永远不会装 NFC 技术。

"光"取代"电"，这是码链最基本的逻辑，在这个基本逻辑下，苹果Pay，三星 Pay 的机会也将肯定会没了。

▍扫码支付不可替代

事实上，现在加装的 NFC 技术只不过是"小白"们虚荣心的需求，而码链坚信未来的支付入口，一定是二维码的天下。

对于这个问题，也出现了很多争论。有人提出疑问，现在一些指纹识别、脸部识别、语音识别等技术的兴起，会不会在支付场景或其他场合替代扫码技术？

需要指出的是，指纹识别技术会面临两个问题。第一，同一个人在不同时间点是不一样的，存在误差。第二，全世界可能会存在两个一样的指纹。指纹是 Analog 进行"模拟比对，只能接近，无法到达"的一种验证，而二维码是数字化的入口 Digital。所以这两者的误差表现悬殊极大。

有时在进行指纹打卡时，明明是同一个人的同一个指头系统却会报"请重按手指"，这就是机制的缺陷。在当初生成指纹信息时，机器根据感应出来的模拟量进行数字化处理的，这其中肯定存在误差。而一个人的生理特征在不同时候多少会出现差别，当然，精度是可以深度优化的，不过其中的误差是该技术所无法规避的。这样，指纹只能用在小样本、宽松的环境下使用，比如公司门禁；而不能应用到支付这样严密的数字化过程中。

同理，像脸部识别，瞳孔识别等技术也是如此。尤其是脸部识别，3D打印技术和视频技术很容易对此进行破解。

在 IT 高科技的摩尔定律时代，自 2007 年以 iPhone 为代表的苹果智能手机的出现，引领着移动互联网的普及，不仅给移动终端市场带来了翻天覆地的变化，直接导致诺基亚、摩托罗拉、索尼、爱立信等老牌手机厂商从市场退出，而且还颠覆了互联网时代的 WINTEL 联盟与计算机厂商，导致 IBM 卖掉计算机，康柏被惠普并购，DELL 要去购买 BMC 做云服务。至 2015 年移动互联网的流量大幅度超越 PC 互联网时，"以移动来联网处理"的大潮已经来临，这也带来了中国在这一领域"弯道超越"的战略机遇。

相较于互联网时代是由计算机鼠标与网站网址构成的生态体系，智能手机时代，使用"二维码扫一扫"。用手机等移动终端取代计算机，用扫一扫取代鼠标的点一点，用"二维码"取代网站网址，从而构建一个在智能手机时代特有的新的网络（姑且称为"移动物联网"），这就是中国历史性战略机遇。

"二维码扫一扫"这个功能定位，颠覆了整个互联网的联网方式，跟 Dotcom 需要围绕 IP 地址的连接方式来展开明显不同。

"扫一扫"的未来是"看一看"

二维码作为目前的支付入口，要继续稳固自己的地位，并深入拓展自己的业务范围，也需要升级换代，以期与时俱进满足市场需求并带来更好的使用体验。

二维码的关联是"扫一扫"，它的升级版本是光取代电的传达方式和逻辑的"看一看"。把手机的摄像头"掰"下来，安装在眼镜的镜框上面（称为"御空眼镜"），盯着某一个二维码看一看，就可以完成扫码的过程。在"看一看"的逻辑下，甚至连智能手机也会被取代了。

二维码可以是隐形的，肉眼看不见的，但是任何物体都可以通过光反射出不同的频率。肉眼看到的是物体，"御空眼镜"看到的是物体发出的特定信号的光。在这个过程中，看一看就完成接入了。它的好处在哪里呢？在于它不影响肉眼的视觉效果，甚至每个人身体上都可以"贴"一个"码"，通过看一看来完成各种认证。也就是万事万物都在真实世界里，而非计算机前，即可通过"看一看"，完成联网接入功能。依照这个逻辑，扫码支付一定是未来支付的必然选择。

二、以人为本、道法自然

在后疫情时代的大背景下，人类社会的科技发展也开始遵循以人为本的理念，并清晰地认识到所有的科技发展都必须以服务人类为原则。以人为本是所有科技发展的第一要务，如果违背这一原则，科技的发展将可能导致人类生存空间被挤压，从而剥夺人类生存的基本权利。如任由人工智能发展，机器或许终将取代人类在社会中的活动。但这样的技术并非人类所需要的。

> 要做到以人为本，就是要让每一个人都能找到创造价值的方式，在
> 码链生态中，拥有一部手机就可以进行人类活动信息的传播，这是码链
> 对信息时代通过信息化的劳动就可以创造价值的方法论。

　　谷歌公司近期宣布，已经成功利用一台 54 量子比特的量子计算机，实现了传统架构计算机无法完成的任务。在超级计算机需要计算 1 万年的实验中，量子计算机只用 200 秒。谷歌量子计算机的面世，加上 5G 的成熟和应用，大数据的发展，标志着量子计算 + 人工智能时代即将到来。那么，通用人工智能 AGI 还会远吗？

　　有人认为，强大的量子计算机彻底破解了毕达哥拉斯学派所言的万物皆数，数是宇宙万物本原和世间万物背后深藏的底层密码，让各种事物的运行规律豁然展现在人类面前的"天道"。彻底破解了将各种社会现象原本背后的数学逻辑，将各种经济大数据背后蕴藏的概率破译出来，大数据将成为比石油更重要的资源"地道"；彻底破解了生命科学家认为的生物体都是一套生化算法，无论是基因生长组成人体器官，还是各种人类感觉、情感和欲望的产生，都是由各种进化而成的算法来处理的"人道"。人体内那些被称为基因的 23000 个"小程序"，将能被重新编程。一种能力远高于人类的超人，将因此产生。人类有可能在不远的将来在量子计算 + 人工智能面前，像臭虫面对人类一样无力和脆弱。

　　据《每日邮报》报道，英国物理学家史蒂芬·霍金（Stephen Hawking）接受美国王牌脱口秀主持人拉里·金（Larry King）采访，宣称机器人的进化速度可能比人类更快，而它们的终极目标将是不可预测的。

　　霍金认为很有可能，"人工智能是人类真正的终结者，彻底开发人工智能将导致人类灭亡"的告诫。面对这一告诫，人类该如何在量子计算 + 人工智能时代到来时重构人类新世界，这需要有新的模型搭建。

码链思想来自"以人为本"的东方哲学观，是人类碳基文明如何面对机器硅基文明挑战的指导纲领。

在工业文明时代，任何一个全球帝国，从发端到登顶，都需要翻过工业、科技、金融、军事和文化这五座大山。这五座大山，对应的便是工业霸权、科技霸权、金融霸权、军事霸权和文化霸权。同样，一个全球性帝国，失去它的帝国霸权，它就会逐步丧失工业霸权、科技霸权、金融霸权、军事霸权和文化霸权，从而一步步地走向衰落的。曾经的西班牙帝国如此，英帝国如此，今天的美国也是如此。

西方崛起的真正关键是工业革命。在蒸汽机之后，19 世纪 60 年代，美国实现了电力的广泛使用，并且开始使用第二种化石能源——石油，这就进一步拉大了与非西方之间的差距。1946 年，美国生产出人类第一台二进制计算机，自此人类进入计算机的第三次工业革命。而中国抓住了第三次工业革命的尾巴，即第三次工业革命的"后网络"机会，在互联网经济的发展和繁荣中站到了世界的前沿。当第四次工业革命到来之际，对于中国来说，这是一个巨大的历史机遇。在第四次工业革命到来之际，中国至少可以达到和美国同步，在此基础上还可能会比美国先进。这样的态势意味着第四次工业革命之后，人类的生产力布局将完全不同于过去几百年。过去工业革命都在西方爆发，因此西方的生产力绝对领先，甚至有时一骑绝尘。经此第四次工业革命，东方的生产力有可能会领先于西方，至少会达到东西方平衡，这就是百年未有之大变局中最重要的变化。

人类，是生活在真实的世界中，而不是虚拟的基于 IP 地址的互联网屏幕当中。互联网的规模再大，也只是占到真实生活当中的一小部分而已。码链构建的全新数字经济生态体系，是建立在真实的世界之上。符合中国道家"天人合一、道法自然"的传统思想，同时，这也是我们构建码链体系的理论基础。

　　在传统世界中，是以人作为单独的个体存在，在互联网的世界中依赖
的是计算机，通过 IP 接入互联网，而我们在码链生态中构建的价值链世界，
则是以数字人作为基础的单位所组成的，人类所有的行为和社会中所有的
经济活动都可通过扫一扫连在一起，从经济学理论基础上来说，就具备了
把所有人类社会的经济体系在数字世界进行统一管理的能力。

　　在码链生态中，通过"扫一扫"作为基础接入点，扫码之后生成新的
码，码与码之间又形成一条新的价值链，无数的二维码和价值链条就构成
产业码，从点到线、面最终构建出码链的体和系。通过"道法术器"，及"点
线面体系"的实施路径，码链数字经济生态体系正在从理论到实践上落地，
呈指数增长，天作大成。

　　码链正是通过这样的方式来建立了一整套源自中国、面向世界的新的
经济结构方案，为全世界解决了面对即将到来的量子计算＋人工智能时代
如何重构以人为本的新世界的问题。

　　而基于扫一扫的码链体系，恰恰是把社会中每一个最基础的个体和他
们每一次的活动记录下来并且相互连接到一起，通过码链的点、线、面、
体、系就可以把每一个个人、每一个企业、每一个行业、每一个社会的生
态体系全面连接在一起。以此为基础，做出相对完美的计划，最终达成构
建人类命运共同体的历史使命。

　　码链体系的本质实际上就是将人类的数字人 DNA 以及商品的 DNA 叠
加到该体系当中，而不是通过 IP 作为底层来构建。只有通过码链的模式，
才有机会重新构建出一个全新的数字经济生态体系，以应对大变局中，即
将到来的关乎人类社会未来走向的危机。

　　在这一全新的思想指导下，人类将开启一种新的模式，通过扫码链接，
通过"扫一扫"、升级版的"看一看"，到终极模式的"想一想"，人与人、
物之间每一次行为，每一次传播都建立"码的链接"。这种模式将带领人类
进入一个全新的世界中，这个世界并不是一个单纯的真实世界，也不是一

个通过机器相连的虚拟世界，而是一个以人为本、万物互通、虚实互联的高维度世界，从而开启人类文明的 2.0 时代，这个时代的特征为"数字人、地球脑"新时代。

三、天人合一、世界大同

> 如果能够全方位地理解天人合一，并将之付诸实施，那么世界大同也就是顺其自然的一个过程。试想，人们在世界的每一次互动都让他有序地和世界连成一体，当这种"有序"发生在每一人身上的时候，所有人和所有的事物都将连成一个整体。

19 世纪是西方国家快速发展的时期，而彼时正是我国清王朝衰落阶段。自鸦片战争后，由于战败和经济落后等原因，致使一些国人对东方文明失去了信心。新中国经过四十多年的改革开放，经济建设取得了长足进步，科学技术水平也接近世界领先位置，综合国力大幅度提升。这表明，现代化文明不是西方特有的文明，中国人在实现现代化的道路上同样可以表现得更加优秀。纵观中国现代化建设进程中取得的举世瞩目成就，我们不是正在向世界重新昭示东方文明的力量吗！

在数字世界里，人类命运何去何从？

融合东方哲学思想和西方技术，基于二维码"扫一扫"专利升华形成的码链思想，为人类在数字世界里，人类命运何去何从给出了新的方向。

"天人合一，道法自然"是中华文明内在的生存理念。

东方文明孕育的东方哲学思想基石是"道"。中华文化从古至今，强调"人"应从属于"道"。中国文化下的"人"，需要遵从于集体主义的、民族的、国家的等各种"道"。

通过在真实世界里"扫码链接",在每一次交互的地理位置／时间之上,再叠加每个人的数字 DNA,形成新的码,码与码形成链条的技术,就是"码链"技术。码链技术,作为一个革命性的、信息技术的载体,让人类社会在信息传递这个尺度上,建立起一个以"数码"为单位的信息维度,把真实世界一一对应到数字世界。码链技术突破了比特信息传递"香农定律"的束缚,让人类在量子维度上进行自主意愿和社会行为的数字化表达,可按需进入无限多个平行世界。

在传统社会中,人是社交化动物,人之所以能够融入社会,在于每个人都拥有属于自己的身份证明。而在数字世界里,数字人之间的行为交互,也需要一个能证明身份的凭证,在特定的多个平行世界中,具有唯一性、安全性、不可篡改性以及庞大的数量和时间戳的条形码图像(包括一维码、二维码、多维码等),可以用来标识人们在数字世界的每一次交互行为,建立互通互联的链接关系,而成为在数字世界中的身份标识,这是搭建数字世界的基础。

在码链的数字世界里,码既是行为标识,也代表着数字人的身份信息所有权。人和物都可以在一个码中植入自己的数字人 DNA,存储在码链网络中,这样就能够最大限度地保证信息的真实性。基于这个码的身份系统,码链体系为每一个数字人搭建起属于自己的价值传递网络。这个可以传递价值的社交网络就是价值链。价值链是人和物基于码数字身份构建的人际物际关系网络。通过码的加密让每个人、每个物都能够很好地保护自己的隐私。

▌ 天人合一、道法自然:人类与天地万物共荣共存

代表东方哲学思想的"道",包括三方面的内容:一、"道"是生育天地万物的本原;二、"道"具有规律、法则意义;三、"道"具有人生准则、规范的意义。

老子在《道德经》中论述的道与万物的关系为："道生一，一生二，二生三，三生万物。"这一论述奠定了关于宇宙发生、万物起源的模式。而其"人法地，地法天，天法道，道法自然"的思想，建立起了以"道"为核心的价值论。

老子的"道"论突出一个"通"字，指出宇宙万物相联系而存在，多元一体的基础就是道，万物统一于道，道虽然无形无象，却是万物存在的普遍根据，因为它无所不通。

在东方哲学思想与西方高科技两种文明相遇中，码链思想强调的是由"道"向"术"的向下兼容。

依据码链思想和技术模型建设的码链数字经济生态，将在全球引发一次全面的范式革命，深入社会的各个阶层，在经济、贸易、金融、货币、法律、道德等各个方面，完成从三维世界向四维世界展开与重构，形成数字时代的人类利益共同体，人类命运共同体。

▌遵循天人合一、道法自然理念，寻求永续发展之路

东方文明历来强调天人合一、尊重自然。"天人合一"是视天地万物人为一体的思想。在中国古代文化中，人与自然的关系被表述为"天人关系"。董仲舒说："天人之际，合而为一。""天人合一"追求的是人与人之间、人与自然之间，共同生存，和谐统一。

天人合一、道法自然的理念，开启了生态文明之先河、可持续发展之先驱。在今天，这些绵延数千年的生态理念依然是我国各领域的生态文明建设的思想指引。码链数字生态文明秉承了天人合一、道法自然的东方文明优秀的传统理念，为人类在数字化时代找到了永续发展之路。

当前人类正处在大发展大变革大调整时期，也正处在一个挑战层出不穷、风险日益增多的时代。宇宙只有一个地球，人类共有一个家园。中国始终认为，世界好，中国才能好；中国好，世界才更好。

　　而经济全球化的大趋势是不可逆转的。码链数字经济生态体系为世界
开辟了一个各方合作的人类文明新疆域。在这个生态体系中，世界各国可
以通过码链加强宏观政策的协调，维护世界贸易组织规则，支持开放、透
明、包容、非歧视性的多边贸易体制，构建开放型世界经济。引导经济全
球化健康发展，加强协调、完善治理，推动建设一个开放、包容、普惠、平
衡、共赢的经济全球化，实现世界大同。

　　人类文明多样性是世界的基本特征，也是人类进步的源泉。不同文明
取长补短、共同进步，是推动人类社会进步的动力和世界和平大同的纽带。
遵循天人合一、道法自然的理念，寻求永续发展之路。中国发展得益于国
际社会，中国也为全球发展做出了贡献。

　　东方民族是能够融合一切外来文化，并转化为自身营养的伟大民族。
码链思想是东方文明孕育的东方哲学思想和西方高科技高度融合的产物，
在东方文明本位的基础上，将西方科技与东方文明融合，找到了最适合也
是最佳的数字时代的生态文明形态。

　　中国自古就有"天下"的思想，天下是天下人的天下，天下是世界各
国人民共同的家园。天下太平是人类的美好愿望，天下太平需要天下人都
有以天下为己任的担当意识。基于"扫一扫"发明专利升华的码链思想，
就是在"天下兴亡、匹夫有责"的担当意识驱动下，为人类进入数字时代
贡献的中国思想和中国方案。

四、人类文明的方向道路

　　在选择人生命运的问题上，面对着：生门 vs 死门的不同选项；

　　在选择前进方向的问题上，面对着：光明 vs 黑暗的不同选项；

　　在选择发展道路的问题上，面对着：有机 vs 无机的不同选项；

　　在选择信息通信的问题上，面临着：真实 vs 虚幻的不同选项；

> 在选择网络设施的问题上，面临着：物联网 vs 互联网的选项；
>
> 在选择科学技术的问题上，面临着：光技术 vs 电技术的选项；
>
> 在选择劳动载体的问题上，面临着：数字人 vs 机器人的选项；
>
> 在选择研发对象的问题上，面临着：智慧人 vs 智能机器的选项；
>
> 在选择共识视角的问题上，面临着：人类视角 vs 非人视角选项；
>
> 在选择人类文明的问题上，面临着：碳基文明 vs 硅基文明选项。

一个时代的文明是这个时代哲学精神的精华，是对人类在世界观、人生观、价值观、生活观的集中和动态的呈现，人类文明的形成和发展一般是从实践中来、又到实践中去。所经历的认知、理解、相信也就是在实践的基础之上的知性、感性、理性不断循环上升的过程。

中华文明源远流长，在易学和道家的主导下，融会儒、释、道、法、墨、阴阳、杂家等诸子百家和而不同，贯通宇宙、自然、人类社会和合共生，这些思想深刻地影响着中华民族和世界各国。注重人的自我实现境界以及仁者爱人的道德情怀。在人类不断认识世界和改造世界的过程中，自由、平等、公正、法治思想的价值地位不断得到肯定，并在中华大地形成了社会主义核心价值观体系。

中华文明的道统思想，《道德经》曰"道生一，一生二，二生三，三生万物""人法地，地法天，天法道，道法自然"；易经之思维"无极生太极、太极生两仪、两仪生四象、四象生八卦、八卦定吉凶、吉凶生大业""天行健、君子以自强不息；地势坤、君子以厚德载物；人和合、君子以幸福安康""积善之家必有余庆、积不善之家必有余殃"；儒家的"己欲立而立人、己欲达而达人，己所不欲而勿施于人"的这些思想和价值理念，早已经深入人心。正是这些中华文明之光辉，缔造了"以人为本、道法自然、天人合一、世界大同"的码链思想。

2020年开始，全世界都面临了一个公敌，新冠疫情席卷全球，人类面对着生死存亡的关键抉择，人类的文明，特别是在世界观、人生观、价值观、生活观、科技观等方面也面临着重大选择。

看一下硅基文明的两大原则：资本自由的原则和机器统治世界的原则，互联网的集中式接入，以域名为中心，以获得私有财产，成就经济生产垄断平台；区块链的分布式接入，以节点为中心，以获得精准记账，成就虚拟资本虚拟金融；区块链机器虚拟货币坚决拥护互联网的虚幻基础设施，发展为机器人帝国主义；在这个体系中，虚拟资本是可以自由的，但是作为生命个体的人，却不能自由发展。

硅基文明的邪恶资本不断地收割老百姓的财富，如何要让这些血汗钱重新返回到老百姓的口袋中来呢？人民郑重地邀请基于码链数字人的碳基文明登上人类历史的舞台，保卫人类维系工作劳动的权利，更多创造价值的权利、更好参与政治、经济、社会、文化生活的权利。

碳基文明的对象：时间、地点（土地）、劳动力、科技、资本。可见码链数字人体系要素齐备，是一个能担得起在可信数字世界里构建人类命运共同体的责任。

碳基文明的业务特征：一句话，基于智慧物权法，智慧物权法这五个字分别代表着码链数字人的发码的行为、链接的资本、土地的物格、门牌的价值、消费的通证。

碳基文明的技术良知：一句话，就是码链爱智慧，并且让这种爱的规定性和被规定性成为可能。码链的码为世界万事万物提供发码根据，标记时间、地点、人物、前因、后果；码链的链为世界万事万物建立主题价值，经由可信价值网络实现并累加自我价值；码链的爱为人类认识真理、智慧、生命的总源头，发现真善美，传播流通价值链；码链的智为被邀约的物建立规定性，位置（Position）、身份（Identity）、时间（Timing）；码链的慧为被接入的物遵从规定性，看一看（御空眼镜）、扫一扫（智能终端）、想一想（量子码链）。

　　码链数字人思想集合了个人观念、家庭关系、市民社会、民族国家、世界历史、数字地球，最终实现全球利益共同体，实现人类命运共同体。码链具备预见未来的潜力：在数字时代，唯有符合人类生命、爱情、健康、自由意志和财富创造的技术进步，才禁得起时间的考验，带给人民有尊严的幸福生活，才能带领人类走向平衡、安全、快乐以及广阔的未来。

第四章 智慧码链　扫一扫组合专利
统一发码　发码行全球授权

思维导图：新生产力——智慧码链

扫一扫专利之秘籍：周易八卦、象数义理、沟通自然、链接社会

卦象：统一发码、映射成像，例如：条形码、二维码、多维码

卦数：动态扫码、即时成像，例如：扫一扫、看一看、想一想

卦义：图像通信、编码解析，例如：交易识别、流量支付、诚信溯源

卦理：智能合约、配置规则，例如：贸易规则、资产申报、评审备案

智慧码链：码链新大陆，高质量知识产权之源泉

智：天时地利、转识成智；对应为溯源（时间、地点、人物、事件）

慧：以人为本、凝聚共识；对应为流量（扫一扫、看一看、想一想）

码：统一发码、智能邀约；对应为接口（网关用码址取代 IP 互联）

链：内容列表、扫码链接；对应为总线（价值链、供应链、产业链）

物格门牌：物格新经济，高价值专利应用之根基

量子化、通信化、信息化；智能化、数字化、社会化；

市场化、国际化、法制化

码链代表碳基文明

码链是秉承东方哲学的以人为本的理念，代表着碳基文明，具备量子纠缠效应，更具备"爱"的双链。硅基文明本质是机器智能，是单链。

一、二维码与"扫一扫"组合专利族

应对大变局，全球都在积极推动知识产权强国建设。

推动新时期经济社会的高质量发展，离不开高质量知识产权，特别是高价值发明专利的重要支撑。我国"十四五"规划和 2035 年远景目标纲要提出，要更好地保护和激励高价值专利，并首次将"每万人口高价值发明专利拥有量"纳入经济社会发展主要指标，明确了到 2025 年达到的预期目标。

基于二维码的"扫一扫"组合专利，是高质量高价值的知识产权，对于促进经济社会的绿色、健康、可持续发展具有较强带动作用，并有利于构建碳基文明社会经济体系。

▌ 二维码扫一扫专利，建设网络强国的知识产权

二维码扫一扫专利技术自发明以来，受到了全球范围内信息专业人士的广泛认可，与二维码相关的专利也引起了国际上的广泛关注。

二维码又称二维条码（2-dimensional Bar Code），是条码技术的一种。根据构成，二维码可分为行排式二维码和矩阵式二维码。其中，行排式二维码可以视为由多个一维码堆叠而成；矩阵式二维码的构成方式是将规则的模块排布在符号图形（一般为矩阵）中，通过深浅模块分别表示二进制"1""0"的方式，承载相关的编码信息。目前常用的 QR 二维码只是 200 多种二维码中的一种。

就像二进制技术被普遍地应用到计算机和信息产业一样，二维码技术也正在被快速地应用到网络通信和数字领域，很多科研组织都在针对二维码开展综合研究。二维码技术具有产业化能力，在创造、运用、保护、管理、服务的过程中形成了全链条。二维码技术是一种创新资源，二维码已经发

展成为一种新的生产资料，可以提高市场化配置效率，可促进创新链、产业链、资金链、政策链深度融合。

如何推进二维码技术的创新成果向现实生产力转化，打造形成物联网和数字经济在未来的新发展新优势，发码行正在牵头组建一支跨学科的战略科研团队，率先申请世界一流的二维码应用的知识产权，带动各类数字社会组织实现高质量发展，推动构建网络强国，促进建设现代化数字经济体系，激发全社会创新活力，打造新发展格局。

▎物联网等战略性新兴产业需要高价值发明专利支撑

高价值发明专利如何界定？为何设立"每万人口高价值发明专利拥有量"指标？如何更好地保护和激励高价值专利？

国家知识产权局战略规划司司长葛树曾在接受新华社记者专访时介绍说，中国明确将以下 5 种情况的有效发明专利纳入高价值发明专利拥有量的统计范围：一是战略性新兴产业的发明专利，二是在海外有同族专利权的发明专利，三是维持年限超过 10 年的发明专利，四是实现较高质押融资金额的发明专利，五是获得国家科学技术奖或中国专利奖的发明专利。其中战略性新兴产业领域的有效发明专利，是面向国家重大发展需求、推动产业创新发展的重要资源，其他 4 个方面的有效发明专利，具有专利稳定性强、价值较高的特点。

当今人类社会，正在走进"万物互联"的物联网时代。物联网将促使人类生产方式发生改变，产生新的生产力。而生产力变革的实质在于不断进行科技创新、制度创新，并通过这种创新不断建立适应社会发展的物质基础。在物联网生产方式下，传统经济学理论中生产什么、如何生产以及为谁生产都将发生变化。物联网技术是物联网经济发展的基础，借助各种识别技术，把物与互联网连接起来，组成人与物、物与物直接沟通的网络，这将促使人类生活方式发生巨大改变。

可以预见：物联网无疑是未来促进经济发展的战略选择和战略性新兴产业。物联网的发展将改变未来社会经济的发展模式、调整产业结构并改变生产、交换、分配、消费的形式。物联网的发展将成为未来经济发展的助推器和国家经济力量的一个重要指标和参数。

在已经获得国家知识产权局授予的发明专利权，和正在获得全球多个国家和地区认可并授予的发明专利权的"扫一扫"组合专利技术，正是战略性新兴产业物联网领域的有效发明专利，是面向国家重大发展需求、推动产业创新发展的重要资源，完全符合纳入高价值发明专利拥有量统计范围的5种情况。

▍ 基于二维码"扫一扫"的原创发明组合专利

基于扫一扫技术的组合发明专利，就是物联网的接入和识别技术，它已经或正在获得全球多个国家和地区的认可并授予发明专利权。其中，码链体系已经获得中国知识产权局、全球多个国家专利授权的"高价值"发明专利有：

1. 俗称"扫一扫"的发明专利。2012年4月17日（专利优先权2011年4月18日）提交的"采用条形码图像进行通信的方法、装置和移动终端CN201210113851.8"，目前已经获得中国大陆、美国、日本、中国台湾、中国澳门等国家和地区的专利授权。

2. 俗称"扫一扫"升级版的"看一看"小程序发明专利。2013年7月8日提交的"一种采用条形码图像进行通信的方法和装置和嵌入感芯引擎的可佩戴的部件ZL201310284352.X"，目前已经获得中国、美国、新加坡、俄罗斯、南非等国家授权。

（同族分案包括"一种采用条形码图像进行通信的方法201611151037.X"等18项组合专利）。

3. 俗称"统一发码"的发明专利。2015年10月9日提交的"基于统

一发码的信息处理网络及方法和传感接入设备 201510649977.0"，目前已经
获得美国、日本、韩国等国家专利授权。

4. 俗称"数字货币钱包"的发明专利。2016 年 9 月 20 日提交的"移
动终端与服务提供设备连接的系统及服务提供方法 201610835052.X 22"。

（同族分案"一种基于服务提供设备进行数字货币支付的方法、装置与
移动终端 CN202010079280.5"等共计 34 项组合专利）。

▌ 布局海内外的扫一扫组合专利

在我国制定的《高价值专利（组合）培育和评价标准》中，明确的培
育目标包括三种类型：其一是保护核心技术，其二是获取先发优势，其三
是对抗竞争对手，并明确了面对我国将有更多的创新成果实现海外专利布
局的局势，国家将为"走出去"的核心专利技术保驾护航的举措。

我们利用二维码信息量大这一特点，发明的"采用条形码图像进行通
信的方法、装置和移动终端"，从服务器编码（动态码）一直到终端的扫码—
解码—执行、可完成闭环交易系统的"扫码"实用技术。目前基于"扫码
链接、统一发码"的专利组合（统一发码专利池）的数十项专利，已先后
获得了中国大陆、美国、日本、新加坡、俄罗斯、中国台湾、中国澳门等全
球 100 多个国家或地区的知识产权局发明专利授权。这一在国内外大范围
获得授权保护的"扫码"专利技术，包括但不限于"一维码、二维码、多
维码"在内的所有码制图像。其核心技术是：采用条形码图像在移动终端
与后台服务器之间进行通信的方法，实现的是对所有码制的条形码图像都
能进行解码，并可保证用户信息的安全。也可以实现在没有后台服务器的
情况下，在移动终端一侧即可完成服务的提供。

相关统计数据显示，截至 2019 年，全球支持"扫一扫"的 App 软件
安装已经超过 40 亿次，覆盖的 App 开发厂商有数千家。"扫一扫"已成
为全球餐饮、便利店、网购、交通、医疗、外卖、交通等日常消费中最常

用的手段之一。个人手机扫码用户数量，仅使用"微信""支付宝"的就累计高达 15 亿人次，个人用户每年"扫一扫"达数千亿次，扫码支付金额接近 100 万亿元。因此，扫码支付已在国际上获享中国新四大发明之一的声誉。

尤其是新冠疫情期间，扫码支付无现金，彻底隔绝零钱上的病毒载体，保证"清零"，这是使用现金的国家无法克服的难题；而健康码出行，则是最大效率保障了出行，使得"疫情管理"有序进行。

▌"扫一扫"发明专利 反制西方科技围堵的利器

"扫一扫"连接线上线下，实现了在真实世界和虚拟世界的人与人、人与物、物与物的直接相连。"扫一扫"已成为打开移动互联网入口之门的钥匙。每一次扫码，就打开了一道进入数字化内容的大门。在数字经济的基础建设方面，与 20 世纪 80 年代美国发明普及的"鼠标点一点链接网址"之于单机计算机，接入了互联网 IP 的虚拟世界；那么，用手机"扫一扫"接入网络，取代 PC 联网，则开启了万物互联的"物联网"接入真实世界，重构网络新世界的新纪元。

此外，在全球数字经济的基础建设领域中，中国原创发明的"扫一扫"，已经拉开了中国高科技与美国硅谷的差距。这个差距就在于，美国硅谷只有一个互联网"点一点"的接入技术，而缺一个物联网"扫一扫"接入万物互联的技术。

通过"扫一扫"接入物联网来建立一个真实世界与数字世界一一对应的多个平行世界（不仅不是数字孪生，更非虚拟的 IP 世界），这是对"香农定律"的一个突破。它不单单在于比特信息的传递，而是实现了可以在量子维度传递人类在社会中的行为的创新。完全不同于基于 IP 的虚拟世界的网络空间，码链通过"扫一扫"接入生成动态二维码来标识数字人行为，它成为人类在数字世界中的身份标识，这无疑是搭建数字世界的基础。

　　面对西方国家不断强化的高技术封锁之势，"扫一扫"组合专利已经站在了全球信息化高科技的高地，中国人在数字化的关键核心技术领域中坚持不懈，自主创新，通过独立研究取得的，足以影响全球数字经济和物联网建设和发展的科技成果，是我国在进入世界创新型国家行列的进程中，最有价值的创新，是堪称物联网接入神器的高价值发明。

　　"扫一扫"组合专利技术的应用，不仅会在数字经济中给全世界的商家、企业带来更多财富，还将为政治、经济、文化、科技、军事等领域带来"采用条形码图像进行通信的"闭环互通。"码链取代 IP"互通互联，对 IP 互联网可以向下兼容。这充分显示了，在新一轮世界新经济竞争中的中国科技软实力。该技术是当之无愧反制西方科技围堵的高价值组合专利利器，是在数字经济领域获取的先发优势，足以对抗竞争对手的核心技术，理应得到国家层面的保护。

二、"扫一扫"组合专利与码链体系

　　码链数字生态体系是由点、线、面、体、系构建而成，其中的"点"就是扫一扫，而二维码则作为部分信息（身份）的载体存在。所谓的 5W（时间、地点、人物、前因、后果）就是在扫码的瞬间所产生的。可以这样认为，码链体系的二维码就是万事万物的原点，而每一次的扫码行为也将人们从三维世界带入一个包含 5W 要素的四维世界。

　　当今世界，人类已进入数字时代，集合各种数字信息构成的人工产品数字物与自然物相互交融，形成了一个新的生存世界。数字物对物理材料的依赖性越少，就越具有一种独立性，从而产生一种对应于事物世界的虚拟世界，以之实现人的生活方式，譬如游戏、娱乐、网购、信息交易、电子账单等。这些活动将逐渐成为人们关于这个世界的新的认识和实践的表达方式，建构起人们新的生活样式。数字物借其完美的复制与感性的操作，拓展人们对真实世界的认知能力，增加人们感知物理世界的间接性。同时，通过数字化的社交平台，建立起理解真实世界的认知基础，使得原来以各种直接感触性或实存性为前提的生存经验，逐渐被各种对数字物的直接感触或虚拟交易所替代。这些技术的进步和所推动的生活方式的改变，对人的世界观、价值观也产生了影响，成为推进大变局后世界经济增长、社会发展和文明进步的有力杠杆。

因特网技术所生成的 IP 文明

IP 是整个 TCP/IP 协议族的核心，也是构成互联网的基础。IP 是 Internet Protocol（网际互联协议）的缩写，是 TCP/IP 体系中的网络层协议。设计 IP 的目的是提高网络的可扩展性：一是解决互联网问题，实现大规模、异构网络的互联互通；二是分割顶层网络应用和底层网络技术之间的耦合关系，以利于两者的独立发展。根据端到端的设计原则，IP 只为主机提供一种无连接、不可靠的、尽力而为的数据包传输服务。

IP 位于 TCP/IP 模型的网络层（相当于 OSI 模型的网络层），对上可载送传输层各种协议的信息，例如 TCP、UDP 等；对下可将 IP 信息包放到链路层，通过以太网、令牌环网络等各种技术来传送。IP 是网络之间信息传送的协议，可将 IP 信息包从源设备（例如用户的计算机）传送到目的设备（例如某部门的 www 服务器）。为了达到这样的目的，IP 必须依赖 IP 地址与 IP 路由器两种机制来实现。

IP 是当今互通互联的联网底层标识，基于 IP 的通信协议，是联网的主要连接协议，IP 的管理即互联网的管理核心。由于 IP 地址是数字组成的机器语言，不方便人类记忆，所以有了域名（方便人们记忆与使用），通过域名地址就能找到唯一的 IP 地址。域名管理系统 DNS 服务器（Domain Name System），为 Internet 上的主机分配域名地址和 IP 地址。用户使用域名地址，该系统就会自动把域名地址转为 IP 地址。域名服务是运行域名系统的 Internet 工具。执行域名服务的服务器称为 DNS 服务器，通过 DNS 服务器来应答域名服务的查询。在服务器家族里还有一种叫作"DNS 根服务器"的服务器。全球共有 13 台根域名服务器。这 13 台根域名服务器中名字分别为"A"至"M"。1 个为主根服务器，放置在美国。其余 12 个均为辅根服务器，其中 9 个放置在美国；欧洲 2 个，在英国和瑞典；亚洲 1 个，在日本。所有根服务器均由美国政府授权的互联网域名与号码分配机构 ICANN 统一管理，负责全球互联网域名根服务器、域名体系和 IP 地址等的管理。

美国政府每年花费 50 多亿美元用于根服务器的维护和运行，承担了世界上最繁重的网络任务和最巨大的网络风险。

由是观之，"互联网"也被看作美国制作与管理的一张网，向全世界提供服务，因此业界提出，目前的网络并不是真正意义上的互联互通，不应该叫"互联网"，而应该叫"因特网"，即美国控制的广域网。是一种依存于美国法律与美国政客的存在，不能承担普惠全球与全民共识的责任。

码链模型生成的码文明

随着计算机、互联网技术的高速发展，文字已经无法承载当前人类的所有文明了。当前人类社会正普遍面临的一种全新局面，人类文明应该同时被建立在数据之上，也就是数据文明。数据将在人类社会进程中扮演越来越重要的角色。数字化必将越来越紧密地融入人们的现实社会当中，成为整个人类社会不可缺少的一部分。

在未来的数字世界里，人类文明又将会以什么样的模式存在呢？这需要用全新的世界观和方法论，即在 2002 年被定义为矩阵链接（Matrixlink）的智慧码链模型来回答。码链模型生成了数字社会新的文明，即底层是码的文明，也可称作"数明"码链模型作为一个革命性的、信息技术的载体，它不仅有正确的哲学思想世界观，而且有务实可行的方法论。

码链模型让人类社会在信息传递这个尺度上，建立一个以"码"为单位的信息维度，和一个真实世界与数字世界对应的多个平行世界。这就是对"香农定律"的一个突破，它不单单在于比特信息的传递，更是可以在量子信息维度进行人类在社会中的自主意愿的表达，由于这个平行世界有多个乃至无限多个平行世界的维度；这个数字化的平行世界，允许以人的自由意识进入，这就完全不同于基于 IP 的虚拟世界。

在码链模型中，人的社会化的行为表现为数字化的行为方式。人也就被称为数字人，是基于主题活动的数字化表达。

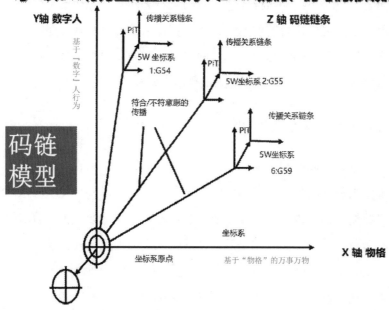

码链模型的两个基本概念分别是"数字人"和"物格"。数字人（即人类）在三维世界通过扫码链接，叠加自己的数字人 DNA，生成新的码，

与原来的码形成链条，用于记录人类行为的 5W 以及社会关系。物格，是数字人行为的发生地，通过码链接入来记录行为及权重的分配。在现实世界中，人在三维世界中相互遇见，在三维世界的人在土地上劳动，创造出价值，也就创造了人类社会本身，构建人类社会的巨大经济体。数字人在物格数字土地上，通过扫码链接创造价值，创造四维的数字社会和四维世界的数字经济体。由此，数字人在四维世界代表了三维世界中人的行为，人类社会的经济行为也不断拓展到数字的"四维世界"，这就是我们基于码链思想所定义的。

码文明的本质是碳基文明

资本主义发展的最高阶段并不是金融帝国主义，而是机器人帝国主义。从资本主义唯利是图的本质出发，如果剥削人类比不上剥削机器，那么资本家集团就有足够的动力来发展机器人，通过人工智能来获取最大的剩余价值。因此，第四次工业革命的文明之争，不再单纯是东方文明与西方文明之争，而是谁能带领地球延续传承以人为本、天人合一的碳基文明，与资本主义大力发展的以机器为本，用机器取代人类的"硅基文明"之争。

区块链和所谓的加密货币的本质就是机器人帝国主义。因为所有的加密货币都是机器世界的产物，这也是西方世界所主导的，以 IP 为链接的互联网、区块链技术中所谓算法控制世界的一个骗局。而这个骗局就是为了实现资本主义发展的最高阶段：用机器人取代人类。可以预见，在不久的将来，码链与 FB 的正面交锋在所难免，这既是中国与美国的较量，也是人类社会与机器人帝国的终极对决。

码链构建的全新数字经济生态体系，一定是建立在真实的世界之上。这也是构建码链数字生态的理论基础。以物格码的升级版物格价值链为例。所谓"物格"就是物联网的格子，物联网的格子存在于真实世界中，每一个格子在数字世界里都得到一一映射。而物格价值链则可以通过物格唯一的经纬度坐标，以及时间和不同的商品 DNA，生成在数字地球中唯一的二维码。

这个二维码就是接入这个数字世界的"元码"。而这个原始二维码，可以记录商品通过码链所接入的所有行为。如果把这个"源头"的二维码定义为价值的一部分，那么它就可以产生收益，从整个逻辑上来说，就可以让所有二维码扫一扫用户都有机会在新数字世界的构建中，对整个体系的财富进行重新再创造和再分配。

总而言之，码链体系的本质实际上就是将人类身份、信息以及商品的 DNA 叠加到该体系当中，而不是通过机器 IP 作为底层来构建。所以只有通过码链的模式才有机会重新构建出一个全新的数字经济生态体系，以应对这场即将到来的关乎人类社会未来走向的数字战争。

三、码链体系与物格价值链开放平台

在码链数字经济生态的点、线、面体系中，点是"扫一扫"，线则是价值链，面是产业码。基于扫一扫升级的看一看、想一想，一个起心动念就是一次人与社会的交互。在这种情况下，就需要通过"扫一扫"作为基础接入点，在扫码之后生成新的码，码与码相连形成价值链，无数的二维码和价值链就构成了产业码，从点到线、面最终构建出体和系。码链模型通过这样的方式，建立起了一整套源自中国、面向世界的数字经济运行方案。这表明，在数字时代，中国不仅代表了先进的发展模式，还为全世界提供了发展数字经济的解决方案。

2020 年"双十一"前一天，中国国家监管总局发布了《关于平台经济领域的反垄断指南（征求意见稿）》。对象直指互联网电商平台、社交平台、金融平台、娱乐平台等巨头。随着征求意见稿的公布，27家互联网巨头被约谈，多家平台被处以高额罚款。

这些被约谈、处罚的巨头，普遍都存在通过补贴占领渠道，形成垄断优势后，对上游供应商强制实施"二选一"、延长账期、增加扣点、增加隐性成本和越来越贵的流量费让供应商不堪重负；对中游员工，层层算计的人工智能，越来越高的KPI，将骑手、快递员、网约车司机困在系统里剥削。对下游用户：采用大数据杀熟，各种套路，各种层出不穷的霸王条款攫取利润，如此手段的施行，使得整个产业链和商业体系惨遭摧残。此外，这些垄断巨头还扼杀创新，当有新的创业公司和机会出现时，巨头们都会要求站队，要么用资本打压新企业，要么彻底收购这些创新企业。

除此之外，风头正盛的网络直播带货"低价"不低、"严选"不严，虚假宣传、货不对版、制假售假、网络诈骗，甚至教唆青少年犯罪等乱象频现。这些行为不仅已严重扰乱了市场经济的秩序，还阻碍和破坏了国民经济的发展，不治理将危及国家安全。

这些来自国家行政层面的治理行为，对治理当前互联网经济中包括垄断等乱象将起到一定的治标作用。而在人类社会正从信息时代向智能时代转变，数字化浪潮席卷开来的当下，只有加快数字化发展，推动数字经济、数字治理，推进数字产业化和产业数字化，推动数字经济和实体经济深度融合，才能治本。

▌流量变现的伪命题已被揭穿

2015年，伴随着被大资本炒得炙手可热的"O2O"概念，"流量"一词变得深入人心。一时间，无论是新兴的初创公司，还是老牌的国有企业，张口闭口的宣传文案上都是流量至上。狂欢之中，没有人在乎真理的对错，红海之中有个抓手就是好的，管它是坚固的网绳还是脆弱的水草。"流量为王"成了互联网经济时代商业模式的代名词。

当处于市场浪尖的企业者们被问到："有了流量，然后呢"的问题时，都是一副脸不红心不跳的样子，幽幽地回答四个字：流量变现。举着这把看似完美的保护伞，面对投资人的询问和消费者的质疑，俨然兵来将挡水来土掩的态度。

但资本的大潮终将会退去，裸泳的企业纷纷退场，昔日夸下的流量海口，如今沦落为空头支票，令人唏嘘不已。现实残酷无比，流量变现看似美好，其实潜藏着严苛的前提，并非所有的引流方案都可以孕育出光鲜的独角兽，市场的盲目性有时需要理智应对。传统电商由于移动互联网终端的大范围普及所带来的用户增长，所谓流量变现的伪命题已被揭穿，流量红利正断崖式下跌，传统电商所面临的增长"瓶颈"开始显现。

▌ 在扫码链接技术的基础上建立开放型平台

当前，互联网经营出于平台推广投入过大、维持有效客户艰难等诸多原因，且普遍存在资金链短缺的窘迫现状，98% 的互联网企业已难以为继。

而应用码链技术，则可彻底改变传统互联网的被动经营模式，实现真正的去中心化。消费者只要在线下二维码扫一扫或线上朋友圈转一转，生成含有自己 DNA 的二维码，成为"数字人部落"成员，直接进入码链云服务平台完成多功能二维码的接入，实现全过程的可追踪，在码链体系中，价值链和产业码是目前码链体系在实体经济中的一个核心着力点，它实现了人与人之间协作环节的信息化。一方面，码链技术可以解决传统结构化数据库无法覆盖到的一些场景；另一方面，基于码链二维码扫一扫技术，可以固定对账结果，无须审计人员再重复验证。这是码链体系的伟大之处，它使整个社会实现可信的数字化，让信任系统更高效地运行。不仅让实体世界的人或物映射到一个小小的二维码当中去，也可以通过其独有的回报机制和不可篡改的特性有效地将信息传递出去。

"码链技术"是数字人网络时代的"互联网接入协议"升级版：应用码
链技术可以实现"通过信息化重构世界"。应用安全性、成本低廉性与管理
便捷性是"码链技术"的三大特点。码链体系在对我国的互联网经济的发
展模式、趋势和应用落地等做了大量的调研和系统性研究后，倡导在扫码
链接的技术的基础上建立一个开放型平台，通过链接人、链接产品、链接
服务以实现现实世界和网络世界的进一步融合。

▌ 终结互联网平台的物格价值链平台

码链倡导构建的码链数字经济生态体系和物格价值链物联网平台，不
仅是终结互联网乱象的治本之策，更为推动数字经济和实体经济的深度融
合，提供了革命性的范式。终结互联网经济乱象丛生的关键是数字化。只
有数字化，才能真正摆脱互联网模式之下的流量撮合和中介的模式；只有
数字化，互联网经济才能蜕变。而这个数字化，是人类行为的数字化，包
含 5W 要素（即时间、地点、人物、前因、后果）。数字人在物格里扫码链
接入"物格价值链"平台，则不会滋生互联网电商平台、社交平台、金融
平台、娱乐平台的垄断等乱象。

码链创新的物格价值链平台，正在为每一位消费者进行 O2O 和全渠
道、全产业的整合。其通过二维码的唯一性，来为商品赋予全新数字身份，
将移动支付与商品相融合，通过建立激励机制、大数据融合、产品整合、
流量引入等方式打造线上线下一体化的数字经济生态体系。有别于互联网
技术的基于"物格"的数字人行为，更是这个新范式的核心。

物格是 5G 物联网时代下，通过扫码链接来标识人类的数字化行为，
与数字人的 5W 行为相匹配的，具有地理位置唯一对应的标识物理空间网
格，因此也是产品及服务的发生地与交易场所。

物格价值链平台具有如下特性：

一、供应链可视性：供应链的不同部分之间可能存在脱节，从而对交

付进度造成严重破坏。码链模式可以让供应链中的所有各方就发货信息进行通信和访问，而价值链解决方案提供的可视性还可以减少与产品召回相关的时间和成本。

二、智能合约：码链机制为整个体系提供了无可争议的证据，它能证明一方履行或没有履行承诺。若有必要争议可以立即解决并且调整付款。

三、可追溯性：越来越多的消费者要求产品的来源符合道德规范，价值链可以为消费者提供从生产到原材料的透明度，支持商家对社会和环境责任的承诺。

四、杜绝假冒商品：供应商和零售商可以跟踪商品，并利用历史数据确保它们的库存中不会出现假冒产品。

五、最小化欺诈：零售商可以使用价值链商城内的"元宝"来最小化优惠券欺诈，准确跟踪余额，并管理忠诚度奖励。

六、保护用户个人资料：价值链用户的个人身份可以得到保密，网络犯罪无法进入。

此外，物格价值链平台还可以帮助零售商克服阻碍企业增长的挑战。例如基于码链体系的统一标准化——所有的相关方都将以相同的方式记录和查看信息，这可以提高通信和跟踪效率。码链体系的分散特性还提供了简单的可伸缩性，它还可以自动化一些零售商目前正在手工执行的流程。物格价值链平台让"无信任"体系可以建立信任。所有用户都知道整个码链体系中不会有欺诈、篡改或其他的恶意活动，且不易受到黑客攻击，它消除了目前为确保所有交易合法运行，所必须进行的核实以及监督的压力。

物格价值链平台还为用户展示距离最近的门店，以及附近线下各门店提供的特色服务。如用户在线上体验不尽兴，也可以选择到店体验和购买。总之，线上线下商品、用户、服务全面一体化后，将直接有助于商家更好地全盘运营消费者，提升消费者的购物体验。数字物格价值链，用户不仅能够直观地看到商家所处的位置，丰富的线上商品，也能够知道有哪些商品在线下门店销售，哪些物格可以提供哪些服务。

未来，随着"御空眼镜"（应用扫码技术的可穿戴设备）技术的成熟，以及 5G 技术的逐步普及，物格价值链平台将增加更多智能体验，其给用户带来的体验升级，将从此前的图文为主升级为实物感受、体验为主，从而真正实现"所见即所得"。

四、码链新大陆、物格新经济的模型

在基于数字人概念所建立的码链模型中，X 轴代表"行为发生地"，即"物格"；Y 轴代表数字人的行为（点、线、面）；码链模型中 Z 轴的传播链条，可以看作自由意志的呈现，即前因后果的数字化呈现。码链使用基于二维码"扫一扫"组合专利技术，通过扫码链接并且每一次叠加自己的数字人 DNA 后生成的二维码，该码标识着数字人的每一次行为。接入码链的行为将形成新的码，码和码又通过链条相链接，而这些码是通过码链接入标准，遵循着统一发码规则进入码链数字经济生态体系。换言之，通过扫码接入，将两个码（数字人）连接起来，相互连接的两个数字人，就构建出了从三维世界到四维世界全新的码链世界。每一个"码"都是人类每一次交互以及人与世界的每次互动所生成的。通过北斗画在地球上的虚拟网格，通过扫码的方式接入其中的新世界，将其称为码链新大陆。通过扫码接入在物格数字土地上映射所产生的经济行为，因此将它称为物格新经济。码链新大陆、物格新经济是数字经济时代下的新基建。

▎二维码扫一扫带来的颠覆性变革

自互联网上开始广泛流传二维码扫一扫技术，就注定会引起一场颠覆性的变革。之前，人们对于二维码扫一扫的关注更多地集中在它建立的全新移动扫码支付方式。认为二维码"扫一扫"只是一项移动支付的技术。但 2018 年以后，越来越多的人通过区块链去中心化的特性和二维码扫一扫的优势，进一步开始关注"码链"的概念及其在实体经济中落地的可能性。广义上说，码链是利用二维码链式信息结构来验证与储存信息数据，利用分布式的网络来生成和更新信息数据，利用二维码的唯一性来保证信息数据的传输和访问的安全，利用智能合约来操作数据转化的一种全新分布式的基础架构。

从技术特征上讲，扫一扫的对象可以是二维码，也可以是三维码、隐形二维码等多种码，因为扫一扫是一种接入方式。叠加了"编码解析单元的逻辑判断单元"，使得移动终端从"机械"可以进化到"计算机"，完成移动物联网的接入使命。未来，基于看一看的御空眼镜，将成为取代智能手机的移动智能终端，涵盖包括数字货币钱包支持离线支付在内的扫码支付，CCC 挖矿等功能，将会成为码链物格链的融合产品。

什么是码链新大陆模型

码链新大陆，实则是以数字人为本的物联网系统模型（以下简称"码链模型"）。在码链模型中，人们将通过码链，用数字化的方式接入物联网，来实现从三维世界到四维世界的投影。码链模型强调人与人、人与万物的安全连接，来完成从线下到线上、在从线上回到线下人类行为的每一次交互的记录。

通过物格来记录人们的数字化行为，形成"物格数字地球"，就是"码链新大陆"的模型。

如何构建实施码链新大陆模型

码链新大陆系统工程是与码链模型相配套的应用实施方案，码链体系的链接矩阵（Matrixlink）按"线上（Online）、线下（Offline）、入线（Inline）、出线（Outline）"四个子系统分工协作。码链数字经济体系正是基于"社会资源纵向到码、经济资产横向到链、资源经过码码路由、资产经过链链交换"这一指导原则来开展工作。

从网络空间构成的角度看，线上（Online）是指信息数据的系统执行环境，包括了传统的互联网、WEB 技术、电子商务，这类空间就是俗称的虚拟空间（Virtual）；也包括了物联网、云计算、大数据，这类空间俗称为数码空间（Cyber）；以及区块链、人工智能、数字孪生等新一代信息与通信技术这类智能空间（Smart 或者是 Intelligence）。线下（Offline）是使指信息数据的场域空间承载环境，包括地球物理域空间（Physical）；也包括对地球物理空间进行映射标定的物格域空间（Wealth of Grid）；还包括人脑认知域空间（Cognitive）；最后上升到定性定量结合、整体论和还原论结合的综合集成研讨厅体系的智慧域空间（Meta Physical 即是 Wisdom）。

从系统科学的观点看，码链系统使用"输入—处理—输出—反馈"开展数字经济的方法论，把资源资产的上码和上链、用码、用链、下码、下链的全过程形成绿色生态智能合约，码链体系需要按着全体数字人的社会行为形成一条条共识链条，通过自动化系统履行智能合约。

从分工协作的角度看，入线（Inline）就是码长所要负责做的工作，是一种针对资源的管理行为，负责把特定产品相关的人流、物流、数据流、现金流等资源纵向到码。出线（Outline）就是链长所负责的工作，是一种针对供应链、产业链、价值链资产的治理行为。

在人类社会化行为的数字化表达过程中，码链运用"从线下来、到线下去"的群众路线世界观，把以人民为中心的发展思想置于灵魂深处，整合了人类线上和线下的行为，把机器看作人的工具和设备，把数字土地看作人的生产资料，把人的发码、链接、流通、传播、生产、消费等行为都看作数字化的劳动。Offline 2 Online 强调的是信息链的价值连接行为，能链接上车的就是有价值的资本，俗称为"资本上车"；Online 2 Offline 强调的是数据点的落地发码行为，能落地的码就是对有价值的资源进行加码锚定，俗称为"资源落地"。

▎物格网络、数字土地与物格属性

物格在码链模型中是代表 X 轴的核心元素。物格实际上是一种物理空间的方格，是三维世界物理空间的数字网格化，也可以称为物联网的网格。它是通过北斗卫星遥感数据的唯一标定，将地球表面划分成 10 米乘 10 米（100 平方米）的连续方格。每个物格（网格）都具有唯一的"北斗经度纬度"，由于物格具备经度纬度作为标识，可以把物格当作 IP 地址 / 域名的替代升级，并且在"物格数字地球"呈现。该物格可以在扫码链接时候被一一对应，根据行为的级别匹配不同的权重。在扫码接入时，每一个方格对应的都是扫码接入行为的地理标识，也就是人类的每一次扫码行为，必然具备基于物格的真实地理坐标，而这样的格子具备唯一 ID 和对应的物格数字地产证书，同时具备北斗认证和北斗溯源的数据来源。

物格也是码的数字世界中的一个三维空间的量子化容器。标定地点的码可以进入物格容器。结合三维现实世界的实体世界，在码的数字世界里，同样可以标定三维的地点和时间，标定了三维地点的"码"可以固定在某个坐标上，进入"物格"。点击不同的物格，即可实现"码取代 IP"，就可以接入不同的服务，而提供服务者就相当于网站的服务提供者，这样，就建立起了一个全新的物格新经济的生态体系。

物格又是一个数字化接入的物理空间方格（相当于区块链中的"区块"的概念），通过点击接入形成联网的唯一标识（相当于基于真实地理位置的"区块"地址），再通过码链进行链接就形成了物格的另一种属性，即物格区块链。所以，物格天然具备数字地产、互联网域名和物格区块链三重属性。

物格以真实存在的物理时间和空间、以有价值的土地为锚定物。记录了人类的社会化行为，物格就成为人类行为可以追根溯源的"根"。物格的数字化土地具备劳动产生价值的属性。因此，物格是人类社会价值在数字世界的锚定物，随着码链技术的应用，码链模型的新生态逐渐形成，最终将终结互联网时代，迎来"通过信息化重构世界"的码链新大陆、物格新经济时代。

▌ 构建实施物格新经济体系

物格新经济是指在万物互联的时代背景下，通过扫码链接来标识人类的数字化经济行为，与数字人的 5W 行为相匹配的，具有地理位置唯一对应的标识物理空间网格，因此也是产品及服务的发生地与交易场所。

这种特征让物格与现实世界一一映射。物格价值链平台使用分布式网络，可以在每一个接入口共享和同步数据。由于其数据存储是分布式的，没有把所有的数据储存在同一个中心位置，因此不能在其中的任何一个点上改变什么。这就意味要同时访问所有的接入口，才能破解这个网络。而实现物联网接入的泛中心化，即每个人都以自己为中心实现接入。要从根本角度解决国家经济安全管理隐患，码链这种可以完全脱离互联网的基于"物格"可寻根的技术才是一种可靠的选项。

现代西方经济理论认为土地、劳动、资本、科技是经济发展四个基本要素。码链生态内的物格新经济体系涵盖了这四个要素：土地就是物格，劳动力就是数字人，扫码传播分享就是数字化劳动，资本投入就是全民都可以参与成为"物格"的主人，进而构建成"全民链接"的全球最大的共识链条"物格链"。

以"物格"为基础的数字经济，可在数字地球发展"数字地摊经济"，实现大众在数字地球上创业，增加数字劳动的就业岗位，与其他经济成分平等共存。增加人民群众财产性收入，减小基尼系数贫富差距，体现了共同富裕的中国特色社会主义优越性。

未来，物格经济必将在全球范围内深入社会的各个阶层，在经济、贸易、金融、货币、法律以及道德等各个方面，引发全面的范式革命，完成人类社会从三维世界向四维世界的开展与重构。人类将在"码链的新大陆，物格的新经济"中生存和发展。这也是智能手机兴起，扫码行为普及，通过扫码链接进入"数字经济"时代的必然。推广普及码链这一中国原创应用，改变美联储滥发美元剥削全球的世界格局，实现数字时代人类命运共同体的构建。

五、码链物格协同构建实体经济流量总线

在传统的互联网模式中，引流需要花钱购买，且要持续性地进行推广。码链和物格的协同，则为网络世界提供了一种全新的接入方式和全新的生产资料，并且将这些新的生产资料分发给了每一个人。通过物格价值链平台作为流量总线，让每一个实体经济的劳动者都可贴上免费获得的、自己的物格元码进出流，进一步创造出流量价值。此外，随处可见的二维码作为码链网络的关口也将无时无刻地为整个网络提供巨大的流量，通过线上和线下的协同，真实地创造了有效经济流量。

人们常说流量即价值，码链新大陆、物格新经济的出现，能够帮助用户让自己的流量创造出更多价值。但是在码链体系不太适合使用"流量市场"这样的概念词语，正确的应该是"流量总线"或"流量经济"。原因是：尽管流量交易可能是用户个人流量进行变现（Monetization）的方式之一，但绝对不会是最健康的经济方式。码链认为：未来用户从个人流量中获得的最大收益将来自实体经济的流量总线，也就是"流量经济"，在确保用

户隐私权和所有权的基础上，用户通过流量价值的转化以获得更加合理的收益，同时供应商也可以降低所需流量的获取成本，最终实现多方主体共赢。

▌ 码链是线上社群关口

如今，由于网络的迅速普及，全球很大比例的人口，特别是代表未来的年轻人，越来越多的活动都以数字化的形式开展。同时，基于不同的兴趣爱好或社会背景，形成了海量的新的形态组织，其规模小到数人、大到百万人的数字社群。随着人流量慢慢从线下转移到线上，商业模式也随之出现转移。围绕着新的经济形态，出现了一系列的上市公司，如：拼多多、流利说、云集、Overstock（一家美国网购平台）等，而这些上市公司的社群传播方式，竟然非常类似大街上的"举牌人"。

在熙熙攘攘的大街上站着一些商家雇佣的举牌人，他们唯一的任务就是让经过的路人能看到手中高举的广告牌。在人工成本较高的一线城市，这样的安排看似浪费，却有其深刻的合理性。因为汇聚人气流量就等于创造财富，这是一个在传统商业中被证明千万遍正确的真理，也是万达等商业巨头之所以一掷千金拿下黄金地段的逻辑。如果买不起昂贵的"沿街旺铺"的话，高价雇人在旺铺门口举个牌子蹭一些流量，或许也是一个很好的，退而求其次的选择。

那么到底应该如何来解读这种经济现象？它是时代发展的趋势，或只是旧瓶装新酒？人们普遍认为，年青一代的社群经济是未来的趋势，但是社群经济在发展中，却存在着严重的矛盾：

1. 社群平台会向着集中度越来越高的趋势发展，大量用户都将集中于少数的平台（如微信、脸书等）。那么未来谁来掌握、管理和运用网络群体数据？这些数据产生的价值该归属于谁？

2. 大量需要用户流量的初创团队只能在这些大平台上采用类似"举牌"

的模式获得社群流量的扩散,那么未来谁应该脱颖而出?

基于以上矛盾,可以大胆地做出进一步的预测:

首先,社群经济当前还在初级阶段,传播的方式非常粗放,比如:无差异化的群发广告、用低级趣味的标题来吸引眼球等。未来基于大数据的精细化社群运营和传播必然会成为趋势,但随之会出现产生大量流量的确权与隐私保护问题,必须要得到解决。

其次,码链为流量确权与隐私保护提供了解决方案。一方面,码链可以很顺畅地实现确权记录和价值分发;另一方面,二维码的匿名流通可以天然保护社群用户的隐私。

事实上,码链体系本身就具有社群服务和去中心化经济平台的特性,能够有效化解以上矛盾。为确保该路径的实施,可以设计出如下两个平台:

1. 网络群体经济工具与服务平台:简单来说这一阶段码链体系是一个基于社群服务的基础架构,任何社群都可以使用二维码的形式为用户提供多样化的服务。在这一阶段码链将与其他社群经济项目开展广泛的合作,利用智能化功能与丰富的服务性价比,尽量进入更多的社群,使码链"二维码"成为社群经济的标准配置。

2. 去中心化的社群数据与经济平台:基于上一阶段的社群渗透率与影响力,码链将开始为社群成员(个人用户)提供服务,重新定义用户之间的交互方式,让所有人都可以在社群平台享受到开放式经济带来的利益。并且还可以在"旧世界"中创造出一个去中心化的数据平台,让用户拥有并掌握自己所创造的流量价值。

▎ 物格是线下商家入口

由于互联网商城具有中心化接入的特性,所有人都接入的是电子商城平台,接入商城需缴费,而利润却被垄断的利益集团攫取,实体经济也因此被绞杀。而物格价值链的总线平台则不然,每一个实体经济的劳动者,都可贴上免费获得的自己的物格元码进入这个总线平台，进而创造价值。物格价值链平台使用的是分布式的物联网接入网络总线，每个人都以自己为中心实现接入，可以在每一个接入口共享和同步数据。一旦在价值链上完成了交易，其数据是不可能更改的。由于其数据存储是分布式的，没有把所有的数据储存在同一个中心位置，因此不能在其中的一个点上改变什么。这就意味要同时访问所有的接入口，才能破解这个网络。因此价值链可以安全、可靠地验证交易是否发生，并释放资金、转让所有权、提供无可争议的核准等。

发码行还恰逢其时地提供了一套免费的数据管理系统，帮助线下零售业利用产业码的叠加式推广精准触及新消费者。通过每个价值链的带有个性的"物格元码"，可以统一地接入物格价值链总线平台，成为一级入口。该"物格元码"的主人就是贴码者，这就使得每个人、每张桌子、每平方米土地，都可以焕发出"经济活力"。用户不仅能够看到丰富的线上商品，还能够知道有哪些商品在线下门店销售，且可以通过任意一个码接入。

物格价值链平台正通过"物格元码"的唯一性来为商品赋予全新数字身份，把移动支付与商品相融合，通过建立激励机制、大数据融合、产品整合、流量引入等方式打造线下线上一体化的数字生态体系。

发码行基于扫码技术建构的物格价值链平台与实体店铺 1.0、传统电商 2.0 相比较，是新零售 3.0 模式。以前实体店铺由于有线下门店成本支出，营业员宣讲等费用支出，所以营销费用要高于互联网电商。但是，由于互联网电商只有一个中心化接入的节点，千军万马过独木桥，反而导致流量费用居高不下，且事实已陷入造假成性的恶性循环。如拼多多由于通过社交化裂变，形成多点可以接入，但是由于是"需要完成下单才可拼单"，导致无法销售正常的商品；消费者也无法成为"代理"，这样，就导致了好的消费体验无法转化为二次流量入口，造成社会资源的巨大浪费。

码链和物格的协同，本质上是线上线下协同，创造了真实的经济流量，不仅为实体经济及其劳动者铺就了一条没有中心垄断，交易公平的数字化之路，而且可创造更多的机会，提供更多的就业岗位，把四维世界的数字经济推向三维世界的每一寸土地，通过码链的智能合约自动分配，真正实现"各尽所能、多劳多得、按劳分配"的公平理想目标。

六、码链防伪溯源管理有效规避各类造假

码链思想的核心理念是以人为本，其所有服务的载体都是数字人。数字人通过扫码生成含有自身属性的新码进行推广，其边际成本趋近于0，在这样的生态体系中，任何人都可以为任何的商品做代理。当代理成本低于造假成本时，自然就无须造假。此外，不同于互联网的虚拟机器IP，码链网络中每一个数字人都是以真实的身份存在，这为建设重要的溯源职能、追责和网络管理体系奠定了坚实基础。

溯源，是指追踪记录有形商品或数字商品的流转链条，通过对每一次流转的存证，实现对全流程的信息采集记录。通常是指物品或者信息在生产、流通、传播及使用的过程中，利用各种采集和留存方式，获得物品或者信息的关键数据。这包括流通和传输的起点、节点、终点，数据类别、数据详情、数据采集人、数据采集时间等数据信息。通过一定的方式，把数据按照一定的格式和方式进行存储，通过追踪记录有形商品或无形信息的流转链条，可实现追根溯源防伪鉴证。

▌针对有形商品的防伪溯源

溯源对象主要是有形商品和数字商品。有形商品指一切有实体的商品，包括食用农产品、食品、药品、农业生产资料、特种设备、危险品和稀土产品等。流程经过生产、包装、仓储、运输、经销过程。重要信息包括原

料来源追溯、生产过程、加工环节、仓储信息、检验批次、物流周转到第
三方质检，海关出入境等内容。目前在供应链中已有的溯源模式包括条形
码、RFID 射频识别技术等，各种溯源方式中一般采用中心化模式对数据进
行统一管理。

　　从来源到消费者的可追溯产品的概念，已经有几十年的历史，人们经
常从媒体报道中看到：某某公司召回某批有问题产品的例子，这就是可追
溯系统的应用。所购买的手机或者电视机等产品，通常都标有独特的系列
数字，使得生产商和政府部门能够识别和确认其位置。

　　进行商品跟踪与追溯的每一个环节，不仅要将本环节的信息进行标记，
还要采集前面环节的已有信息，并将全部信息标识在产品标签上，以备下
一个环节的使用。因此商品的可追溯是一个多层次的活动，需政府部门组
织，多部门参与，包括质量、物流、IT、营销部门等。只有在生产、包装、
储存、运输等各个环节建立无缝的连接并进行有效的管理才能实现。

▌ 针对数字产品的防伪溯源

　　数字产品是指经过数字化并通过数字网络传输的产品。依据数字产品
的用途性质，将数字产品分为内容性产品、数字凭证、数字过程和服务等
三种类型。内容性产品指表达一定内容的数字产品，主要有新闻、书刊、
电影、音乐、图像等表达形式。数字凭证指代表某种契约的数字产品，如
数字门票、数字票据、数字化预订等。数字过程和服务主要指数字化的交
互行为，如远程教育、网络游戏、交互式娱乐等。在这一领域的溯源主要
是针对内容性产品的知识产权确权和数字凭证两个方面。

　　随着知识经济的兴起，知识产权已成为市场竞争力的核心要素，而现
阶段在版权保护上存在作品版权难追溯、侵权行为难判断、利益归属难界
定、原创作者权益难保障的障碍，维权成本高，举证困难的三大痛点。文
化产业成了侵权盗版的重灾区。网络小说、游戏、音乐、视频、图片等拥

有知识产权的作品资源在没有授权的情况下，被大量免费传播已成为一种现象。这使得出版业、互联网创作、IP 衍生品行业，都在侵权盗版的侵害下遭受着重大的损失。

好作品的产生需要作者投入大量的时间与精力，没有良性的互动和合理的回报，将伤害创作者的创作激情。这种乱象不仅打击优秀作者的创作热情，提高运营机构的操作成本，让相关的创作者和机构损失巨大，也阻碍着相关领域内有序市场的形成。维护数字商品知识产权已成为刻不容缓的社会市场需求。

伴随全球经济贸易的发展，仿冒和盗版商品交易产生的负面影响日益突出。对企业利益、经济环境、公共健康等方面均造成了不同程度的损害，甚至还衍生出了有组织刑事犯罪等问题。有形商品的安全，关系到经济建设和社会稳定，其中食品安全更是关系到每个人的健康和幸福。而无形商品的产权归属和信息来源关系到人们的财产问题，也牵涉到社会的信任和监管运营问题。因此，寻找信息真正的根源，必须要有解决这些问题的有效措施。

▎ 为什么要开展防伪溯源工作

溯源是一个信息化的过程，这个过程有利于企业提升自身管理、赢得消费者信任以及监管问责透明。

从企业角度而言：

1. 溯源可以追溯到全流程行为和数据，可以实现企业旗下商品的生产、流转、销售全程数字化。通过溯源进行过程监控，根据溯源数据加强薄弱环节的监管，不断优化生产流程，标准化生产规范，提高产品品质和产量。

2. 在安全问题责任追究上，产品质量出问题后，通过溯源快速找到问题环节和责任人，以此提升各个环节的安全度。此外，还可以帮助企业精准、快速召回出问题的产品，而不必因为个别批次、渠道的产品出问题就召回全部产品。

3. 在企业外部品牌维护上，通过溯源系统向用户展现产品的真实产业链流转行为和数据，达到溯源溯真的目的。拒绝以假乱真，打击假货，提高产品附加值和市场竞争力。实现产品安全消费，满足用户的知情权，提升用户的信任度，提升企业的品牌美誉度。

从消费者角度而言：

消费者对企业商品的质量和真伪有着广泛的诉求。通过溯源，消费者对企业商品可以方便地进行追溯和防伪查验，对产品的生命周期信息做到全面的了解，做到消费更透明。同时当消费者遇到假劣商品可以利用存证的功能，更高效地维护个人权益。

从社会风险控制角度而言：

通过溯源系统，企业向社会公开自己的生产、包装、仓储、运输、经销流程，并且提供可查询的数据，接受社会监督。当产品发生问题时，社会、政府、执法机构可以通过溯源系统追溯产业链各环节数据，定位问题发生的环节和责任方，同时产业链参与方也可以通过溯源数据自证清白。通过溯源系统可以查找到产品发生问题的环节，同时可以跟踪到从出问题的环节流转出去的产品去向，及时追踪产品进行召回等行为，避免事故进一步扩大。

▎ 传统防伪溯源工作中的痛点

传统溯源需要经过信息采集和存证两大过程，各有对应的痛点。

信息采集过程的痛点：

1. 受限于现阶段的技术识别水平，只能收集到商品流转过程中的部分数据，有待物联网和人工智能发展提升信息采集设备的智能度。

2. 要设计和采用标准化的可追溯系统，需要有较大的资金投入。

数据存证过程的痛点：

1. 中心化技术信息数据造假容易（内部作恶和外部入侵）

目前在供应链中已有的溯源模式包括条形码、RFID 射频识别技术等。各种溯源方式中，一般采用中心化模式对数据进行统一管理，这容易导致数据被篡改。在中心化账本模式下，谁作为中心来维护这个账本成了问题的关键。无论是源头企业，还是渠道商保存，由于其自身都是流转链条上的利益相关方，当账本信息不利于其自身时，都很可能选择篡改账本或者谎称账本信息由于技术原因而灭失了。这样的例子在现实生活中屡见不鲜，如摄像头总是在关键的时候没被打开。因此，利益相关方维护的中心化账本在溯源场景下是不可靠的。

2. 敏感信息数据的保密难题

理想的溯源系统中，需要记载全部的关键信息，比如商品主要原料的来源、技术指标和有关操作过程、产品流通的每一个环节和最终的消费者等。但有些重要信息属于企业机密，比如在代理产品市场中，生产商知道了具体的分销商便有可能直接插手，让分销商辛辛苦苦开拓的市场被收回。而传统溯源数据可能会由于内部失误或外部攻击，导致敏感数据被泄露。

3. 信息孤岛，难以共享

商品供应链由众多参与主体构成。不同的主体之间存在大量的交互和协作，而整个供应链运行过程中产生的各类信息，被离散保存在各个环节，各自的系统内，信息缺乏透明度，是一种信息孤岛模式。信息的不流畅，导致各参与主体难以准确了解相关事项的实时状况及存在的问题，影响供应链协同效率。

而关键数据和信息分散在不同部门和系统中，也导致了整个行业标准体系缺失。没有一个标准化的溯源数据记录体系，即使实现了商品数据共享，也无法融合、有效利用。

▎ 码链溯源解决了传统溯源在信息采集中的痛点

码链模型是一种以二维码扫一扫为入口，利用链状结构进行信息的连接与信息存储，利用分布式的二维码节点中行为的更新信息数据，利用智能合约来操作的数字基础设施。通过码链生态所构建的信任，可有效消除高昂的信任成本。其优势主要有弱中心化、分布式存储、智能合约、生态激励等。

1. 分布式信息存储及去中心化

在码链生态中，交易一经确认会即时产生子码，每一个相关二维码都将收到的信息进行同步记录，从而简化了信息更新的流程，也降低了机构的运营成本。同时，由于各二维码次节点拥有全量的信息数据，实现多节点背书，避免信息丢失的同时也避免了单一信息库被控制，或者被贿赂而作假的可能性，保证了信息数据的安全。此外，由于篡改数据的成本非常大，分布式信息存储不可篡改的特性增强了数据可信度，从而也提高了公信力。另外，码链体系的每个节点都按照链式结构存储完整的数据，通过"时间戳"和链式结构实现信息的可追溯，每个行为和交易都有时间戳记，成为一条长链或永久性记录的一部分，因此可以对交易进行追溯。

2. 智能合约

智能合约是一种旨在以信息化方式传播、验证或执行合同的智能协议。基于那些可信的不可篡改的数据，能够采用完全自动化的流程，不需要任何人为参与，只要满足智能合约代码所列出的要求，即可自动化地执行一些预先定义好的规则和条款。这些交易可追踪且不可逆转。优势是更高效率、降低成本、交易更准确，且无法更改，此外，智能合约还去除了任何第三方干扰，进一步增强了网络的去中心化。

3. 生态激励

码链模型把本来免费的社会行为，变成被金钱衍生品激励的市场行为，其行为结果是可以精准量化，定向生产有价值的产品。代币除了承担支付或价值储藏的角色，还被设计为如股权、金融资产、奖励积分等更复杂、多元的功能。在码链的数字世界里，激励机制是利益分配和使用的核心点。

通过激励机制达成网络共识，从而使得体系内每个环节的参与者都能获得相应的回报，进而分工明确、积极地完成各项工作，让系统在很大程度上免受了各种威胁和攻击。这相当于参与者们共同维护了系统的安全，推动了系统的生态发展。

综上所述，码链是一种多方维护、全量备份、信息安全的分布式信息存储和价值流通体系。具有弱中心化、不可篡改、全程留痕、可以追溯、集体维护、公开透明等特点。这些特点保证了码链体系的"诚实"与"透明"，为其信任创造系统奠定了基础。码链丰富的应用场景，解决了信息不透明、各环节参与者激励不足，系统整体运转效率低下等问题，实现了多个主体之间的协作信任与一致行动。

码链溯源弥补了传统溯源在存证中的不足

1. 信息追溯

在码链生态中，验证过的信息添加至二维码将会被永久储存，单个节点将无法实现对数据的修改，所以码链体系稳定性更高，并具有不可篡改性和不可抵赖性。商品供应链流程中的相关信息，均可以存放于相关的链条上。配合物联网的普及与广泛应用，现在商品的数据化和可记录可追溯化变得更加可行可靠。

2. 信息共享

在码链生态中，每个二维码节点都保存有链上完整的信息，它可以保证信息安全透明的同时，更快地进行实时数据共享，降低信息共享的成本和负担。任何人都可以扫码查询信息，在整个系统中分享和交换信息。因此码链体系保持了系统信息的高度开放性和透明性。

3.提升执行效率

在码链生态中，智能合约的流程是自动化的，只需要把相关的条件和要求设定后，智能合约就可以自动执行。完全遵从预先设定的条件，更加客观、透明、可信，降低协作成本并降低差错率。

4.调动生态活力

利用码链的激励机制，在链上进行公平的利益分配，规范成员行为规范。

存证是整个码链生态未来高速发展的重要基础，涉及数据的采集、保全和共享等流程，可在其基础上拓展延伸出溯源功能。码链主要解决存证信息的真实性问题，为各产业企业间多方协作打下了重要的信任基础。结合智能合约、身份认证和隐私保护等技术，简化了合作流程，提高了协作效率，强化了互信合作。

█ 码链溯源的主要应用方向

将全程溯源体系、动态追踪监控系统结合到码链网络中，利用码链链上信息分布式存储，不可复制篡改的特性，平台可为企业构建从原料到终端消费者的商品全生命周期追溯系统。实时录入商品生产过程中各个环节的详细信息，实现来源可控；对商品流向进行全程追踪；掌握商品流通细节；定向召回问题产品；实现去向可追。在彻底预防和杜绝产品安全隐患，从源头开始层层把关地根除假冒伪劣产品的同时，为后期消费者的追溯提供了数据依据，增强了企业的信誉度和消费者的购买信心。今天，二维码溯源的应用已经开始进入了人们的生活中，"从无到有"已经实现，接下来的目标则是向"由有向好、好向更好"的方向发展。溯源功能作为码链应用的一个重要方向，未来可期。

码链的溯源功能可在如下领域应用。

1.电商领域

电商领域的假冒伪劣商品大行其道早已让人深恶痛绝。究其根本，是经营者受利益驱使，消费者缺乏鉴别能力，以及商品购买流通过程缺少透明度等原因共同造就了这个局面。随着消费者的消费意识觉醒，消费者要求对所购买商品的性质、产地、质量等能得到更详细信息的呼声越来越高。而在码链的价值链平台，可溯源的商品，已经覆盖包括美妆护肤、母婴、食品、生鲜、酒饮、家纺、医疗保健等全品类的上万款商品。这些已上线到物格商城中的每一款商品，都是通过码链 LBS 防伪追溯技术，按照统一的编码机制，为其赋予了一个唯一的二维码"身份证"。记录了针对每个商品从原材料采购到售后的全生命周期闭环中每个环节的重要信息。以生鲜为例，消费者比较关注其种植、养殖、生长、包装、运输、仓储等各个环节是否安全，商家也期望给消费者更好地展示其商品品质获取美誉度、可信度。价值链基于闭环可控的供应链运营体系，建立了完整的码链防伪追溯应用体系。如大闸蟹溯源中，从每只蟹的养殖、捕捞、加工再到物流运输环节，各种设备自动化采集的信息均被记录到二维码中，实现了大闸蟹的来源可查，去向可追踪，信息全程不可篡改的溯源，消费者只要扫一扫商品包装上的二维码，即可查询，实现信息的追溯。

2.农渔养殖产品领域

传统农业、畜牧业中的产业链很长。从种植、养殖到消费环节，过程繁杂，在每个交易场景下信息数据都是割裂无序的，缺乏有效直观可信的绿色溯源途径。码链结合农产品、水产养殖和畜牧业，将分散的流程数据上链，提升了产品的安全可信度，同时也改善了由于地理位置偏僻等因素而导致商品滞销的状况。

3.医药保健品领域

应用码链技术，可对医药药品在供应链上所有环节的关键细节，相关信息，包括药品的生产日期、价格、疗效、流通情况等进行查询。甚至追溯到原材料采购阶段的信息。如药品运输过程中断或药品失踪，存储在二维码中的信息可为各方提供快速追踪渠道，准确追溯到药品的最后活动位置。此外，码链网络上一旦发现存在安全隐患的药品，通过记录的药品流通信息，可找出问题环节，方便厂商和监管部门迅速介入，在第一时间召回问题药品。同时为政府职能部门强化执法手段，加大市场监管力度提供依据，营造出一个市场有序、商家省心、医生患者家属放心的医药保健品市场。

4.医废溯源领域

一次性医疗器具目前已广泛应用于临床，而这些医疗废弃物处理牵扯到很多环节，从产生到集中处理周期长，要经历科室分类、打包、暂存、院内转运、集中贮存、院外转运、终端处置等环节。与药品防伪溯源类似。码链的医疗废弃物追踪，是通过物联网、传感器、智能垃圾桶等设备，对医废的产生、运输和处理过程溯源，并对参与者保持激励。

5.赋能版权溯源

码链在版权溯源方面的技术应用，可以让消费者在拿到商品的同时，了解商品的整个创作出版流程。从源头到末端，从过程到细节的层层监控，让盗版侵权无所遁形。也为创作方和出版方维权提供了确实证据，最大限度地降低了维权过程中的取证成本。传统数字内容的版权保护路径，需要创作者向国家授权中心及其下属的服务机构申请版权认证服务，门槛较高。但在码链生态版权中，创作者或机构都可以通过加入码链网络，快捷地实现内容上链，记录版权。

七、发码行因何在 2020 年起诉苹果、支付宝

码链的学科建设和发展是一项非常重要的工作，码链学在中国和世界范围内的应用需要一段时间。基于二维码的"扫一扫"发明专利池是中国人的原创发明，全球每年近数千亿人次使用，目前已获海外授权。扫一扫专利授权不仅在中国开启，也在全球包括美国、日本、新加坡、南非、俄罗斯等国家地区如火如荼展开。在"扫一扫"专利进行授权与维权方面，以发码行为主体发起的扫一扫专利维权对象也已经涵盖包括金立手机、共享按摩椅、共享充电宝、共享单车以及苹果手机、支付宝这样的国内外巨头。发码行正在通过起诉苹果（最大的硬件生产企业）、支付宝（最大的软件应用企业）等的侵权行为的维权行动，期冀建立一个全新的维权联盟，由此制定一套适用全球的维权标准。

▌ 码链学知识产权就是话语权

加强知识产权保护，是完善保护制度最重要的内容，也是提高中国经济在全球竞争力的最大激励。其核心思想就是"保护"，这也是知识产权运营以及服务机构工作的基本点、出发点和落脚点。只有真正落实好知识产权"保护"工作，"完善保护制度"，才能激发全社会的创新活力，助力中国创新型经济健康发展，提高中国经济在全球的竞争力。

码链知识产权是在数字人理论的基础上发明的"扫一扫"专利，利用"光取代电"的原理建立万物互联的基础上形成的。涵盖了陆续发明于 2012 年的码链专利，2013 年的"扫一扫"升级版"看一看"专利（包括当下应用广泛的小程序），2015 年统一发码数字货币专利等，以及已布局在全球近百个国家和地区的近百项专利形成的"扫一扫码链专利池"。码链体系陆续创造的新名词，如：码链、物格、御空眼镜、产业码、一体四

商、码链数字经济、码链新大陆、物格新经济、发码行等，通过媒体的报道、解读，已为人们所熟悉。

"扫一扫"专利扫码的对象包括：一维码、二维码、多维码、隐形二维码以及光学点阵图等。因此无论是哪一种二维码，或者是其他"码"的编码形式，只要使用"扫一扫"接入后台服务器，必须依法获得"扫一扫"专利权利拥有人"发码行"的授权才能使用。

发码行拥有的"扫一扫"专利，是 2011 年智能手机进入 4G 时代时诞生的杀手级应用，更是进入 5G 时代"以人为本，万物互联"的基础专利。其基础性体现在前端是手机、后端是服务器，其链接方式就是使用扫一扫专利技术。这不是简单的二维码静态标识，也不是 NFC 等硬件与硬件相链接，更不是刷脸与商品、广告形成的链接。"扫一扫"是动态链接，可以与后台服务器的服务形成生态体系。它与只有静态编码标识，没有后台服务器服务支撑的 QR 二维码专利有着本质的区别。"智能手机扫一扫"的升级版，也就是基于可穿戴设备的"看一看"专利制作的"御空眼镜"，已经在 2020 年具备了量产能力，在全国一百多个城市的"码链数字经济商学院"开始进行大规模测试。

▎设立统一发码中心势在必行

如何让"扫一扫"这一中国发明的原创专利技术形成标准，立足国内、输出全球。发码行给出了建议，拟在中国率先设立"统一发码中心"、建立世界标准、形成全球联盟、全面推进获得"扫一扫"专利授权的"云手机"的使用，务必要尽早抢占"扫码支付，数字货币"专用手机先机的方案。

2014 年 4 月和 2015 年 5 月，发码行曾分别向中国银联及国家信息中心汇报，并提出了如何建立全球发码中心的建议和意见。其核心内容为：在 2011 年就预见到 2016 年"扫码支付"将绕开传统的银行体系，取代银行卡、POS 机，成为线下支付的主流。随着扫码支付、扫码行为的普及，人类社会从进入"无现金社会"开始，已进入数字经济时代。而现行的相应法律、法规、规则等，已远远落后于这一进程，对"发码、扫码"专利权的保护和规范管理，势在必行。

尽管有关方面为防范风险，设立了"网联""银联"来应对数字时代的"无现金社会"，但那是"事后监管"，且只是部分数据对账，远远不能起到监督管理的作用。这种缺乏金融监控与管理的行为，不仅使国家的宏观调控越来越难，且很容易导致金融风险。

鉴于这一原始创新的理论和发明专利技术，可以解决目前的互联网安全问题，扫码支付问题，数字货币发行流通绕开SWIFT等金融安全问题，发码行建议，国家应尽快通过有关部门，设立"发码管理中心"，制定监督管理规则，使得所有扫码行为从发码源头到使用过程，以及产生结果都可以处在事前控制、事中监督、事后监管的有序管理中。这样就可以依托中国庞大的"扫码支付"的全球最大基数，制定以"扫码"为基础的数字经济时代的数字支付结算的全球标准。通过"发码"，制定用码取代IP，摆脱以美国为互联网管理中心的网络霸权，建立同时向下兼容的互联网和"以人为本"、万物互联的物联网。推进数字经济的发展，推进人民币全球化，推进"码"取代IP的全新网络的新建设。

此外，发码行已向国家有关部门申请并期待组织专题汇报会，让发码行全面介绍"扫一扫"专利池情况以及"发码"的解决方案。组织专家与专门小组，研讨设立"发码中心"，相当于国际互联网管理中心（ICANN），来管理全球的发码与扫码。

这里特别需要注意的是：在国内，未经发码行授权各种擅自使用"扫一扫"发明专利的行为，正在损害我国知识产权保护的国家形象。

▌ 2020年，发码行起诉苹果支付宝

中国在制定了创新驱动的发展战略后，陆续启动实施了物联网、云计

算、大数据、智慧城市、信息惠民、平安中国、健康中国等信息化重大建设项目，这对于应对新科技革命，促进产业变革，迅速提升国家的科技实力和综合国力，打造中国经济的升级版，具有重大的现实意义。建立健全鼓励原始创新、集成创新、引进消化吸收再创新的体制机制，健全技术创新市场化、国际化、法制化导向机制，有助于发挥市场和法律对技术研发方向、路线选择、要素价格、各类创新要素配置的导向作用。

在美国频频以保护知识产权为由打压中国高科技企业，全球都在关注中国高科技企业如何绝地反击，都在期盼中国的高科技企业为维护自己的权益积极行动、发声发力之际，发码行向中外两个大咖企业（一个是移动终端企业，一个是应用扫一扫专利技术的软件企业）发起专利维权，便是行动！

在各种侵权行为中，尤其是那些使用扫一扫支付功能的行为，其侵权的行为是可忍孰不可忍。尽管扫码支付的普及，已成为数字经济时代发展的大势。但未经"扫一扫"专利技术发明人授权，擅自使用该专利技术，又缺乏发码监督管理的"扫码支付"，不仅违法，还有可能导致我国失去最为关键的支付大数据，危害国家稳定和安全的恶果。

2020 年 8 月 14 日，北京知识产权法院对发码行诉苹果手机"扫一扫"专利侵权正式立案，由此吹响了我国高科技领域专利维权绝地反击的号角。本次维权诉讼涉案的专利名称为"采用条形码图像进行通信的方法、装置和移动终端"。诉苹果侵权事由是：包括苹果手机作为移动终端，在苹果商店认证并上架例如"支付宝 APP"等带有"扫一扫"功能的 APP 软件，从而使得苹果手机具备了通过"扫一扫"接入"支付宝"服务器获取服务这一物联网时代独特的功能，因之构成专利侵权。

发码行此次起诉苹果专利侵权所取证的对象包括：通过苹果手机在苹果商店下载包括但不限于"支付宝"APP，还有使用支付宝 APP 扫码"哈罗单车"开锁、扫码淘宝网登录、扫码支付等各种方式。这一系列广为人知的"扫码行为",都是建立在"扫一扫"专利所保护的一系列"权利要求"之中的。与此同时,支付宝公司也因此被发码行状告涉嫌"侵犯发码行扫一扫专利"权。2020 年 9 月 17 日,发码行已收到在北京知识产权法院诉支付宝专利侵权的立案受理通知书。

发码行状告"苹果"和支付宝 APP 侵权,不失为维护我国保护知识产权这一国家形象的壮行。希望通过这一中国本土发明、具有完全自主知识产权的国之重器专利,能在中国自主知识产权领域里形成示范性应用,带动我国知识产权和专利更好走向世界!

第五章　凌空商城　价值链统一接入
一体四商　产业码内生循环

思维导图：新生产关系——一体四商

价值链：码链为每一个数字人搭建起属于自己的价值传递的社交网络。

统一接入：物格商城价值链、统一商城价值链、凌空商城价值链。

一体：全球利益共同体、人类命运共同体。

四商：生产商、交易商、服务商、消费商。

交易商：
狭义上交易商是在码链体系包括线下实体店在内的贴码者与传播者。
广义上交易商就是指在社会生活中能参与经济活动的每一个人。

产业码：利用"码链云平台"技术发行的在特定细分产业的"码链二维码"，具有信息检索、信息生成、信息传输、电商支付等各种云服务功能。

数字经济双循环：全社会总需求和总供给的动态平衡。

一、"一体四商"产业码内生循环

在码链生态中，"一体四商"所指四商，是生产商、交易商、服务商、消费商。四商在同一个生态闭环中各司其职，互利共赢。

生产商负责产品的研发、生产制造、品控；消费商（消费者）通过消费行为让产品产生价值收益；交易商则是包括线下实体店在内的产业码贴码者与传播者，服务商就是产业码提供服务器的平台、团队或相关运营公司。其中"交易商"是核心要素，是实现"全社会总供需动态平衡"的关键，这也是以往的经济学理论中没有论及过的。

解决了如何实现"全社会总供需动态平衡"的问题，将从根源上化解全球经济危机，将从最底层动摇资本主义赖以支撑的亚当·斯密《国富论》的"经济人"假设，颠覆所谓的"自由市场"的大厦。这将重新开启百年前的"兰格论战"，社会主义与资本主义的理论争辩。码链生态中的一体四商新模型架构，是本人与法国有 800 多年经济学研究历史的蒙彼利埃第三大学的教授、专家、学者共同研究完成的研究成果。结论是：基于码链一体四商新模型框架的研究，被证明完全符合马克思主义历史唯物主义观点，即完全符合经济基础决定上层建筑、生产力决定生产关系的基本原理。智慧码链技术属于生产力范畴，人类在土地上劳动创造价值；一体四商属于生产关系；新基建设施隶属于经济基础；利益共同体的行业应用属于上层建筑。

当下，我国选择了"把满足国内需求作为发展的出发点和落脚点，加快构建完整的内需体系，大力推进科技创新及其他各方面创新，加快推进数字经济、智能制造、生命健康、新材料等战略性新兴产业，形成更多新的增长点、增长极，着力打通经济中的生产、分配、交换、流通、消费各个环节，逐步形成以国内大循环为主体、国内国际双循环相互促进的新发展格局，培育新形势下我国参与国际合作和竞争新优势"的战略决策。

▍经济内循环的基础在就业

没有就业，就没有收入，没有收入，就没有消费，没有消费，内循环将无从谈起。新冠肺炎疫情对就业带来了巨大影响，冲高的失业率，更是让部分家庭和人群收入下降，一些贫困人口脱贫后返贫压力加大。为此，中国国务院办公厅印发了《关于应对新冠肺炎疫情影响强化稳就业举措的实施意见》，推出了包括城市创优评先项目带动就业能力强的"小店经济"，支持多渠道灵活就业，合理设定无固定经营场所摊贩管理模式，预留自由市场、摊点群经营网点等促进就业的举措。

在全球产业数字化价值转型越发明显之际，拥抱数字化、全面数字化是形成以国内大循环为主体、国内国际双循环相互促进新发展格局的必然选择。推动数字技术产业化、传统产业数字化，以数字经济赋能内循环，就是要利用数字技术，把产业各要素、各环节全部数字化网络化，推动业务流程、生产方式重组变革，进而形成新的产业协作、资源配置和价值创造体系。而近这些年快速发展的网络经济，压缩了太多的中间流通环节，不仅打压了实体经济，实际上也减少了人们在中间流通环节的就业机会，从整体上来说，既不利于就业，也不利于整个经济的良性运转。

如何从根本上解决全民就业问题，促进经济健康可持续发展，需要一套行之有效的解决方案。令人欣喜的是，码链数字经济技术为全民就业提供了解决方案。基于"扫一扫"构建的码链数字经济生态体系建构一体四商模型及其实践，是数字化时代解决全民就业的方案，形成以经济发展带动发展的新格局，赋能内循环的优选解决方案。

数字经济学中一体四商新模型的理论逻辑

问题的提出

面对解决全民就业实现共同富裕的目标以及为人民谋幸福的责任，能否基于马克思主义的基本原理构建数字经济学？新的理论能否把马克思主义的普遍真理同我国现时代数字经济的具体实践结合起来？新的生产关系能否让碳基文明的科学技术更好地发挥第一生产力的作用，让数字经济为全面建成社会主义现代化国家，实现中华民族的伟大复兴，以及为构建和实现人类命运共同体提供强大的物质支撑和技术保障？

运用马克思主义哲学指导具体的实践

基于马克思主义政治经济学，创立码链一体四商新模型，坚持的是以下三个原则。第一是选择放眼世界、立足当前、面向长远做出重大部署；第二是要在统筹全局的前提下深谋局部，采用系统化原则开展重大项目，特别是智慧码链系统框架研究；第三是结合我国生产性服务业大发展实际情况，确定重大信息智能数字项目的基础建设路径。

新模型理论和实践的建构

在新科技革命和全球产业深刻变革的今天，人们对于新科技事物的发展规律、前进方向普遍判断不清。在此背景下，建构码链一体四商新模型，就需要在具体的实践中，深入对马克思主义哲学中的人类社会经济发展规律理论的认识，在实践中不断地丰富和完善信息化时代经济发展规律的新理论，用于指导 21 世纪数字经济的发展。

生产力、生产关系、经济基础、上层建筑

生产关系是生产力发展的产物并为其服务，生产力决定生产关系；经济基础决定上层建筑，上层建筑反作用于经济基础。

生产力是人们进行生产活动的能力。它是人们进行物质生产和精神生产的基本物质基础条件。构成生产力的基本要素是：以生产工具为主的劳动资料，引入生产过程的劳动对象，具有一定生产经验与劳动技能的劳动者。它是社会发展的内在动力基础。人类运用各类专业科学工程技术，制造和创造物质文明和精神文明产品，满足人类自身生存和生活的能力。

生产关系是人们在物质资料生产过程中所结成的社会关系。它是生产方式的社会形式。又称社会生产关系、经济关系。生产关系是人类社会存在和发展的基础。生产关系的概念是马克思、恩格斯提出的标志历史唯物主义形式的基本概念。

经济基础是指由社会一定发展阶段的生产力所决定的生产关系的总和，是构成一定社会的基础；上层建筑是建立在经济基础之上的意识形态以及与其相适应的制度、组织和设施，在阶级社会主要指政治法律制度和设施。经济基础与上层建筑的关系：经济基础是上层建筑赖以存在的根源，是第一性的；上层建筑是经济基础在政治上和思想上的表现，是第二性的、派生的。

码链一体四商新模型建构的新生产关系

码链数字经济生态体系由点、线、面、体、系所构成，点是扫一扫，线是价值链，面是产业码，包含了一体四商（即生产商、消费商、交易商、服务商），体是交易所，系是提物权。这一新模型侧重在经济关系。

二十国集团对数字经济的定义

"数字经济是指以使用数字化的知识和信息作为关键生产要素、以现代信息网络作为重要载体、以信息通信技术的有效使用作为效率提升和经济结构优化的重要推动力的一系列经济活动"。这一定义的外延很广，远远超出了狭义的信息产业。

开放经济系统中利益供求的六大环节

根据马克思主义原理，经济系统中的六大利益的供求环节，依次为：资源、生产、交换、分配、流通、消费，只有完成消费这一环节才算是完成了一个经济循环。这六个环节中，以经济利益为价值核心是开放经济系统的关键。

开放信息系统中数据供求的六大环节

信息系统所关注的核心要素是数据：包括数据资源的生成、数据的加工处理生产、数据的分析与配置、数据的服务交换、数据的消费、数据的流通。这六个环节中，以信息数据为价值核心是开放信息系统的关键。

码链一体四商新模型的核心步骤是互联互通

开放信息系统互连互通是码链一体四商新模型的核心。开放信息系统的多元主体链接进入网络空间，按需建立起可以互联互通的流量总线，在完成交易和价值交换的过程中实现互融互利，并完成系统闭环，这就是经济循环的建立过程。从技术层面来看，数字经济系统是开放经济系统和开放信息系统双重价值因素叠加驱动的，也就是开放经济系统中资源、生产、交换、分配、流通、消费环节与开放信息系统中的数据生成、数据处理、数据分析、数据交换、数据流通、数据消费的互联互通、互融互利，完成数字经济中的一次又一次的循环。

交易商是一体四商角色中的核心角色

一体四商即生产商、交易商、服务商、消费商。在同样一个生态闭环中各司其职，互利共赢。例如，生产商负责产品研制生产和品控，而消费商也就是消费者通过消费产品的行为产生价值收益，交易商就是包括线下实体店在内的产业码贴码者与传播者，而服务商就是产业码提供服务器的平台、团队或相关运营公司。其中"交易商"是核心要素，这是以往经济学理论中没有论及的，是实现码链数字经济生态系统"全社会总供需动态平衡"的关键，总需求和总供给的均衡分析是任何经济中都不可或缺的。

交易商创造交易价值

交易商创造交易价值：也就是产品的交换价值和使用价值由交易商所创造。

码链体系已经通过"名电码"自 2020 年起，在全国 300 个城市 3000

个区县搭建"交易商"体系，如今已经覆盖线下 200 多万个门店；2021
年进一步设立了"国际交易商研究院"体系，为"一体四商"走向全球
做准备。

交易商通过一体四商新模型中的智能合约创造交易价值

交易价值指的是当交易商持有一种产品在进行交易时，能换取到其他
产品的价值。交易价值在一体四商新模型中，是物品借着一种明确的经济
关系，即一体四商的标准合约或者智能合约的关系才能够产生出价值。在
一体四商中，智能合约是交易价值的原则。一个产品只有在进行交易时，
特别是产品被作为商品在经济关系中出售及购买时，才具有价值。交易价
值的根本属性是使用价值。使用价值就是物品的有用性或效用，即物品能
够满足人们某种需要的属性。

码链一体四商新模型通过产业码接入云平台

在码链数字经济生态体系中，可以生成各个细分行业的产业码。产业
码是在特定细分领域内，利用"码链云平台"技术功能发行的特定产业的
"码链二维码"。产业码具有集信息检索、信息生成、信息传输、电商支付
等多种技术于一体的云服务功能。消费者只需通过扫描生产商印在产品上
的智能码，就可以全面了解商品的各种功能和属性，并可直接购买，无须
下载和注册，还可以分享给朋友。生产商可以省去中间代理环节，不再需
要电商平台，就可直接面向消费者，消费者通过扫码就可以买到生产商直
接发货的货真价实的产品，少了中间环节的佣金，享受的是真正的出厂价，
价格将更便宜。

产业码对垄断行为说不

码链模型彻底改变了传统互联网的被动经营模式，实现了真正的去中
心化。消费者只要在线下扫一扫或线上朋友圈转一转，就可生成含有自己
DNA 的"码"。在真实世界，人和物都有个 5 W 元素，而在互联网的世界
里，却只有一个 IP，没有 5W 元素，因此就会产生垄断。这样流量的入口，

就从一个"中心化",切换到了"去中心化",也就是多个码,每个码不仅成为该产业码的入口,而且经过统一商城,三千产业码互通互联,每一个码的接入行为,都可以获得"按劳分配"的收益,而每个码就代表不同的老百姓,就是每个老百姓的生产资料,既不是躺赢,更不是平均分配,充分体现了"中国特色社会主义"的市场经济特征。

产业码是在特定细分领域内,利用"码链云平台"技术功能发行的,多达 3000 个以上的特定产业"码"。产业码拥有集信息检索、信息生成、信息传输、电商支付等多种技术于一体的云服务功能。有了这个"码",就可以直接进入"码链云服务"平台,完成多功能码的接入,成为"码链云服务"平台上的"数字人部落"成员,谁也垄断不了。

二、"凌空商城"价值链统一接入

码链技术通过扫码将四商无缝对接在价值链上,让四商连成一体,使得线上和线下融合发展,进而重构商业生态圈。这是互联网实现不了的。消费者只要在线下扫一扫或线上朋友圈转一转,就可生成含有自己 DNA 的"码"。而每一个"码"都是人类每一次交互以及人与世界的每次互动所生成的。这个"码"中也包含了发行人的服务列表。每一次的扫码接入,就代表着这次链接将发行人所提供的服务和扫码数字人相连接起来,通过相互交换数据使得相应数字获得它所需要的服务。而所有数字人获得的服务,以及每个服务相连的数字人,从两个维度构建出一个以人为本的全新的世界。有了这个"码",就可以直接进入发码行依托专利技术开发的"码链云服务"平台,完成多功能码的接入,并成为"码链云服务"平台上成员。

在码链构建的数字世界里,二维码代表着用户(或商品)的身份信息所有权,用户可以在一个二维码中植入自己的 DNA 后,存储在码链网络中，这样就能够最大限度地保证信息的真实性。基于这个二维码身份系统，码链体系可以为每一个数字人搭建起属于自己的价值传递网络。这个可以传递价值的社交网络就是"价值链"。"价值链"指的是用户基于二维码数字身份构建的人际关系网络。这个网络可看作是 Facebook 的升级版。大家知道 Facebook 当前在全球范围内拥有很大体量的用户和市场，影响非常广泛。但是 Facebook 有一个根本性的问题，即它是中心化运作的。这对保护用户的隐私数据非常不利。要想从根本上解决这个问题，就必须通过新的生态重新搭建一个信任网络，并通过二维码加密让每个人都能够有效地保护自己的隐私。

自从有了网络之后，信息传播的价值就被凸显出来。传统网络平台如是，基于码链网络的价值链体系亦如是。价值链借助码链网络搭建了一个去（泛）中心化的价值传播体系，只要是拥有数字人身份的用户都可以参与其中而不会被算法拒之门外。而价值传播的收益是通过智能合约所运行的，所以整个过程公开透明。当然，在价值链系统中，商家们发布广告是有条件限制的，条件就是商家用户必须在自己所绑定的账户中存有一定数量的可兑换的"元宝"，一旦传播合约生效，系统就会按照智能合约把相应数量的"元宝"，分发给传递者兑换收益。

只有传播体系是远远不够的，因为"价值链"最大的价值就在于商业应用。那么，基于码链生态体系的价值链是如何运作的呢？

由于价值链是在码链网络上搭建的体系，所以价值链能够让所有的信息公开透明。一方面，每个数字人用户都拥有自己的数字身份，所有个人信用信息都能够在系统里体现出来。另一方面，资金、产品质量、物流信息等数据都可以在网络中公开，这样就能最大限度地保障买卖双方的权益。在传统互联网上，欺诈问题之所以频繁发生，主要是因为信息不对称。而码链生态体系的价值就在于，它能够打破人与人之间的信息不对称，让所有的数据都公开透明地展现在大家面前。这种情况下，欺诈问题自然不复存在。信用成本的降低，自然能够提高商业运作效率。所以在价值链中，数字人用户可以构建一个信用度更高的商业网络。

一体四商统一接入的物格价值链商城

在扫码技术基础上建立的物格价值链商城，通过链接人、链接产品、链接服务实现了现实世界和网络世界的进一步融合。各个价值链的带有个性的"元码"，都可以统一接入物格价值链商城，成为一级入口。而该元码的主人也可以是贴码者，可以通过任意一个码接入。

当前，物格价值链平台正在通过"物格元码"的唯一性来为商品赋予全新数字身份，将移动支付与商品相融合，通过建立激励机制、大数据融合、产品整合、流量引入等方式打造线上线下一体化的数字生态的新生态商业平台。与电商平台不同，新生态商业平台让消费者从线上可以找到入驻商户的门店。消费者每一次通过"扫一扫"支付后都会在新生态商业平台留下大量数据，通过后台，商家可以进行有效促销、维护消费者关系，甚至利用现有客流，实现数字式无盲区的叠加推广。

一体四商统一接入的凌空价值链商城

新生态商业平台提供的这套系统，让线下的零售业可以利用以"码"的叠加式推广，触及新消费者。发码行构建的从扫一扫接入，到价值链传播，再到各个"产业码"统一接入"价值链商城"，使得流量入口无处不在。消费者通过价值链进入商城搜索到中意的商品，点击分享按钮，自动成为经销商、服务商。码链的线下贴码，每一个人所贴的码都进入自己的"凌空商城"，且都可免费获得，没有任何门槛，是真正的物联网商城数字经济新模式。通过贴码，就可成为码链的经销商、服务商，接入天然流量在个人码链中实现交易，获得交易奖励，实现就业。

▌ 一体四商新模型带动就业促进经济发展

这一新模型在全国乃至全世界范围实施，就可创造更多的就业机会，提供更多的就业岗位。且无论是点击分享按钮自动成为代理商、服务商，或是通过贴码成为码链的经销商、服务商，通过码链的智能合约自动分配，还实现了真正的"多劳多得、按劳分配"。形成了"我为人人，人人为我"的全民就业，全民消费的经济内循环格局。

发码行基于码链思想构建的"点、线、面、体、系"新生态。建构的从扫一扫接入，到价值链传播，再到各个"产业码"，统一接入"物格价值链平台"，已经根据码链专利设计思想，创造出了一整套"专利授权＋软件服务＋产品系统"及与运营体系相融合的体系：其中包括但不限于在全国构建 3000 个产业码体系，并对每个类别产业码的细分品类的商品的流通传播全过程进行管理。

如此，实体经济中的生产商、交易商，服务商，不必通过缴费依托电商平台，找一个集多个理念契合的价值链，找到一群志同道合的人，就可以不需要受雇于任何一个资本家，通过"发现真善美，传播价值链"这种劳动方式，实现"上午可以打猎，下午可以钓鱼，晚上讨论哲学"的曾经以为的"共产主义乌托邦"模式，就可以通过扫码链接，进入物格，从而创造价值。

因此，码链生态中的物格价值链平台，不仅为实体经济及其劳动者铺就了一条没有中心垄断，交易公平的数字化之路，而且可以创造更多的就业机会，提供更多的就业岗位，把四维世界的数字经济投影到三维世界的每一寸土地，通过码链的智能合约自动分配，真正实现"劳动创造价值"。

三、建立国际交易商体系的基本逻辑

在码链体系的推动和支持下，由码链数字经济研究院成员单位银川分院、南阳分院、济宁分院、镇江分院、深圳分院、琼海分院共同成立的码链数字经济资产交易国际研究院（简称"码链国际研究院"）于2021年6月1日在海南三亚正式成立。该机构成立的宗旨为：在已经形成的全国性样板"名电码交易商"体系基础上，对构建码链经济生态"点线面体系"统一商城价值链接入和"一体四商新业态"的应用态势，以民生服务业为导向对发展码链国际交易体系的方法、策略做深入研究。对拓展、招募的全球交易商进行授权、运营的全面培训，促进数字消费、加强和创新社会管理、构建诚信社会等具有重要意义。

为发动广大民众早日参与"码链重构新经济"的码链数字经济新生态建设，早日分享码链数字经济生态和物格新经济的红利，发码行在2018年8月于上海发起，在全国三百个城市设立了培训码链包括交易商的"码链数字经济商学院"，码链数字经济研究院担负着研究、传承码链思想及其数字人理论、码链数字生态模型、一体四商交易商体系、物格数字地球；指导打造以人为本的数字经济生态体系建设，以及构建数字社会的人类命运共同体实践，致力于为信息社会消除数字鸿沟，培养全民数字科技综合素养的教育规划等任务。

码链数字经济商学院在经历了2019年从"农村包围城市"布局的指数增长后，迎来了2020年的"天作大成"之年。继"码链数字经济商学院"后成立的旨在形成全球码链交易商国际培训体系的"码链数字经济国际交易商研究院"表明，码链面向全球、全民、全面培养码链数字经济素养的职业教育事业已正式扬帆启航。这对拓展、招募的全球交易商进行授权、运营的全面培训，促进数字消费、加强和创新社会管理、构建诚信社会等具有重要意义。

有研究资料表明，在信息社会，数字鸿沟造成的差别正在成为中国继城乡差别、工农差别、脑体差别"三大差别"之后的"第四大差别"，其本身已不仅仅是一个技术问题。尤其是互联网时代形成的，由顶层精英设计、精英阶层发起、金融资本主导、收割广大民众的互联网平台经济，正在成为一个社会问题。如何消除信息社会全民的数字科学技术鸿沟，培养全民适应并参与到人与万物互联的生活、建设、发展进程，学习和掌握数字科学技术，有助于我国在信息时代，成为赛场引领者，实现数字时代构建人类命运共同体的宏伟事业。

2021 年是国际交易商体系的落地年，在诸多行业的一体四商产业码项目落地过程中，码链人谨记：围绕民生、统筹发展、先行试点、分步实施、政策指导、全民参与的原则，就能打破信息壁垒，打破垄断，提高一体四商产业码的使用效率，避免由此带来资源和资金的浪费与损失，从而真正实现普惠大众的目标。选择数字化手段成效高、社会效益好、示范意义大、带动效应强的民生服务内容作为工作重点，着力解决二维码及交易商布点薄弱环节、关键问题，重点在就业、产业孵化、教育、医疗、旅游等领域突出数字服务的有效供给能力，提升数字信息的为民、便民、惠民、利民水平。

码链国际研究院将带动实施一体四商产业码的系统工程实施。为此码链交易商正及时开展专业化、多元化、个性化的服务。并强调：实施数字惠民工程，拉消费、促发展、惠民生，是以数字化带动和促进民生领域跨越发展的战略选择。交易商是提供广覆盖、多层次、差异化、高品质公共服务的有效途径，有助于优化社会资源配置、创新公共服务供给模式、提升均等化普惠化水平，也将有助于培育新型业态、新的分配体系和新的经济增长点。

四、"一体四商"与互联网平台不同

传统互联网电商的价值转移路径是自下而上的，上层的中心化机构通过向下吸取财富而不断壮大，中心化平台是收益主体。码链体系打造了一个"一体四商"的商业系统，在这个系统中，生产商、消费商、交易商、服务商是利益共同体、命运共同体，在这个利益和命运共同体中，没有中心，任何人和平台都不可能以损害任何一方的利益来形成垄断。起到了推进计划经济的导向性作用和市场配置资源的决定性作用。一体四商，通过数字生产资料的再分配以及多劳多得的激励机制，让价值重新回归到下层百姓。各类专业化、多元化、个性化服务的市场主体共同接入同一个价值链商城，形成优势互补、多元参与、开放共享的发展格局。

2020 年 12 月 11 日中共中央政治局召开的"关于 2021 年经济工作会议"强调，要强化反垄断和防止资本无序扩张。这是自《反垄断法》实施以来，中央高层再次明确强化反垄断的决心。

据国家市场监督管理总局消息，2020 年 12 月 10 日，部分省份反垄断工作座谈会在浙江省杭州市召开。北京、上海、浙江、山东等 23 个省（区、市）市场监管部门负责同志参加会议并进行了交流发言。此次会议专门研究和部署了反垄断工作和优化营商生态的具体实施和推进举措。

这意味着，高层已意识到，在互联网经济发展中形成的一些"大而不倒"的平台垄断现象，对我国的整体经济运行产生了负面影响，资本的无序扩张可能带来的风险，亟须纠正。

历史上的垄断，多属于国有垄断，处在石油、电信等国计民生相关领域，各方面风险国家可控。而现在形成的新垄断，处于大数据、互联网等

领域，这些垄断损害老百姓和中小企业的利益。像部分互联网平台，借由
资本力量，涉及领域越来越广，形成了新的"大而不能倒"的公司。资本
的无序扩张必定带来市场和管治风险。资本市场上"赢者通吃"的局面，
阻断了创新型中小企业的生存。一些互联网平台企业，利用资本优势，通
过砸钱、烧钱来消灭竞争对手，最终实现垄断。当前，防范化解金融风险，
防止资本无序扩张是当务之急。而优化营商环境，就是要杜绝"赢家通
吃""店大欺客"等现象。要保护消费者权益，促进同行间公平竞争，这是
一个重大课题。

▍不以机器为本，不以算法为王的新生态

互联网颠覆传统企业的常用做法，总是以免费的手段开头，从而彻底
把传统企业的客户群带走，继而转化成流量，然后再利用延伸价值链或增
值服务实现盈利。

互联网经济的 O2O 商务模式，主要包括两种场景：一是线上到线下，
用户在线上购买或预订服务，再到线下商户实地享受服务；二是线下到线
上，用户通过线下实体店体验并选好商品，然后通过线上下单来购买商品。
广义的 O2O 就是将互联网思维与传统产业相融合。未来 O2O 的发展将突
破线上和线下的界限，实现线上线下、虚实之间的深度融合，其模式的核
心是基于平等、开放、互动、迭代、共享等互联网思维，利用高效率、低成
本的互联网信息技术，改造传统产业链中的低效环节。O2O 的核心价值是
充分利用线上与线下渠道各自优势，让顾客实现全渠道购物。线上的价值
就是方便、随时随地，并且品类丰富，不受时间、空间和货架的限制。线
下的价值在于商品看得见摸得着，且即时可得。

O2O 应该如何把两个渠道的价值和优势无缝对接起来，让顾客觉得每
个渠道都有价值。这在互联网现有的商业模式中尚未突破。为此，才给一
些互联网巨头，尤其是互联网平台模式实现垄断提供了机会。

在数字经济时代，有没有一种可以阻止垄断形成的新生态呢？

码链技术，作为一个革命性的、信息技术的载体，它不仅有正确的哲学思想，而且还有务实可行的方法论。码链使得人类社会在信息传递这个尺度上，建立了一个以"码"为单位的信息维度，建立了一个真实世界与数字世界一一对应的多个平行世界。它不单单在于比特信息的传递，更是可以在量子维度进行人类在社会中的自主意愿的表达。由于有多个乃至无限多个平行世界的维度，这个数字化的平行世界，是可以用自由意识进入的。这就完全不同于基于 IP 虚拟世界的网络空间（Cyber Space）。在码链世界中人的行为表现为数字化的行为方式。人，就被称为数字人。"码链思想"以及"数字人理论"，通过"码链数字经济生态体系，即点、线、面、体、系"全面展开，给人们提供了一个不同的思考方向。

基于码链网络的无垄断价值链体系

码链生态体系的构建是要搭建一个以人为基础的去中心化的商业和金融生态体系。让每一个人，每一块土地，都能够成为联网接入点，秉承着"按劳分配，多劳多得"的原则来创造构建全社会的价值体系，彻底摒弃互联网中心化垄断、以流量为王的模式。进而为人类社会搭建起一种全新的数字社会模式。

人的身份代表着个人的社会属性，人之所以能够融进社会，最根本的一点在于人拥有属于自己的身份证明。同样地，数字人在数字世界里也需要一个能够证明自己身份的凭证。在码链这个特定的多个平行世界中，二维码的唯一性、安全性、不可篡改性以及庞大的数量和时间戳，给予了它成为在数字世界中身份标识的可能。

在码链这个特定的多个平行世界里，人们的每一次行为，由于可以叠加时间、地点、人物及前因、后果的 5W 元素，生成新的码，用码来标识数字人的身份，更进一步是"数字人服务的对外邀约"。

传统金融模式存在的巨大弊端，在于资金吸收能力相对有限，且财富分配极为不均。资源优势者可以通过信息不对称，获得更多的社会财富。而码链体系则可以通过去中心化金融打破这一桎梏。首先，价值链的出现可以把更微小的价值连接起来。只要你拥有一条价值链，那么就可以通过它享受到金融服务。其次，基于智能合约，价值链能够让财富的分配更加公平、透明，让资本的流动率更加高效。金融是实体经济发展的催化剂。基于码链体系的金融系统在提高效率的同时，也为价值链的运作提供了扎实的金融基础。从数字身份到价值链，再到目前正在快速发展的产业码、地球码，人们可以看到码链生态体系搭建的是一个多维度立体商业系统。在这个系统中，有真实的商业经济，也有资本的金融服务。而码链生态体系的出现，让这两者实现了有机结合，让价值在实体和虚拟之间自由流动，无缝衔接。

▎没有垄断的扫码营销时代已经到来

将发码行的"采用条形码图像进行通信的方法、装置和移动终端"从服务器编码（动态码）—终端扫码—解码—执行、可完成闭环交易系统的"扫码"实用专利技术应用到商业中，可实现在没有后台服务器的情况下，在移动终端一侧，通过扫码完成"快速选择、快速决策、快速购物、快速离开"服务的提供。

以此扫码专利技术为起点的"扫一扫"码链专利池，将为数字时代的商业带来"二次革命"。

基于"扫一扫"的码链技术和码链数字生态体系对于商业产生的革命性影响。

当下，人们已经进入一个生活方式、生产方式都在发生翻天覆地变化的全新的物联网时代。基于"扫一扫"的码链技术，强调的正是人与人、人与物的连接。

在码链数字经济生态体系中，现实世界与互联网世界可以通过扫码链接无缝对接，使得线上和线下真正融合发展，进而重构商业生态圈。让四商连成一体，这是互联网实现不了的。而码链技术彻底改变了传统互联网的被动经营模式，实现了真正的去中心化。

互联网鼓吹流量为王，而不惜以资本烧钱开路，垄断流量，榨取高额利润，甚至是用大数据来杀"熟人"。

码链，则是从线下到线上，让线下的每一块土地（即物格）、每一个人，都可以成为流量的入口，并且通过记录 5W 行为发生地，让产生贡献的每一次行为、每一个人、每一块土地都能够按照智能合约分享收益，印证了劳动创造价值理论的正确。

码链是以扫一扫码接入形成的链条，每个码都代表着每个个体在 5W 时空的行为，所以"码"是一个接入方式，而码链则记录每个个体 DNA 的行为，这个行为所形成的交互记录相叠加而形成的链条，就是"码链"。码链是利用码链式信息结构来验证与储存信息数据、利用分布式的网络来生成和更新信息数据；利用码的唯一性来保证信息数据的传输和访问的安全；利用智能合约来操作数据转化的一种全新分布式基础架构。码链不仅可以记录所有过去发生过的链接，同时也可以记录下那些根据人的意愿即将发生或可能发生的链接，从而杜绝违背人们意愿链接的发生，并且还能够挖掘出人们需要的潜在服务。在商业活动中，可实现从营销到成交的全过程追踪。

码链体系利用分布式的信息储存来保护用户身份，且用户只能根据对应的码发布信息，保证身份的唯一性和不可篡改性。而现有的电商平台却无法达到这样的安全和防篡改识别高度。与大数据、云计算这些技术相比较，基于扫一扫技术的码链生态体系与这些信息技术相比较，码链的去中心化、不可篡改、公开透明等特性，自然就杜绝了垄断的形成。

"链"是码链体系的精髓。码链最伟大的地方就是：真正将所有的要素链接在一起。再辅之以共识的目标与环境，共同构筑成了一个完善的智慧码链体系。这也就是为什么码链价值巨大，尤其是对人类社会价值巨大的原因。码链的分布式网络结合智能合约，解决了许多目前信息网络的硬伤问题。这均得益于扫码技术。加入码链体系，可以实现交易各方的信息实时同步，分布储存，在交易信息入账的同时通过智能合约实现交易的验证比对，并基于时间轴确保交易记录不可被篡改。

尤其是码链体系中，物格数字资产模式横空出世，比互联网又多出了一个维度。物格数字资产能够充分盘活线下的每一块土地，每一个人，从而为全社会的价值创造提供公平公正的机会。让无法享受三维世界已经被垄断瓜分失望的人们和被互联网流量收割的普通民众有机会在物格的世界里通过劳动创造价值。

互联网商城是中心化接入，所有人接入的是同一个"老板"的商城，接入商城需缴费，要想招揽客户，则不是自己能力所能做到的，支付高额的流量费用。这样一来，接入人不仅在线上被平台盘剥得体无完肤，在线下的实体店铺，更是一路萧条。

在垄断集团独享超额利润、股价一路飙升的同时，这些垄断集团还像史前巨兽一般不断吞噬"大数据"，在各种领域横冲直撞，攻城略地，利用"扫码支付工具"，打通线下线上，业务形成嵌套，让监管难以穿透。

而码链体系构建的"一体四商产业码、物格价值链平台"，则是在打造一种去中心化的，让每一个实体经济的劳动者都可免费获得机会，他们贴上自己的物格元码实现"统一商城"的接入与引流。由于线下贴码引流陌生人和线上传播分享朋友圈的每一次扫码链接，都可以叠加自己的数字人DNA，无感生成自己的"码"，因之都可以成为"自己的入口"，创造价值。

发码行基于扫一扫专利体系授权与码链数字经济生态体系智能合约融合的全球首创"物格数字地产"模式，已于2020年12月授权安码通公司在全国码链数字经济商学院体系中正式推广。

"物格数字地产",是把三维世界的经度纬度所代表的地理位置及物格与数字人的行为相融合,通过扫码链接与产业码的智能合约,使得物格可以从扫码支付、扫码购物、开卡漫游等行为当中获得交易提成,相当于是一种"数字时代的商业地产的地租"。

由此可见,码链让现有的商业模式都会在去中心化的基础上重新洗牌。在码链数字经济新生态中,垄断将不复存在。

五、"一体四商"与"拼多多""社区团购"

拼多多通过拼单购物的商业模式在近年迅速崛起。众所周知,此种商业模式是具有一定门槛的,拼单的目的是买单,而买单的前提则又需要聚集相同需求的消费者进行拼单。由于小众化定制类商品无法快速聚集相同需求的消费者进行拼单,导致了拼多多模式和商品类目的局限性。平台方为了保证商品的竞争力,开始为促销商品进行大规模的补贴优惠,故而该公司财报也处于连年亏损的状态。

而在码链的一体四商体系中,人们是通过扫码、分享、购买等多种行为进行"拼单"即可获得收益。

从 2016 年社区团购小有发展,到 2020 年社区团购迎来了爆发式增长。美团、滴滴、拼多多、阿里、京东、字节跳动等互联网巨头,纷纷加入社区团购的模式,通过巨额补贴抢占市场,开始了对实体经济的又一次绞杀。互联网寡头们设想的"社区团购"未来是,家庭的吃穿用全由我掌握,价格我来定,把农民、农场、菜市场、小卖部、小超市、小摊贩等几乎所有小型实体统统纳入麾下。

巨头们对社区团购的趋之若鹜并不难理解,因为这块"蛋糕"足够大。艾媒咨询发布的《2020上半年中国社区团购行业专题研究报告》指出,在新冠疫情的背景下，2020 年社区团购市场规模预计将达 720 亿元，到 2022 年，市场规模有望达到千亿级别。

有关人士指出，社区团购的扩张无疑对农民、农场、菜市场、小卖部、小超市、水果店、小摊贩这些实体产生冲击。而对于消费者而言，暴力扩张、打击竞争对手的补贴只能存在于一时，社区团购一旦形成寡头市场，便无价格优势可言，更难免出现利用大数据"杀熟"等现象。一旦社区团购形成垄断，团购的东西将不再便宜。

对此，《人民日报》也发表评论文章严肃指出，掌握着海量数据、先进算法的互联网巨头，理应在科技创新上有更多担当、有更多追求、有更多作为。别只惦记着几捆白菜、几斤水果的流量，科技创新的星辰大海、未来的无限可能性，其实更令人心潮澎湃。

未来，科技创新的能力，掌握关键领域核心科技的能力，将成为国家竞争和长远发展的关键要素。如果只顾着低头捡便宜，而不抬头看星空，展开赢得长远未来的科技创新，再大的流量、再多的数据也难以转变成硬核的科技成果，难以改变在核心技术上受制于人的被动局面。

嫦娥五号的成功发射，预示着我国已经开始全面赶超世界一流。而就在农民、农场、菜市场、小卖部、小超市、水果店、小摊贩等实体经济及其劳动者遭遇互联网巨头绞杀的当下，一种基于"扫一扫"发明专利体系形成的物格新经济模型，已为这些实体经济的劳动者铺就了一条在数字经济中通过数字化劳动创造价值的数字化出路。

以扫码支付为代表的中国新发明，不是为巨头贡献大数据的"工具"，而是融合了北斗和 5G 高科技形成的码链生态的"物格新经济"的基础。是将引领数字经济新时代的"生产资料"的再生产、再分配，从而让"劳动致富，耕者有其田"的价值体系再一次唱响在中华大地的思考和创新。

在现实的三维世界中，"土地"作为最重要的生产资料，是经济建设的最重要元素之一。马克思说："人类，在土地上劳动，创造了价值，也就创造了人类社会本身。"

基于码链生态构建的物格新经济模型，为正在被以算法为王、"大数据杀熟"，利用资本的无序暴力扩张和补贴形成垄断的电商巨头残酷绞杀的实体经济，铺就了在数字经济中的数字化出路。

数字时代的新零售，是未来电商的主要发展方向。将来的新零售将是以各种难以想象的移动设备为链接的入口，不但覆盖标准化的零售产品，而且提供非标准化、定制产品和各种生活体验的供应并将网络世界和真实世界相连接。

基于扫码技术建构的物格价值链平台与实体店铺 1.0、传统电商 2.0 相比较，是新零售的 3.0 模式。实体店铺由于有线下门店成本支出，营业员推广宣讲等费用支出，营销费用要高于互联网电商。但由于互联网电商只有一个中心化接入的节点，千军万马过独木桥，反而导致流量费用居高不下，已经陷入造假成性的恶性循环。如拼多多通过社交化裂变，形成多点可以接入，但是由于该平台规则是"需要完成下单才可拼单"，导致无法销售正常商品；消费者更无法成为"代理"，导致好的消费体验无法转化为二次流量入口，造成社会资源的巨大浪费。

六、全社会总供需动态平衡的理论与实践研究

在《关于全社会总供需动态平衡的理论与实践研究》论文中基于码链形成的"一体四商"新模型研究课题，是本人与法国有 800 多年经济历史的蒙彼利埃第三大学的教授、专家、学者们共同研究的课题。研究者们认为：传统宏观经济学理论各种流派众多，如凯恩斯主义、货币主义、自然律假说、菲利普斯曲线、单一货币理论、新古典宏观经济学、理性预期假设等。这些理论流派的主张意见分歧很大。其理论前提是资源的稀缺性以及人的自私自利本性。研究对象是社会如何配置稀缺资

源，研究的逻辑起点是经济人。在这样的传统宏观经济学理论基础上去寻找解决全社会总供需动态平衡的方案，从理论到实践都将面临困境。于是研究者们一致决定，从本人创立的码链数字经济学入手，研究码链构建的数字地球交易所，架构的数字经济生产方式之下的社会生产关系新模型：一体四商新模式，为全社会总供需动态平衡寻找解决方案。这项研究的逻辑起点是数字人，在微观上运用了码链的 5W 机制，创生出了数字经济整体主义的分析方法，在宏观上运用系统数据凝聚共识，最终确立了"未来人类在物格数字土地上的数字化劳动行为创造数字经济价值的机制"，从理论到实践去解决社会总供需动态平衡的问题。特别是一体四商新模型中，每个劳动者的数字生产资料可以免费获得、可全面按需持有的思想，发展了马克思主义的政治经济学，是马克思主义经典著作《共产党宣言》和《资本论》等学术思想的继承、发展、创新和延伸。

随着科学技术的发展，生产力水平的不断提高，除了社会总供给的上限在不断提高。生产资料的垄断集中度也在不断提高，而人民群众的收入水平并未同步提升，从而导致社会总供给大于总需求，贫富差距不断扩大，引发了金融危机，阻断了社会的和谐发展。

如何在生产力不断提高，伴随着总供给不断提升的背景下，通过人类劳动创造的财富价值完整定义、动态均衡地将"财富价值"分配给每一个愿意通过劳动致富的人们，就成为经济学理论研究的"重大课题"。西方经济学是在亚当·斯密《国富论》理论基础上，以"经济人"为前提假设全面展开的。但，这个前提假设被近百年来的人类社会经济发展的历史证明是错误的。

而《关于全社会总供需动态平衡的理论与实践研究》论文的研究课题，是以"数字人"为前提假设展开的。课题研究码链体系从"扫一扫"切入，通过"道法术器",分步实施,升维推进,构建把人类的社会行为数字化,作为"数字人"记录到"数字地球"的网格(即物格)里,以便衡量每个人的每一次行为为社会创造的价值,从而创立全新的"码链数字经济生态体系"和"一体四商""物格新经济"的模型,为未来在数字社会中构建人类利益共同体、人类命运共同体,找到了理论和落地实践方向。

▎挑战:理论、战略、组织、战术、实践方面的挑战

理论上的挑战在于如何使用一体四商新模型函数为未来理想社会建立新的社会生产关系;战略上的挑战在于如何评价一体四商的生产关系怎样带动社会生产力发展,提高人民的生活水平;组织方面的主要挑战是如何获得投资、消费、总需求量、总供给量这些数据;战术方面的挑战是如何实现在社会总供需动态平衡;实践方面的挑战是如何建立新的经营理念、新的商业模式、新的全球秩序、新价值体系。

工具和方法的出现、业务转型

数字人、扫一扫、价值链、产业码、交易所、提物权及统一发码管理。码链数字经济商学院的生态体系、物格门牌及物格交易所。

核心假设

道:基于以人为本、道法自然、天人合一、世界大同的码链思想。

法:点、线、面、体、系。

术:码链数字经济体系的专利池。

器:码链数字经济体系的软件组。

研究范围:

以码链数字经济生态体系为核心,重点落在一体四商新模型、如何建立全社会总供需动态平衡的理论与实践研究。

▌ 理论研究框架：研究主题

1. 数字人假设及其共识机制。

2. 数字经济生产资料的全民免费获得。

3. 一体四商新模式与社交覆盖。

4. 数字人的行为及其统一发码顶层设计。

5. 5W 行为记录与物格、物格数字土地。

6. 数字地球交易市场（与"看不见的手"比较）服务交付平台。

7. 全社会总需求与总供给动态平衡（函数关系）的构建。

实践研究框架：

研究四商之间的关系：包括生产商与服务商的关系、服务商与交易商的关系、交易商与消费商的关系、消费商与生产商的关系。

研究一体四商如何建立闭环：开放系统建立闭环经济，实现内生循环经济，外生双循环经济，如何实现双向循环、供求动态平衡。

交易商体系的建设：包括交易商的建设、交易商体系的建设、交易商体系与各个商学院、产业码之间的关系；交易商体系与线下贴码、交易商体系建设的方式、线下贴码的必要性，人们的消费习惯，从三维到四维的认知度；贴码与数字物格的关系，使物格数字门牌升值，使物格数字土地升值，专利维权与物格数字门牌和地产的关系。

基于一体四商新模型实现全社会供求动态平衡：一体四商新模型初级阶段的目标、过渡阶段目标、最终目标；一体四商群众路线；开放闭环供求动态调控；自由平等、各取所需；共产主义，世界大同。

研究方法：

采用整体论与还原论相结合、定量和定性相互结合的方法论，采取统一发码的顶层设计结合一体四商的共识机制，让人类在数字土地上劳动创造价值，针对智能合约系统、专家系统、知识系统、机器系统、劳动者系统、生产资料系统、价值网络系统综合集成，研究社会总需求总供给的动态平衡函数。

研究目标：

在理论方面，通过码链一体四商新模式促进对全社会总供需动态平衡的实现原理，实施码链一体四商新模式的先决条件，更好建设数字经济、数字社会、数字国家、数字地球。

在实践方面，基于分布在全国 300 个城市的码链数字经济商学院，根据点、线、面、体、系整体规划，以年、季、月为单位实施和部署，面向全世界提供一套数字经济、数字社会解决方案（通过地球脑的活跃程度呈现），建立实现社会总供需动态平衡关系的新机制。

调查方法：

选择混合方法。

定性阶段：在码链数字经济商学院体系的应用；

定量阶段：在码链数字经济商学院体系业务运行的数据。

验证对象：

在实践方面：依托码链数字经济商学院体系在中国各省（自治区、直辖市）、市、区县，以城市为单位的管理中心，开展一体四商的实践，研究在线下和线上结合的环境下布局全渠道覆盖的物格码，启用社交网络 PTR（部署、跟踪、报告），按照码链的点、线、面、体系的方法构建服务交付平台，并通过大数据分析的机制给出需求和供给平衡的函数关系。此研究旨在强调一体四商新模型对成功实施全社会总供需平衡的重要性，从而带动社会的安全、稳定和可持续发展。通过免费为个体分配和派发数字生产资料，基于一体四商的智能合约，产生出劳动创造价值的效应。

预期的研究成果：

1- 码链数字经济学学科的核心理论。

2- 码链一体四商新模型的函数集。

3- 全社会总供需动态平衡的函数集。

4-《国际交易商体系》学科教材。

5- 码链一体四商产业码操作手册。

▋ 码链一体四商新模型研究的时代意义

2021 年 8 月 17 日习近平总书记在中央财经委员会第十次会议强调的在高质量发展中促进共同富裕，会议指出：要坚持以人民为中心的发展思想，在高质量发展中促进共同富裕，正确处理效率和公平的关系，构建初次分配、再分配、三次分配协调配套的基础性制度安排，加大税收、社保、转移支付等调节力度并提高精准性，扩大中等收入群体比重，增加低收入群体收入，合理调节高收入，取缔非法收入，形成中间大、两头小的橄榄型分配结构，促进社会公平正义，促进人的全面发展，使全体人民朝着共同富裕目标扎实迈进。共同富裕是全体人民的富裕，是人民群众物质生活和精神生活都富裕，不是少数人的富裕，也不是整齐划一的平均主义，要分阶段促进共同富裕。要鼓励勤劳创新致富，坚持在发展中保障和改善民生，为人民提高受教育程度、增强发展能力创造更加普惠公平的条件，畅通向上流动通道，给更多人创造致富机会，形成人人参与的发展环境。

码链体系通过构建一体四商建立生产关系，为新时代实现共同发展、共同富裕创造了环境条件。再就业、再分配不是简单的均富，而是要给人民群众赋予新的生产资料，让人民群众具备通过合法的劳动生产及其流通传播创造价值的能力，也就是说要具备财富的再创造、再分配能力，实现持续的共富。但是通过充分就业、三次分配实现共富也需要满足一些基本条件：第一是拥有能够不断获得的生产资料，第二是从业者要具备生产能力，第三是要有市场需求和供给驱动，第四是政府的财政税收充裕，第五是要有监管和质量体系符合规范。

通过码链一体四商新模型的建立，利用计划和市场相结合的方法，建立一个经济生态系统，形成利益的共同体。码链从产业集群和系统治理的高度定义所有人的分工和协作机制、也设定激励和约束机制。为分布在不同物格内的各类从业者提供二维码生产资料、通过智能合约和生态激励调动每一个当事人的积极性；根据市场的供需关系，把商业系统的组织和重构，对资源的配置起到决定性的作用，实现所有的参与者都充分就业和乐业，通过劳动生产获得第一次分配收入，通过人才培养获得生产能力提高；通过物格数字土地收取新的数字经济税收，把收入的一部分落在物格上并通过转移支付的手段让国民能持续地得到第二次分配收入；各种生产要素都启用码链防伪溯源机制，通过独立自主、自力更生的方式参与到码链数字经济生态体系、并通过智能合约、生态激励获得第三次分配收入。

俗话说："授人以鱼，不如授之以渔。"这句话就是对再分配主义者给他一条鱼，让他在未来依靠政府或者市场能够获得更多的鱼。

一般而言，一次分配就是授人以"鱼"。很显然一次分配是普遍地依靠于市场机制、规则和原则进行的，依靠个体在市场上的工作、也就是依靠个人的努力和勤奋劳动的价值回报，是创造直接性的劳动收入，对大部分工作者是通过劳动合同来约定如何获得一次分配收益。

二次分配应该是授人以"渔"。从根本上让有劳动能力的人群获得的能持续赚钱的能力；也就是说要分配的是捕鱼的能力，传递知识是为数不多的可以在不减少他人持有量的情况下分配给他人的东西，政府应该从劳动者的能力建设方面加强，依靠职业教育等手段来实现。二次分配通常依靠政府计划机制，通过国家统筹规则和原则进行的，如向社会中有需要的人提供生存性的社保、医保等保障性的收入。一体四商新模式下，可利用数字土地税收等手段做转移支付，使得投资者和劳动者可以有机会获得一部分特定物格数字土地上的税收收入。

三次分配应该是授人以"鱼塘"，三次分配让所有的人都能按需获得生产资料，按着生产要素进行分配，具体的做法是：要通过智能合约等机制获得生态激励，未来三次分配依靠数字经济通证，也就是依靠国家，通过正确的路线、方针、政策来指引经济的发展和走向，也就是依靠通证进行分配的经济政策，码链一体四商新模型让全社会通过智能合约的方式，在物格数字土地上产生信用价值，在流通传播数字劳动中创造价值，要素提供者取得智能合约规定的应得利益。

这样通过一次分配、二次分配、三次分配建立起一个兼顾公平效率的分配体系。码链生态激励体系，从单一价值链开始，到全网价值链，到全社会价值链实现了分配体系和分配能力的现代化。

所以码链一体四商不仅仅是表面上大家所能看到的专利、技术、场景。更深层次地可以看作是一百年前毛主席带领民众"分田地、均贫富"的延续升级，更是全心全意地为人民服务、全心全意地为世界人民谋幸福、以及构建人类命运共同体等核心价值，从理论到实践的表达。具体来讲，码链数字经济中的二维码生产资料就像阳光空气水一样，每一个数字人都可以各取所需，生产工具可以是眼镜，可以是智能手机，生产力也就是劳动者可以各尽所能，经过交易商体系的运作，在分配的时候就有能力做到实现按着劳动分配、按着需求分配、按着要素分配三头并举的局面。

最后，把这个道理阐述得更清楚些：码链一体四商新模型可以建立起经济的总需求和总供给的动态平衡关系，是构建全球利益共同体、人类命运共同体的关键手段，是实现共富的基础，实现中华民族伟大复兴的基础，而这个基础其实就是中华文明的基础，就是以人为本、道法自然、天人合一、世界大同的码链思想。

<table>
<tr><td rowspan="2">第六章</td><td>自强不息：码链新大陆数字土地</td></tr>
<tr><td>厚德载物：物格新经济财政税收</td></tr>
</table>

思维导图：新经济基础——物格经济

天行健、君子以自强不息；

地势坤、君子以厚德载物；

人和合、君子以幸福安康；

数字地球：带动人类社会经济新发展；

物格土地：带来国家财政税收新来源；

物格门牌：全国 2100 万个物格门牌；

数字货币：消费指数 CCC 对标比特币；

天道酬勤：北斗卫星标识数字土地，标定数字人行为发生地；

地道酬善：对世界饱含善意，物格门牌是高价值 NFT 数字资产；

人道酬诚：诚信的数字人在数字土地上劳动创造数字经济价值；

商道酬信：经商讲求信用，物格门牌具有多重回报价值属性；

业道酬精：事业发展无止境，倾注码链物格的模式建设与管理。

解放和发展生产力：消除内卷和躺平的新生产资料；

筑牢实体经济基础：终结互联网垄断平台房东的收租时代；

构建可信价值网络：码链网络治理能力走向现代化。

一、物格门牌接入数字地球

> 物格是三维物理空间通过北斗的划分，映射在四维数字空间的数字
> 化存储网格，人类在三维物理空间的每一次行为，都有在四维数字空间
> 对应的网格作为地理坐标。数字地球就是由这些同等大小的网格所组
> 成。目前，码链人正在将这些网格打造为码链物联网的入口，以取代传
> 统互联网的浏览器搜索框。

2019 年，湖南长沙市内不少建筑换上了崭新的门牌，在原有蓝底白字
的门牌上多出了一个小小的二维码。通过手机扫码，即可接入长沙二维码
标准地址服务平台，不仅可清晰地了解这个地方具体的地址信息，甚至一
些古老街巷的悠久历史也"一目了然"，同时还可接入各类政务服务应用，
享受办事便利。

2020 年，河南省民政厅下发文件，将包括新乡市在内的 4 个地级市定
为三维码门牌试点市。按照河南省公安厅的统一部署，郑州市组织开展了
标准地址三维码智慧门牌管理工作。三维码智慧门牌的出现，打破了标示
记号为门牌主要作用的传统模式，丰富了门牌功能，极大地方便了群众。

▍智慧门牌：真实地球的地址身份证号码

智慧门牌是依托大数据，以地址"身份证"为载体，将地址编码对应
生成地址二维、三维等图形码，整合公安、国土、住建、民政等现有地址
数据，按照统一的标准，借鉴自然人的"身份证号码"和法人的"统一社
会信用代码"编制方法，用代码的编制，把所有的地址都进行编码处理成
每一个地址都具有独一"地址身份证号码"的智慧门牌图形码。各部门开
展信息登记时，涉及房屋地址管理的，统一引用标准地址，管理平台对政

府部门和社会开放地址信息共享服务。

结合移动智能终端的二维码扫一扫识读功能和互联网技术，应用统一的智慧门牌，当人们想了解挂有智慧门牌的房屋信息时，可以直接用手机扫一扫这个码，获得该地址房屋的基础信息。通过"智慧门牌"，还可以链接到政务发布、政务办理。相关部门也可以通过扫码来实现网格化管理，公安部门的人口管理等。实现数据共享和多元应用，提升公共服务和社会治理成效。

新冠疫情，对全球执政体系进行了一次公共大考。人口众多，号称是最大"民主"国家的印度，在这次抗疫"战争"中几乎整体崩溃。而同样众多人口的中国，却取得了新冠疫情"抗战"的胜利，在这场"战争"中，基于扫一扫的杀手应用"健康码"（快速有效区分健康人群与嫌疑人群，不影响经济运行）功不可没。"扫码支付"，不使用现金，阻隔了新冠病毒最容易感染与传播的载体。从此，应用"扫一扫"的重大意义，不仅作为"中国原创方案"，而且也是可以作为"解决世界难题"的一个重要选项。

▎物格门牌：数字地球的地址身份证号码

码链，是否能够通过"以人为本"的东方文明传承，而超越互联网和区块链，尚需要时间来检验。但通过把"扫一扫"专利应用与北斗底层数据打通而形成的"物格"，则越来越清晰显露出其强大的生命力。

物格门牌，是"物格"理念的具体应用，是在数字化的基础建设中，基于扫一扫专利组合技术架构的"物格新经济"数字生态体系中，创设的基于数字地球的地址身份证号码。"物格门牌"作为可以记录四维世界的数字化行为，与"智慧门牌"只是三维世界的标识，是两种性质完全不同的地址"身份证"。

基于扫一扫专利组合技术架构的"物格新经济"数字生态体系，创新了一个包含时间、地点、人物＋前因后果等5W元素的"二维码"为单位的信息维度。在这个维度上建立了一个真实世界与数字世界一一对应的多个平行世界。在这个数字化的平行世界里，人的行为表现为数字化的行为方式（即"数字人"）。这个数字化的平行世界不同于基于 IP 的虚拟世界网络空间，它搭建了一个以人为基础的去中心化（或者说泛中心化）的数字经济新生态体系，即物格新经济体系。在这个新生态体系中，核心的元素是"物格"。

"物格"是"三维世界物理空间"的数字网格化，数字化记录人类在真实世界的行为，并形成映射，从而构建数字人的"四维世界"。

"物格"以真实存在的物理时间和空间、有价值的土地为锚定物，成为人类行为可以"追根溯源"的"根"。"物格"通过"数字人"扫码链接来标识人类的数字化行为，与数字人的 5W（时间、地点、人物 + 前因后果）行为相匹配，具有地理位置唯一对应标识的物理空间网格。用物格来记录"人类的数字化行为"，可以让每一个人，每一块土地，都成为物联网的接入点。而非依托互联网的虚拟 IP，更不靠"区块链"的"算力算法"。

人，在土地上劳动，创造价值，也就创造了人类社会本身；而数字人，在数字土地（物格）上，通过数字化的劳动（扫码链接）而创造的数字化的价值，就构建了"数字经济""数字社会"本身。

在物格新经济体系中，地球的土地就是"数字地球"的物格，劳动者就是数字人，扫码链接、传播分享等就是数字化劳动。

物格门牌基于地理位置的属性特征，让物格与现实世界一一映射，作为"交易场所"，真实记录人类社会的商业交易，如扫码购物、扫码点餐、扫码开锁、扫码支付等。

而通过"物格"作为各个接入节点的分布式网络的"物格价值链"平台，让物格门牌的每一个接入口，每一次接入都能成为数据的源头，更可以共享和同步数据，由于其数据存储可以是分布式的，没有把所有的数据储存在同一个中心位置，因此不能在其中的一个点上改变什么。这就意味着要同时访问所有的接入口，才能破解这个网络。每个人都以自己为中心实现接入，从而实现了物联网接入的泛中心化。

物格门牌：数字经济的生产资料

物格门牌是数字地球的网格化地址"身份证"，作为数字地球接入的入口。不仅具备 NFT 的非同质化通证的稀缺性属性，更可以作为数字经济的生产资料，通过数字人的数字化劳动，多劳多得，按劳分配的智能合约，给物格门牌的拥有者带来源源不断的收益。

物格门牌将物格范围内三维世界里的实体商户，通过"物格软件"方式，映射到四维世界里呈现出相应的场景。每个物格的价值，是通过"扫码链接，数字人行为"，如通过看广告、扫码购物、扫码支付、扫码共享等多种模式创造的。拥有物格门牌的主人，可以通过贴码，获得类似比特币挖矿而得的稀缺性价值。"物格门牌"作为数字资产，不仅具备稀缺性（地段稀缺，土地有限），而且由于绑定智能合约还天然自带收益，在更高维度超越了比特币、以太坊等纯粹的虚拟数字资产。

物格门牌基于地理位置的属性特征，让物格与现实世界一一映射，实现了科技为实体经济服务，而非基于虚拟 IP 构建的互联网，脱离实体经济。

按照物格门牌目前全国代理体系布局（覆盖 300 个城市，3000 个区县），则是新一轮"分田地，均贫富"的真实写照。

物格门牌通过"物格社交软件"，把真实世界"门店"的真实地理位置标识映射到"物格软件"里，而非可以造假的虚拟 IP 地址。在真实世界与数字世界之间形成了不可造假的一一映射，完成了互联网基于 IP 虚拟世界所不可能完成的防伪溯源真实交互场景。由此依托线下实际门牌（门店）的消费场景及扫码支付的金额，形成真实的 CCC 通证（中国消费指数通证 China Consumption Certification）。秉承着"按劳分配，多劳多得"的原则来创造构建全社会的价值体系，彻底摒弃了互联网中心化垄断，流量为王的模式。

物格门牌呈现可全民参与并受益的场景，通过数字资产交易实现价值交换的形式来为人类服务，属于数字经济的新基础建设。而已经推出的基于"物格门牌"拍卖交易的模式，或将开启覆盖全中国、席卷全世界的NFT数字资产的新篇章。

二、北斗卫星标识数字土地

物格，是基于北斗卫星遥感数据定位，将地球表面划分出一个个连续的物理空间方格（10米x10米=100平方米/格）。这一数字化的物理空间方格对应5W元素中的地点，即人类行为的发生地，可以实时记录到行为发生地人类活动的所有数据信息。通过扫码链接将物格接入码链体系，使得物格成为在四维世界中可识别、可追踪，唯一标定的地理位置。这既不是机器世界的数字孪生，更不是互联网虚拟世界的IP地址，而是三维世界行为发生地映射到四维世界的真实数字表达，是"以人为本"的具体呈现。通过这些物格门牌进入数字地球，就能够查看这些网格和它们所对应提供的服务列表，也可以通过这些网格发布对网格周边提供力所能及相关服务的服务列表。

信息化对经济发展和社会带来了深刻的影响，在许多发达国家中，信息产业已成为国民经济的第一大产业。基于高科技产业的市值在不断飙升。美国市值最大的十家公司中，高科技信息企业碾压传统企业，独霸排行榜，市值最高的苹果公司接近两万亿美元。全球股市市值有史以来第一次超100万亿美元，超过了80万亿美元的世界GDP总额。

数字经济呼唤突破性的信息技术

信息技术的数字革命，使数字经济成了基于人类智力联网的新经济。数字经济也称智能经济，是工业 4.0 或后工业经济的本质特征，是信息经济—知识经济—智慧经济的核心要素。

数字经济也是一个信息和商务活动都数字化的全新的社会政治和经济系统。在这个系统中，数字技术的使用将带来整个经济环境和经济活动的根本变化。

数字经济的基础在于信息化。信息化是由计算机与互联网等生产工具的革命所引起的工业经济转向信息经济的一种社会经济过程。具体说来，信息化包括信息技术的产业化、传统产业的信息化、基础设施的信息化、生活方式的信息化等内容。

信息的生产和应用是信息化的关键。信息生产要求发展一系列高新信息技术及产业，既涉及微电子产品、通信器材和设施、计算机软硬件、网络设备制造等领域，也涉及信息和数据的采集、处理、存储等领域。

在数字经济时代，网络和信息技术是一种工具，且是能够提高一切领域工作效率的强有力的工具。信息技术本身的巨大潜力和无穷无尽的机会，为发展中国家数字经济的发展开辟了广阔道路。发展中国家可以把研究与开发的重点转向有原创性、突破性的技术上。中国作为最大的发展中国家，一方面可以充分利用发达国家的工业化成就，包括技术上的成就和制度上的成就，缩短工业化进程，加速经济发展。另一方面还可以将工业化与信息化结合起来，以信息化和高科技促进工业化发展，彻底改造传统产业，重塑我国比较优势与竞争优势。

创新和应用具有自己完全自主知识产权的信息技术，可以建立新的数字经济生态体系，在全社会范围内降低生产成本和交易成本，加速培育新的市场关系，逐步形成强大的物流、资金流和信息流，推动具有新时代中国特色社会主义市场经济更加繁荣。

那么，技术是否是中性的呢？某一项技术的发明，究竟是善还是恶？新时代究竟需要怎样的指导思想？怎样的哲学思考？才能发明创造出相应的技术呢？

现有的互联网技术，不仅没有消除信息鸿沟，反而形成了垄断，造成更大的贫富差距，使得不公平不公正进一步加剧。尤其是以"去中心化"为口号的区块链的成功应用。如比特币，不仅是其中心化控制权掌握在几大"帮派"手中，如矿机派、交易所派，纽约代码技术派。而这些技术派一言不合就另立门户，比特币现金就这样被"创生"出来。何来公平公正可言？尤为甚者，在比特币的世界里，基尼系数达到惊人的90%，即1%的用户拥有整个体系财富的90%，创造出了人类历史最短时间形成财富集聚的"奇迹"。这种"加速财富垄断，剥削一般民众"的技术，真的是人类文明发展所需要的吗？

创新的码链新技术

秉承"以人为本，道法自然，天人合一，世界大同"五千年中华文明的东方哲学思想创立的码链思想、理论，发明的专利技术，就是深度融合东方哲学思想与现代科学技术的新思想、新理论和新技术。其发明的"扫码链接""光取代电成为链接"接入互通互联一体化世界的码链技术，作为数字经济的工具，就是缩短数字鸿沟和贫富差距，提高生产力水平的强有力手段。采用这样的突破性技术，经济和产业格局就有可能出现重大改观，就有可能带动一国经济走向兴旺发达，甚至会萌生出一场新的产业革命。

在基于"数字人"概念与"扫一扫专利池"创新的码链技术体系中，码链技术模型强调人与人、人与物的链接。人与万物直接相连从而完整融合线上、线下。在码的世界里，以码来标识人类的每一次数字化的社会行为，以码链来接入网络，不仅可以记录人类行为的每一次交互，从而使得好的商业服务传播效率更高效、安全、可靠。而通过"统一发码中心"来管理所有的码，从源头到使用到记录的全过程，就可以对所有的数字人的社会化行为，实现"事前控制，事中监督，事后监管"的有序管理。

在码的世界里（包括但不限于条形码、二维码、三维码、多维码、隐形二维码等），用"码"的唯一性、安全性、不可篡改性以及庞大的数量和时间戳，来取代 IP 地址，成为"联网接入"的底层识别。这一"以人为本"赋予人类在数字的四维世界里"数字人"的身份标识，并且可溯源、可追踪又能够保护三维世界的个人隐私的技术，是未来搭建数字经济，数字世界的基础。

在码链构建的数字世界里，码（二维码）代表着用户（或商品）的身份信息所有权及对外服务邀约的表达。可以通过扫码链接这个简单动作，融合5W元素，零门槛让消费者在一个二维码中植入自己的数字人DNA后，生成新的码并存储记录在码链的网络中，这样就能够最大限度地保证信息的真实性。基于这个二维码"数字人"网络身份体系，码链体系为每一个数字人搭建起去中心化的、以每个人为中心的网络，属于自己的价值传递网络。这个可以传递价值的社交网络就是价值链。

未来的经济将是物格的新经济

在现实的三维世界中，"土地"作为最重要的生产资料，是经济建设的最重要的元素之一。

"物格"就是数字土地，也就是数字人，在物格数字土地这个生产资料上通过扫码链接，可以创造数字经济价值的数字化劳动。

在应对人类历史上罕见的这次新冠疫情对经济的打击中，曾一度倡导发展的"地摊经济"（实体经济），本意是为了拉动内需和增加就业，但却中途停摆。究其原因，就是因为三维世界的土地这个最重要的"生产资料"，已经被过度开发的房地产业等瓜分殆尽。人们失去了土地这个最重要的"生产资料"，失去了在土地上劳动创造价值的机会。日前新闻报道一上海奶茶店年轻漂亮的店主，无论如何辛勤经营仍不堪"房租"的重负，签约了互联网直播，却因不断被逼迫放大不雅尺度，触犯法律而被惩处。这里的"房租"，也就是"三维世界"最大的生产资料"土地"所产生的"收益"。当前，虚高的"房租"已经剥夺了无数人"劳动创造价值"的机会。

物格在码链体系中，是由"物格数字地球"及"物格数字地产"两部分构成。物格数字地球是基于 2 米卫星遥感数据定位，在数据地球表面划分出 10 米×10 米 =100 平米一个个连续的物理空间方格。这一个个可标识记录数字人行为的连续的物格所构建的"数字地球"，称为"物格数字地球"，是构建四维世界数字经济的基础。

物格数字地产，是将"扫一扫"专利权益与智慧码链产业码软件云平台的智能合约相融合，授权到每一个物理空间方格中，使得三维世界 5W（时间、地点、人物、前因、后果）通过扫码链接接入四维世界的码链数字经济生态体系里，从而实现四维世界的数字土地、数字地产、数字商圈、数字人等，与三维世界一一对应，采用扫码链接接入码链体系，人们就可在码链数字经济生态体系中通过扫码链接物格数字地产创造价值，最终实现物联网时代数字经济的新基础建设。

目前，"物格数字地产"的数字证书，来源于中国航天科技集团中国四维测绘技术有限公司的北斗卫星遥感数据定位的认证，由其与码链相关机构签署协议并予以提供。通过北斗卫星遥感数据对"物格数字地产证书"的确认，码链体系对"物格商圈开发商"所拥有的资产与权益予以确认，拥有可量化价值的资产锚定物——即物格数字地产的所有权，开发权，销售权。

未来的世界将是码链的新大陆

码链思想与东方文明"以人为本，道法自然"的理念一致。强调"人"

是人类社会的核心，所有的接入、连接、传播都要以人为中心即以人为本，而非以机器为本，以算法为王。

发码行基于扫一扫专利体系授权与码链数字经济生态体系智能合约融合的全球首创"物格数字地产"模式，已于 2020 年 12 月授权安码通公司在全国码链数字经济商学院体系中正式推广。"物格数字地产"，把三维世界的经度纬度所代表的地理位置及物格与数字人的行为相融合，通过扫码链接与产业码的智能合约，使得物格可以从扫码支付、扫码购物、开卡漫游等行为当中获得交易提成，相当于是一种"数字时代的商业地产的地租"。

码链思想的"数字人理论"，第一次把"人与自然以及人与人的社会关系"做了清晰描述，不仅阐述生产环节的剩余价值，还包含流通传播环节的剩余价值；不仅是物质世界的"物物等价交换的货币"，还包含"社会信用指数"的现实意义，从理论到实践诠释社会主义的"信仰与价值"。

信息技术在经济领域的应用主要表现在用信息技术改造和提升农业、工业、服务业等传统产业上。码链数字经济的核心，是通过将一切商业元素数字化、信息化的方式（从思维到技术，再到应用全部数字化），改变原有社会生产方式、商业模式和经济生态。让数字生产力和传统的生产关系形成和谐共存的"关系"，进而整体提升经济活动对人类社会的综合价值。

由此可见，在实现数字化转型中，全社会都须清晰地意识数字化转型将带来的潜在价值，将资源投入数字化转型之中，才有可能在数字经济时代获得超级红利。

三、数字人行为标定的数字资产

可以将数字人行为概括为点、线、面，即：扫码行为、传播行为和交易行为，但这些行为中必然匹配基于真实地理位置的物格进行标定，由于每个物格都承载了人类的劳动，所以物格也承载了人们所创造的价值。

2100 万个门牌并非刻意人为定义，而是遍布在全国 300 个城市的线下
交易集中的场所门店。线下的门店是扫码支付消费交易的集散地，那么
以此为"行为记录"，就是以 10 多亿人的每天发生的扫码交易行为为锚
定物，那就可构建全球最大的公链"物格链"，来标定全球的数字资产。

数字资产（Digital assets）是信息化时代企业或个人拥有或控制的、以
电子数据形式存在的、在日常活动中持有可出售或处于生产过程中的非货
币性资产。

数字经济时代，能够记录"人类在土地上劳动创造价值"的载体，就
应该成为最基础的数字经济资产。物格门牌，就是通过把"扫一扫"专利
技术与北斗底层数据打通而构建成的"数字地球"的一个个组成部分。由
于其可以记录"人类数字化劳动"，因而可以成为数字经济最基础的资产。

▌ 比特币、以太坊这些数字资产

数字资产作为企业的研究开发成果，是企业的知识产权。是能被拥有
和控制的。对于专门从事数字资产开发的企业，其产品被称为自创的数字
资产。与无形资产大体相同，没有实物形态，但能给企业和个人带来预期
收益。无形资产，通常是一些专利、特权、商誉等，企业持有它意味着有
更好的技术，有特殊的权力，得到更多顾客的信任，有更强的市场竞争能
力。无形资产的占有具有排他性，一旦销售，原开发方就失去了所有权。
但数字资产开发者销售的数字资产产品却并不意味着失去它的所有权，相
反地，只要这种产品不断自我更新，不被市场淘汰，企业出售数字资产产
品只是出售了使用权，所有权仍然属于企业。

目前，人们熟知的世界上已有的数字资产形态的产品是比特币和以太
币等数字货币。2008 年全球金融危机爆发，2009 年 1 月 3 日，诞生了比特
币创世区块。旧比特币由计算机生成的一串串复杂代码组成，新比特币通

过预设的程序制造。比特币是一种 P2P 形式的虚拟加密数字货币。依据特定算法，通过大量的计算产生。

在区块链的世界里，"矿"就是指比特币；"挖矿"则是指在区块链的"区块链网络"上挖比特币的行为。"矿工"是指运用挖矿设备（一种可以用于计算的计算机设备），参与"挖"比特币的人。"挖矿"就是利用芯片进行一个与随机数相关的计算，得出答案后以此换取一个虚拟币。

比特币开创了去中心化密码货币的先河，五年多的时间充分检验了区块链技术的可行性和安全性。比特币的区块链事实上是一套分布式的数据库，如果再在其中加进一个符号——比特币，并规定一套协议使得这个符号可以在数据库上安全地转移，并且无须信任第三方，这些特征的组合完美地构造了一个货币传输体系——比特币网络。

然而比特币并不完美，其中协议的扩展性一项就充分表现这种"不完美"，例如比特币网络里只有一种符号——比特币，用户无法自定义另外的符号，这些符号可以是代表公司的股票，或者是债务凭证等，这就损失了一些功能。另外，比特币协议里使用了一套基于堆栈的脚本语言，这语言虽然具有一定灵活性，使得像多重签名这样的功能得以实现，然而却不足以构建更高级的应用，例如去中心化交易所等。以太坊从设计上就是为了解决比特币扩展性不足的问题而引人注目的。但无论比特币还是以太坊等这样的数字资产产品，都不是全民可参与并受益的数字资产产品。

全民可参与受益的物格数字资产

物格门牌，这款全球首创的数字资产产品，其锁定的基于扫一扫与北斗卫星数据的融合，具有"全球唯一性、行为可识别、场所可定位、交互可溯源"的特征，天然具备 NFT 属性，NFT 的全称是 Non-Fungible Token，被解释为非同质化通证。NFT 被认为是独一无二的数字产品，区别于可以等价交换的通证，如比特币、以太坊等。为此，这一产品被认为是下一个

"比特币"级别的世纪机遇。

　　NFT 也被理解为数字证书的载体。NFT 的对象不限于艺术作品，还包括虚拟宠物、明星卡片、游戏装备、唱片等。而基于地理位置的独一无二的"物格门牌"，就具备了 NFT 的基本属性。相对比艺术品只有欣赏价值以外，它还可以作为数字经济的生产资料，通过多劳多得，按劳分配的智能合约，给持有者带来源源不断的收益。

　　基于地理位置的属性特征，让物格与现实世界一一映射。而物格价值链平台使用的分布式网络，让持有这一数字化产品的每一个接入口都共享和同步数据。

四、物格门牌具有多重价值属性

　　既然物格是人类劳动的载体，所以物格的价值判定也就是人类在土地上劳动形成的价值。目前，人们对物格门牌价值的认知主要还是以授权维权为主，原因是当前绝大多数的数字土地和物格门牌尚无人经营。但我们相信，一旦城市管理节点开始对数字地产进行规划，其价值必然水涨船高，值得期待。后续也将对这些门牌进行贴码经营，为其赋予更高的价值。值得一提的是，数字地产的出现也将为地方政府提供一个额外的开源渠道，惠及当地百姓。

　　数字经济是继农业经济、工业经济之后以信息技术为基础的全新经济社会形态。随着信息技术革命的兴起，新的数字技术、数字理念、数字观念、数字模式已全面融入了经济、政治、文化、社会、生态建设中。数字社会作为一种新的经济社会发展形态，将在新的生产要素、新的基础设施、新的经济形态等方面对人类的发展带来革命性的转变。

　　在中国，十亿多民众对"扫一扫"使用已习以为常，据曾经的蚂蚁金服上市研报披露，"2019 年支付宝基于扫码支付为主处理的金额已达到 119 万亿元"。

这些都告诉大家，一个基于"扫码链接"创造数字社会价值的新时代已经到来了。千百年来人们所习以为常的物理世界将逐渐转换为数字世界，人类也将由此迈进数字文明时代。

数字社会是人类社会在四维世界的映射，数字社会在利用网络技术、数字技术和人工智能技术来大幅提高工作效率和效能的同时，更为人们带来了全民均可参与共享的时代机遇。

数字社会需要构筑围绕数据的感知、传输、存储、计算、处理和安全，形成支撑经济社会数字化发展的新型基础设施体系。数字社会时代衍生了技术性基础设施、制度性基础设施和安全性基础设施。物格新经济体系中的"物格门牌"，就是这类基础性资产。

物格门牌在四维的物格数字地球上，呈现三维世界的土地及其附着其上的房地产物业等物理空间，通过"数字人"的扫码链接在四维世界里标识。鉴于其锁定的是基于"扫一扫"与北斗卫星数据相融合的地球物理空间，因此，在数字社会里，物格门牌就是锚定土地的数字经济生产资料，劳动力就是数字人，"扫一扫"就是劳动工具，数字人通过扫码传播分享等数字化劳动，创造出数字劳动的价值，通过智能合约，带来按劳分配、多劳多得的收益。

在物格新经济生态中，劳动生产的各要素，通过扫码链接而链接起来，所有链接的人与人、人与物、物与物的关系，不是单一节点，而是有利于另一个节点以至若干个节点和所有节点。而所有节点或者任意节点一定与另一个节点相关，共同成为有用的关联，然后产生价值关系、利益关系。所有节点都由大数据、人工智能、云计算等数字技术精准地组织到一起，有进有出，共生共创。利益的传导机制和传导手段以及利益分配方式，完全颠覆了工业经济的资本支撑时代。

　　由此可见，谁拥有了数字社会的物格门牌，就相当于拥有了如同在三维物理空间的房地产物业一样的置业资产。三维物理空间的房地产具备的金融投资属性，决定了房地产的长期上涨。上涨的根源在于土地和地理位置的稀缺性，及人们活动所需要的所属空间的刚需性。在上海，一套150平方米的房子售价可达到1500万元，让人望尘莫及。在四维世界数字地球的物格门牌，锚定的就是三维世界的土地，同样具备土地和地理位置的稀缺性。我国现在有十亿民众已习惯了"扫一扫"的扫码行为，通过扫码分享创造价值，也是刚需。而在售只有数万元价格的物格门牌这一数字资产产品，即使通过拍卖市场拍卖，其价格也将远低于现实中的房地产。因此，"物格门牌"这一数字资产产品，作为替代三维世界房地产投资的数字资产产品，由于标的物的价格差，其在数字经济中的投资价值，必将超越在现实世界中的房地产资产。

　　物格门牌呈现的可全民参与的场景，也为当前在城市中"躺平"的年轻人，提供了在数字社会新的奋斗思路和路径。他们可以通过免费获得四商（生产商、交易商、消费商、服务商）中"交易商"的贴码，成为"一体四商"利益共同体的一员，在这个"我为人人，人人为我"的利益共同体中，激发出团队意识，树立起利益共同体的观念，迸发出奋斗的活力，和更多的人在数字社会中分享数字经济的红利。

五、物格门牌是高价值 NFT 数字资产

　　由于数字人的扫码、传播和交易行为都发生在相对应的物格中，如果有人在物格中投放如共享充电宝等扫码付费使用的相关收益商品，那么它则应该为所投放的物格付费。相较于比特币以共识和稀缺性获得的价值，可受益的物格门牌除了稀缺性外，也为这些网格带了更高的内在价值。以共享充电宝为例，目前共享充电宝在美团和大众点评的2100

万个线下门店（门牌）的覆盖率达到了 50% 左右，初步估计其布点数量已经超过千万，并且还在不断增加。如果此类共享商品的收益，按比例交付相关授权（维权）费用，则将为物格带来极大的收益，物格门牌的价格也必然随着其收益能力的增强而上涨。除共享充电宝外，共享按摩椅、共享单车甚至扫码支付都可能为物格门牌的持有者带来收益。若将含有自身 DNA 的二维码在对应的物格中进行投放，就会产生流量以及购物行为，作为 3000 产业码的线下入口，通过该二维码进入产生的一切消费与投放人相关联，由此创造了一套数字时代中人类社会的全新价值体系，即行为创造价值。

NFT 是一个出现在 2018 年的区块链名称，其英文全称为 Non-Fungible Token，翻译成中文就是非同质化通证。具有不可分割、不可替代、独一无二等特点。常见的 Token（如 BTC 比特币，ETH 以太坊等）都是同质化的，每个 BTC 之间没有任何区别，可以互换和分割。而 NFT 的重要特征在于：每一个 NFT 拥有独特且唯一的标识，两者不可互换，最小单位是 1 且不可分割。

NFT 与比特币、以太坊不同之处也是在这里，每颗 NFT 都有它的独立价值，而每颗比特币或以太币的价值相等。也就是通常所说的"全世界没有两片一模一样的树叶"。

▌NFT 的特征和标准

NFT 的特征

一、标准化。NFT 具有一些标准化功能，包括所有权、转让等。所有非同质化代币都有这些功能。任何开发人员都可以利用该功能来构建自己的 NFT；

二、通用性。NFT 是通用的，也就是说，任何想要使用 NFT 的应用都可以使用它。因为区块链是公开可访问的，而且每个人都可以阅读部署 NFT 的智能合约；

三、流动性。与加密资产相关的流动性市场非常庞大，人们可以根据自己的需求轻松地将它们换成现金或其他加密货币。因此，NFT 具有很高的流动性；

四、不变性。区块链因不变性而闻名。NFT 是通过智能合约实现的。这使得 NFT 不可变，即用户无法将其 NFT 更改为其他 NFT。NFT 的所有权将永久记录在区块链中，除非用户决定将其转让给其他用户；

五、可编程。NFT 是通过智能合约实现的。NFT 代币可被增强并包含其他复杂功能。

NFT 的标准有 ERC721。ERC721——最初由 CryptoKitties 创造，是代表非同质化数字资产的第一个标准。ERC721 是可继承的 Solidity 智能合约标准。人们可以轻松地从 OpenZeppelin 库中继承，并将其用于编程基于 NFT 的项目。ERC1155——最早由 Enjin 提出。它使人们能够实现半同质化的代币。ERC1155 允许拥有独特资产种类，而非拥有独特资产，这些资产与 ID 相连接。

例如，一个 ID 可以有 20 个名为"Swords"的资产，而另一个 ID 可以有 30 个名为"Guns"的资产。元数据——用于定义单个代币的唯一特征。以加密猫为例，每只加密猫都有不同的颜色、形状、名称等。元数据通常以 JSON 形式表现。链上——在这种情况下，每个 NFT 都与各自的元数据链接，并存储在区块链中。最大的缺点是以太坊中的存储空间有限。链下——在这种情况下，元数据存储在中心化系统（如 AWS）或去中心化网络（如 IPFS）中，并通过智能合约中的 tokenURI 参数链接到它们各自的 NFT。

NFT 的应用场景

NFT 也被理解为数字证书的载体。NFT 的对象不限于艺术作品，还包括虚拟宠物、明星卡片、游戏装备、唱片等。NFT 的应用场景很多。

游戏：用作游戏中的宠物，武器道具，服装和其他的物品。2018 年红极一时的加密猫，用的就是 NFT 技术，他们给每个猫进行特殊的标记编号，让它成为独一无二的猫。

知识产权：NFT 可以代表一幅画、一首歌、一项专利、一段影片、一张照片，或者其他的知识产权。在这个领域，NFT 起到的是专利局的作用。帮助每一个独一无二的东西进行版权登记，帮助其识别专利。

实体资产：房屋等不动产等其他的实物资产，可以用 NFT 来表示进行代币化。可以用作资产的流通等金融市场。

记录和身份证明：NFT 也可以用来验证身份和出生证明、驾照、学历证书等方面。这些可以用数字形式进行安全保存，而防止被滥用或篡改。

金融文件：发票，订单，保险，账单等。可以转变为 NFT，进行交易。

票务：演唱会门票、电影票、话剧票等，都可以用 NFT 来标记。所有的票都一样，但是座位号不同。

这些应用场景，为三维世界的实体资产和四维世界的数字资产提供了广泛的应用场景可能性。根据虚拟土地投资者 Matty 的说法，NFT 有能力颠覆 25 个行业。

NFT 的另一个应用是搭建虚拟世界。现在流行的几个去中心化虚拟现实平台有 Decentraland、The Sandbox 和 Cryptovoxels，这些平台允许用户创建、拥有和货币化虚拟土地及其他游戏中的 NFT 装备。其中，Decentraland 里的土地所有权永久归于社区，以保证玩家完全控制自己的创意和虚拟资产。

虚拟世界中的资产提供了与其价值相一致的多样化选择和灵活性，为此有人感慨：未来的孩子也许出不了天才，但他们肯定能拥有大量的数字资产。

NFT 的唯一性和稀缺性使得它非常适合在区块链中标记资产的所有

权，真正实现虚拟世界数字资产和现实资产的连接。

未来 NFT 的流动性会越来越高，更多的实物资产会上链，会更趋于金融化发展。

物格门牌：NFT 的杀手级应用场景

物格门牌，这款全球首创的数字资产产品，其锁定的是"基于扫一扫与北斗卫星数据的融合产物"，天然具备 NFT 属性。

基于地理位置的属性特征，让物格与现实世界一一映射，实现科技为实体经济服务，而非基于虚拟 IP 构建的互联网，脱离实体经济。而物格价值链平台使用的分布式网络，让持有这一数字化产品的每一个接入口都共享和同步数据。

在物格新经济体系中，土地就是物格，劳动力就是数字人，扫码传播分享就是数字化劳动。

物格门牌目前已经实现了在物格社交应用里呈现，未来将会在物格数字地球上呈现。如已经面市热销的实体商户门牌，可在发码行倡导的中国消费指数通证 CCC 联盟内提供的物格软件应用里，将三维世界里的实体商户通过互联网、物联网、动画等技术手段映射到四维世界里，呈现出相应的场景。

对标通过算法确定，算力挖矿而得的 2100 万枚的比特币，其价值是"耗电量"的堆积；而同样有 2100 万个的物格门牌（即线下实体门店的总和），每个物格的价值，是通过"扫码链接，数字人行为"所创造的，可以通过看广告、扫码购物、扫码支付、扫码共享等多种模式创造，物格门牌主人通过贴码，即可获得类似比特币挖矿而得的稀缺性价值。从而使得"物格门牌"作为数字资产，不仅具备稀缺性（地段稀缺，土地有限），而且由于绑定智能合约还天然自带收益，这样就在更高维度可以超越比特币，以太坊等纯粹的虚拟数字资产。

物格门牌通过"物格社交软件"，把真实世界"门店"的真实地理位置标识映射到"物格软件"里，而非可以造假的虚拟 IP 地址。在真实世界与数字世界之间形成了不可造假的一一映射，完成了互联网的基于 IP 虚拟世界所不可能完成的防伪溯源真实交互的场景。由此依托线下 2100 万个真实门牌（门店）的消费场景及扫码支付的金额，形成真实的 CCC 通证（中国消费指数通证 China Consumption Certification）。秉承着"按劳分配，多劳多得"的原则来创造构建全社会的价值体系，彻底摒弃了互联网中心化垄断，流量为王的模式。

基于地理位置独一无二的"物格门牌"，作为数字经济的生产资料，通过多劳多得，按劳分配的智能合约，将给持有者带来源源不断的收益。

物格门牌呈现的可全民参与并受益的场景，及其通过数字资产交易价值交换的形式来为人类服务的技术，必将成为数字经济时代的新基础建设。

近期，"物格门牌"已由码链新大陆（纳斯达克上市公司 CCNC）收购的四川物格网络游戏有限公司，通过全国 300 个城市，3000 个区县组成的代理体系，开始全国同步发售。随着"扫一扫"专利技术的普及，尤其是"扫一扫"高价值（组合）专利维权在 2021 年国家加强知识产权保护的大背景下，以物格门牌为代表的数字资产，可实现全民在数字时代享数字发展红利的"物格门牌"数字产品，因其独具的数字资产属性，正成为数字市场热销的数字资产产品。

此外，已经获得四川省商务厅授权的成都"码上拍"拍卖公司于 2021 年 7 月 28 日在成都举办了全国首场物格门牌的专场拍卖会。参拍的物格门牌悉数以翻倍的竞拍价成交。

六、码链物格的核心驱动与表现形式

如果传统的中心化电商平台是以唯一的网络连接作为入口，那么物格则是一物格一入口，通过扫码进入的多中心化入口进入统一商城。物格的服务器节点是以区域进行划分，在某一区域发生的所有数据归当地政府、物格管理中心和当地百姓所有。如果将物格比作区块，那么整个物格网络就是区块链。区别在于，它比拼的并非算法，而是基于人的行为（劳动）。当物格与物格相连，则数据可以互通共享。而数据使用必须获得授权，换言之，数据的创造者也是数据的受益者。

无论是码链或是物格其本质都是发现"人"的价值，是共赢。如果要用两个字来概括互联网思维，那一定是："共赢"。

协作共赢是人类在自然界崛起最根本的原因。法国哲学家帕斯卡曾对此形象地阐释说：人只不过是一根芦苇，是自然界最脆弱的东西。之所以人类能打败各种比人类强大得多的野兽，最终在自然界崛起主宰地球，很大程度靠的就是人与人之间形成了集体，一块协作共赢。

最开始人类的协作靠的是语言文字，之后有了造纸术、印刷术，效率就更高了。再到后来的股份制、互联网的生态，都是在帮助人类实现协作共赢。曾经很长一段时间里，股份制是个很先进的机制，能把大家团结到同一条船上合作共赢。

股份制出现在 500 年前西班牙人、葡萄牙人、英国人扬帆出海去冒险的大航海时代。出海冒险需要资金，而单个的人没那么多钱，只好大家一块凑，于是就催生出了股份制，每次出海探险回来，按照股份来分配利润，这在当时的那个时代，是很先进的机制。

但现代社会自大航海时代又向前发展了五百年了，人类社会已经历过第二次工业革命，经历过无数次变局。如一味固守套用大航海时代的股份制，那就是刻舟求剑了。

大航海时代人们扬帆出海别无所求，就为了获取利润。但现在的企业组织，已不完全是只把利润作为唯一标尺的。如为国家保土守疆服务的军工企业，探索宇宙星辰大海的航天企业等，在利润的标尺下就没法和茅台这样的白酒企业比较，市值也不会比三瓶酒高。

互联网时代的很多互联网企业，为人类社会降低了信息传播成本，大幅提高了社会效率，其实是很有社会价值的。但资本逐利的天性，让很多互联网企业还是走上了不择手段让羊毛出到猪身上，让狗买单的歧路。

所有这些问题，归根到底就是股份制下只追求利润，企业只对股东赚取利润负责，市场把利润作为评估企业的唯一标尺，从而造成的畸形价值追寻的状态。现代企业是个庞大的体系。好的机制，应该可以把各方面力量都调动起来。但现实中，几乎所有的企业的股东，都在焦虑该怎么做大利润。而处于经济活动中的其他角色，如客户，拿的是公司的产品，产品好用就行，和公司股份没关系；又如供应商，拿的是公司的货款，和公司股份也没关系；再如推广渠道，他们只拿返点，和公司股份也没关系；而企业的员工，主要收入来源是工资，不是股份，所以和公司股份也没关系。

在经济活动中，没有共赢关系的机制，一定不是一种好的机制。

▎智能合约代替传统契约

合同，有短期的和长期的，有正式的和非正式的，合同即契约，这两个词在英文里是同一个单词"contract"。狭义地说，所有的商品或劳务交易都是一种契约关系；广义地说，所有商业体系的规则和约定，不管显性的还是隐性的，都是由契约来约定的。

传统的契约，为了保障真实性，需要在纸质的契约文书上签名、盖章、复写，一式几份，由签约者保存。而数字时代基于代码的契约，可以用数字来证明身份，用时间戳来确保内容不会被篡改过，用智能合约来保证约定能自动履行。

这是一个很根本的驱动力，也是商业体系里最重要的东西，契约变了，会引发商业体系一系列的巨大变化。

用通证实现资产广义化

做企业的都熟悉资产负债表，都明晰一个公司的资产里，包括货币现金、存货、应收款、预收款、固定资产，无形资产等。按照传统的财务报表分析理论，资产和对应的资产收益率，决定了公司的利润。

但自从有了 IT 和互联网，人们发现很多过往的理论都不成立了。很多像亚马逊那样的公司，常年不盈利但就是估值非常高，有很多人想要从传统的财务分析理论来自圆其说，不看 PE、PB 而改看现金流、EBITDA 等。也有很多互联网企业，开始运行时不仅没利润，连收入也没有，财务报表完全没法看，但估值却很高。

譬如，以前学物理时曾接触过"暗物质"的假说。但其实暗物质是没法直接探测到的。最终人类在天文观测中发现，宇宙中存在着大量没法解释，违反牛顿万有引力的物理现象。直到有人提出来，宇宙中存在大量的暗物质，才豁然开朗。

IT 和互联网的世界里就有很多暗物质。

比如你有很多用户，或者你有海量的数据，或者你有很优秀的技术人员和产品经理，或者你有很多很好的创意和想法。这些对企业来说都是巨大的价值，但在传统的财务报表上却没法体现。

但有了基于码链的物格经济生态，一切都可以用通证固化下来。通证把这些，终于第一次显性地做出了表达。也只有将那些隐性的资产显性地表达出来，才能更有利于把资产的价值发挥出来，对价值进行评估，以及可能的价值交换。

实现所有者、生产者、使用者的统一

以餐厅为例，传统商业的规则是，一个餐厅的消费者就只是顾客，哪怕你天天去这个餐厅用餐，餐厅也不是你的，最多成为 VIP 客户。餐厅的菜该怎么做，餐厅里的花该怎么摆，都轮不到你做主，因为你连餐厅的员工都不是。

有企业家提出过这样的经营理念，叫用户第一，员工第二，股东第三。这话很有道理，知道把用户和员工放到股东之上。实际上能这么坚持的企业家是很少的，企业管理层的职责就是向股东负责。能在融资时把 10% 的股份拿出来分给早期用户的，也只有极少数企业。

而在物格世界中，不需要做这样的排序。因为你的用户既是你的员工，也是所有者，大家到了一条船上，这才是一种共赢的机制。

▍细化权责划分的颗粒度

著名经济学家科斯有一个论断：权责界定越明晰，经济就越容易达到帕累托最优。作为一个非经济学专业的人，看到这样的话一开始是不理解的。这还不简单，把合同写得详细一点，各种条款都写得尽可能清楚不就好了吗。而事实上，在传统世界里是做不到的。有一个概念叫柠檬市场效应，在美国俗语里，柠檬市场就是次品市场。一般而言，除非是卖非常标准化的产品，要不然产品的卖方永远是拥有比买方更多的信息的。比如二手车市场，卖家再怎么说自己的车好，开了一阵后都可能发现存在各种问题，所以卖家说什么买家都不信，就是压低价格。那这么压低价格下卖家只能卖劣质二手车，最后形成恶性循环，劣币驱逐良币。这叫非对称信息学，因此发现人 2001 年获得了诺贝尔经济学奖。

码链物格的生态体系，在很大程度上解决了信息不对称的问题。卖二手车的合同不再是个普通的合同，而是一个智能合约。买家在买车后，无论是发现车哪方面有问题，都可以约定好，哪些是卖家责任，哪些是买家责任，分别对应卖家应该赔多少，然后自动执行。当然这过程需要结合 5G 的物联网，最终消除双方的信息不对称，实现资源配置的优化，这就是权责划分的颗粒度细化效果。

▍ 打破公司组织边界

按照科斯定理，企业的边界即为企业内部的交易成本等于市场的交易成本。之所以企业会存在，就是因为市场行为中存在交易成本。这个交易成本是广义的，所有不诚信或信息不对称产生的代价都以交易成本表示。

所以，市场的行为的交易成本要用企业来管理，在企业管理效率不差的情况下，企业内部交易成本会更低。但是如果有一种好的市场机制，也能把市场行为的交易成本降下来，那很可能就不需要大规模的公司了。

举个例子，2020 年 12 月有个大家都关注的新闻。谷歌宣布由 AI 科学家李飞飞执掌谷歌 AI 中国中心。消息报道后，业界对李飞飞充满期待。可是很少人知道，李飞飞是如何在 AI 界崛起的。其实，她的第一步成功是来自 ImageNet。

人们应该明白，基于深度学习的人工智能，最难的并不是算法本身，而是海量的有标签的数据，来去训练算法。那这些标签怎么来？李飞飞当时下载了近 10 亿张图片，准备给那些图片贴标签。大家可设想一下，这件事情如果找专业的公司来做，会付出什么样的成本，带来什么样的效率？

李飞飞没有找专业公司，而是采用了众包的模式。通过亚马逊的 AMT平台，她雇用了 5 万人来帮她做图片分类。雇佣这些人的成本很低，AMT上有超过一半的人薪水比美国规定的最低薪金标准还要低，因为他们利用的是自己闲暇的碎片时间。

所以，很多时候打破公司的组织边界，有可能成本会很低，效率会更高。

亚马逊的 AMT 平台，就是通过清晰明确的规则，来消除市场的交易成本，取得比外包企业更好的效果。当然，AMT 平台并没有使用码链网络，所以也存在很多问题，比如不同等级的工作者，单位时间的薪酬以及接受任务的机会都不一样，不同国家工作者的待遇也不一样。

亚马逊从来不公开它的规则，这种不透明的运营曾遭到很多人质疑。但如果在码链网络上做这样的事，就可以很好地消除这种不透明性，交易成本就更低，更有利于打破企业的边界。

所以，未来企业这样的形态，可能会逐渐被社会组织所取代。取而代之的一部分是一个一个的自雇人士形成的小作坊，但更多却是通过一种松散耦合的形式来达成大规模的社会协作。

▎削弱渠道价值

当前的商业世界，是渠道为王的。绝大多数情况下，做日用品的挣不到几个钱，都给商场超市打工了；开商场超市的一年也挣不到几个钱，都交房租了。原以为互联网平台可以在一定程度上消灭渠道，结果互联网入口本身却成为控制力更强的渠道；做电商的，都把利润交给电商平台了；做游戏的，流水的大头全都都给互联网渠道了。

这既不公平也不合理。做产品和内容的，冥思苦想出创意，设计产品，加工制造，质量把控，到头来挣不到多少。而渠道商却能坐享其成了。若是长此以往，谁还会好好研发生产产品呢？

在码链和物格经济生态中，生产者第一次可以把产品和内容直接推广出去，由广大消费者来评判。好的内容，消费者就愿意转发，因为他们也可以获得奖励，不再被传统渠道盘剥，也不需要被互联网渠道和流量入口盘剥。好的产品和内容，即使不是头部，也会传播开去，自然价格也会上去。

生产者和用户，第一次坐到了同一条船上。因之渠道商恐怕是要被挤下船了。

当然，并不是说消灭渠道，而是说削弱渠道的价值。在整个商业系统里，渠道肯定是有价值的，只是不应该由渠道来做整个商业世界的主宰。

组织长尾供给

虽然早在 2014—2015 年，共享经济的概念就已经火了。但传统的互联网更多的是一种分享经济，不是共享经济。因为它的供给都是由少数头部商家来提供的。这种情况下，非常悲哀地出现了消费降级。

举个例子，现在不管去全国哪里旅游，风情街卖的都是一样的纪念品，且多是出自义乌的小商品市场。你想买有特色的，对不起没有，义乌是不可能为小众需求者专门定制。再比如互联网上，比比皆是的都是团购、拼单，价格可能是降低了，但卖的都是爆款，符合的是大众审美需求，小众需求者的个性化需求，被互联网抹杀了。

但是在码链构建的数字世界里就不一样了，是有个性化的需求的满足的。比如某人想要一罐有巴西的鹰嘴豆、法国的黑松露等各种食材的八宝粥，可以把需求列出来，付出一定量的货币让别人相信你，以便共同组织生产出这款产品。

或者有些个性化的东西需要专门定做，需要 3D 打印等。在码链中都可以实现。我们可以把这样的供需关系理解为 C2B。C 来组织长尾的 B 的供给，但前提是 C 有足够的信用来证明自己。

改变企业追求垄断的天性

有一部叫《盗梦空间》的电影，讲述了个黑暗的故事，主人妻子费舍陷入梦境不能自拔，最后身亡，主角柯布因之忏悔，也回顾救赎的过程。其实这部电影另外有一条主线，即一个利欲熏心的资本家齐藤，为了打败竞争对手垄断市场，不惜花重金雇专业团队去植入费舍的梦境，就是为了让其放弃其父的企业。

电影里有句台词令人印象深刻。就是他们在讨论如何买通飞机上的空姐空少时，齐藤淡淡地说："不用了，我已经买下了这个航空公司。"齐藤为什么这么随意地砸钱？就是因为这里的利益太大了，这是资本家追求垄断行业后巨大利润的本性。

有人会说，不是有反垄断法吗？但法律的评判是严谨慎重地依法。有些垄断行为为规避法条，会游走在法的边缘实施。几年前腾讯与360的大战，2020年菜鸟和顺丰的数据之争，都有过是否属于垄断的争论，但却没有最终结论。因此最好的反垄断不能单纯依靠法律来判定和惩罚，而应该有一种从根本上消除资本家追求垄断天性的生态。

资本家追求垄断，是因为追求垄断行业后的利润。但在码链和物格新经济体系中，每一条链，每一个生态，都是共赢的。在这个共赢的生态中，没有你死我活。因为每一个节点都会开放入口去做价值的交换。这才是真正共赢的机制。

码链体系设计的一个根本出发点，是围绕供给，从供给出发，一切围绕促进生产力。有人可能会问，为什么不兼顾需求与供给？这样说吧，这是经济学的两个基本概念。回顾经济学研究的历史，1776年，亚当·斯密提出了供给曲线。但直到100年后的1871年，奥地利学派才在心理分析和主观分析的基础上提出了需求曲线。再到1890年，马歇尔发表《经济学原理》，将二者集于大成。之后两者交叉，然后移动，然后博弈论，再到行为经济学。由此可见，需求的研究一直滞后于供给的研究。

这是因为，供给是稀缺的，需求是普众的，所以研究需求的意义不大。就如福特当年做的"您需要一个什么样的更好的交通工具？"的调查，几乎所有人的答案都是："我要一匹更快的马。"没有人会知道需要一辆汽车。所以，长期以来，经济学研究只专注于供给侧，研究如何激发和激励生产力。

再说码链体系的分配机制中。比如生产传播奖励和工作量证明，或工作效果证明的奖励模式不一样。正如你觉得这篇文章好，你可以给作者奖励打赏，但你并不是白给的，你可以转发出去，下一个人如果觉得好，那就奖励作者，也奖励你，奖励是一层层传递的。优秀的产品和内容的作者获得了巨大的奖励。而传播者承担了渠道的角色，也获得了奖励。

虽然说渠道并不是商业体系里最重要的，但也是有价值的，包括在用户间流通或是跨行业流通。还有很重要的就是在供应商和用户间提供流通。因为知道很多时候，虽然有很多通证的权利，但真正想要用这些权利的人，未必有时间和能力获得奖励，所以需要第三方来连接供应商和用户。

实际上，当今社会已经对任何商业化公司的公信力丧失了信心，即使是像 Facebook 这样的巨头，也会让用户怀疑其在非法利用用户数据；即使是滴滴，也会让用户怀疑不仅没给老用户权益反而在利用大数据杀熟，没有哪家商业公司可以自证清白。只有码链网络，才提供了互信共赢生态运行的系统基石。

搭建经济生态体系就像是夯筑人工地基，没有地基可以盖平房，但要盖摩天大厦，必须要有非常坚实的人工地基。

七、物格门牌与数字地球交易场所

当前，我国房地产的数字化转型尚处于初级阶段，行业内的信息流动和筛选都还没有形成有效的机制，创新地产业务场景数字化应用渗透率也不高。因此，房地产行业数字化转型阶段迫切需要有一个可信度高、科技赋能强劲的数字化交易与服务的平台或生态圈，以推进行业数字化转型。物格门牌交易的开启，为房地产的数字化交易与服务提供了新的平台和生态圈。

据国家统计局数据预测，我国房地产交易市场的规模，未来三年仍将维持并发展到 25 万亿左右。按照新房交易 2.5% 费率和二手房交易 1.5% 费率来测算，未来三年房地产营销费用市场容量约 5000 亿—6000 亿。其中，精准广告与线上直销渠道市场容量增长最为迅速。据 Gartner 的预测显示，房地产有了数字化解决方案后，市场容量还将继续快速增长，复合增长率预计 66%，从当前 200 亿—300 亿市场规模，预计到 2025 年将有 1 000 亿的市场规模。

在数字化发展大势所趋之下，房地产业也不例外。新基建、城市化更新及"十四五"规划等政策的陆续出台，科技赋能在房地产行业的广泛应用，推动了房地产行业的数字化转型。而在新冠疫情下，宏观经济面临较大下行压力，尽管市场规模巨大，但市场竞争已趋于白热化。加之国家对房地产调控的力度一浪高于一浪，地产行业"躺着都能挣钱"的时代已经过去。房地产数字化转型必将改变未来的房地产交易方式。就数字化交易平台而言，基于大数据优势，提供数字化解决方案服务，开创大数据资产流通交易平台势在必行。

▌ 物格门牌：四维世界的资产"交易场所"

物格门牌，是"物格"理念的具体应用，是在数字化的基础建设中，基于扫一扫专利组合技术架构的"物格新经济"数字生态体系所创设的基于数字地球的地址身份证。"物格门牌"可以记录四维世界的数字化行为，在四维世界中担当了资产"交易场所"的角色。

在物格新经济体系中，地球的土地就是"数字地球"的物格。

物格门牌基于地理位置的属性特征，让物格与现实世界一一映射，作为"交易场所"，可以真实记录对应的土地上人类社会的商业交易，如扫码购物，扫码点餐，扫码开锁，扫码支付等行为数据。

▌ 物格门牌让数字化的不动产资产获显新的价值

价值数字化指的是资产价值的数字化，用物格门牌锁定的对应土地上的不动产资产，除了不动产本身的资产价值，还会在数字经济中产生新的价值。

物格门牌是数字地球的网格化地址"身份证"。作为数字地球接入的入口。不仅具备 NFT 的非同质化通证的稀缺性属性。还可作为数字经济的生产资料，自带收益。通过数字人的数字化劳动，通过多劳多得，按劳分配的智能合约，给物格门牌的拥有者带来源源不断的收益。

物格门牌将三维世界里的不动产通过"物格软件"方式，映射到四维世界里呈现出相应的场景。如此，不动产除了其本身的价值外，在数字世界里，物格门牌锁定的楼宇、园区等不动产物格的价值，还可通过"扫码链接的数字人行为"，通过看广告，扫码购房，扫码支付购房款，扫码共享等多种模式创造。"物格门牌"作为数字资产，具备稀缺性（地段稀缺，土地有限），拥有锁定楼宇社区、园区物格门牌的主人，可通过贴码分享，获得类似比特币挖矿而得的稀缺性价值。而且由于绑定智能合约还天然自带收益，在更高维度上超越比特币，以太坊等纯粹的虚拟数字资产。

物格门牌通过"物格社交软件"，把真实世界的"房地产"的真实地理位置标识映射到"物格软件"里，而非可以造假的虚拟 IP 地址。在真实世界与数字世界之间形成了不可造假的一一映射，完成了互联网的基于 IP 虚拟世界所不可能完成的防伪溯源真实交互的场景。由此依托线下真实门牌的消费场景及扫码支付的金额，形成真实的 CCC 通证（中国消费指数通证 China Consumption Certification）。秉承着"按劳分配，多劳多得"的原则来创造构建全社会的价值体系，彻底摒弃了互联网中心化垄断，流量为王的模式。

八、让人类在数字土地上创造价值

人类在土地上劳动创造价值，是以人为本的哲学观来定义的人类社会价值观。但人工智能技术的不断发展，在改良生产力的基础上，也为生产关系带来了新的矛盾。在一个比拼算力的社会中，人们的传统价值观正遭受到颠覆性的冲击。

现在，在越来越多的领域，人工智能正在快速超越人类。这也意味着，大批的翻译、记者、收银员、助理、保安、司机、交易员、客服……都可能在不远的未来，失去自己原来的工作。对此，斯坦福教授卡普兰做了一项统计，美国注册在案的 720 个职业中，将有 47% 被人工智能取代。在中国，这个比例可能超过 70%。未来学家 Kurzweil 曾表示，当人们用 1000 美元购买的计算机产品能达到人脑的计算速度时，人工智能时代将全面来临。现在，这个时代已经近在咫尺了！

从英国著名理论物理学家史蒂芬·霍金到特斯拉创始人伊隆·马斯克等世界顶尖 AI（人工智能）专家，都曾表示过人工智能对人类生存的威胁。

在对人工智能可能存在的对人类的威胁上，应该担忧的不是机器人将来可能被赋予的人的意识，而是它们的能力。诸多科学家经对人工智能系统分析后认为，假设人们发明了一个可以用于控制气候变化的强大人工智能系统，并且能将大气中的二氧化碳水平恢复到工业革命前的水平，那种情况可能真的让人类大吃惊。可能的情形是，人类将可能被自己发明设计的人工智能消灭。因为人类活动是产生二氧化碳的最主要来源。当然人类可能会对机器人说，你做什么都可以，但就是不能灭绝人类。再加上人工智能系统可能会说服导致人类少生或不生孩子，直到最后没有人再生孩子，人类慢慢走向灭绝。

这种担忧是想强调与人工智能有关的风险，这些风险都是人类在创造人工智能前并没有想明白的。

英国剑桥大学存在风险研究中心表示，当前大多数 AI 系统都是相对"狭窄"的应用程序，专门用于解决某一领域中的特定问题。如 1997 年，超级计算机深蓝打败了国际象棋世界卫冕冠军 Garry Kasparov 后，这事就成为人工智能史上里程碑式事件了。

虽然深蓝击败了世界象棋卫冕冠军，但深蓝却可能连一场简单的跳棋游戏都赢不了。因为深蓝的设计者是专门让它下象棋的。但这不过仅仅是开始，随着人工智能的发展和进步，阿尔法围棋的最新版 AlphaGo Zero 在经过短短 3 天跟自己练习之后，已经达到了超人水平。AlphaGo Zero 通过深度学习，已经不太需要太多的人工程序。

它成为围棋、国际象棋以及将棋（又称日本象棋）的高手。这里，最让人感到震惊的是，AlphaGo Zero 完全是自学成才。剑桥大学存在风险研究中心表示，随着人工智能逐渐强大，它可能会成为超级智能。会在许多甚或是几乎所有领域都超越人类。

这就是必须强调为什么人类需要收回控制权的原因所在。赋予人工智能更明确的目标并不是解决这一难题的方法，因为人类自己都无法确定这些目标是什么。

人们应该彻底改变建立人工智能系统的整体基础，例如，不再给机器人一个固定目标，而是让人工智能系统必须明白，它不知道目标是什么。一旦人工智能系统以这种方式运作，它就会听从于人类的指挥。在每一次执行任务之前，它都会寻求人类的许可，因为它不确定这是不是你想要的。至关重要的是，它们（AI）会乐意接受被随时关闭的选择，因为它们也希望避免做那些人类不喜欢的事情。

现在发明的 AI 系统有点像传说里的神灯中的精灵一样，你轻拍神灯，灯里的精灵出来了。你对精灵说：你给我做这件事吧。

如果 AI 系统足够强大，它就会完全按照人类的要求去做，人类也会得到其所要求的一模一样结果。但问题很可能是出现跟神灯中的精灵故事那样，第三个愿望总是要求精灵"取消前面的那两个愿望"，因为人们无法确定自己到底想要什么。

其结果可能造成那个试图完成错误指令的机器人实际上变成了人类的

敌人，一个比人类强大得多的敌人。

未来已来，从今天起人工智能不再是科幻小说，不再是阅读理解，不再是新闻标题，不再是以太网中跃动的字节和 CPU 中孱弱的灵魂，人类的一次错误选择可能让人工智能成为人类挥之不去的宿命。

让人类在数字土地上创造价值，码链生态的构建，为人类逃脱人工智能有可能灭绝人类的宿命，找到了在数字世界人类发展生产力，形成新的生产关系，构建人类命运共同体的方向和道路。

九、终结互联网垄断房东的收租时代

收割流量，贩卖关注度，躺赢。当互联网平台房东（平台企业）从租客（商家）手里收的租金已经趋于一个不再增长的状态时，大家就要开始内卷了。他们纷纷建筑自己的城堡和藩篱，锁死自己的流量，不让自己的租客跑了，同时保持进攻的状态，四处出击去抢别人的地盘。流量虽然不再高速增长，但流量造富的梦仍在继续，只是租客的数量不再增加、地盘不再增加而已。过去是抢蛋糕，现在是分蛋糕。互联网战争来了。这场战争就发生在已经形成垄断的虚拟的 IP 世界里。

▎互联网垄断的形成

如果一个流行的体系，一个通行的商业模式，不能引导人们"发现真善美，传播价值链"，不能够"教化行善"，而是"逼良为娼"，那么可以说这个模式、这种流行，就是一种"恶"；更何况，这种恶，还能每天躺赢。

微信公众号"半佛仙人"曾发表了一篇题为《互联网本质是新房东》的文章，文中提到互联网商业模式五花八门，但归根究底，和线下商铺收租的房东收租是一回事儿。互联网公司在虚拟世界里，以流量为地盘，以广告主和商家为租客。天然不生产流量的电商平台通过从站外买流量，再把流量贩卖给站内的商家，和线下房东抢生意，实体商业经济由此开始遭到重创。到了移动互联网时代，每家互联网巨头公司都掌握了流量购买、流量分发及流量制造的能力。于是寡头房东，利用资本优势大打价格战优惠补贴，等到把竞争对手打死，利用互联网行业只有第一没有第二的用户先入为主的观念与习惯，进行暴利收割。各细分电商的商家更是流量的批发商，从大房东那里买来流量，再卖给平台上的商家。每一手，都是差价。差价最后都由消费者出。过去租金是商家和广告主来交。用户的注意力是地盘，是房东变现的生产资料。但在移动互联网时代，网民不单单需要付出注意力，还需要付出真金白银。

　　线下的房东有大小，地段有差异，但至少还能保持着区域的均衡。可是在互联网领域，寡头们是不分区域地进行无差别打击的，疯狂进行资本收割，超速累积财富，这无疑是人类历史上短期财富累计最为疯狂的时代。比如摩拜创始人胡玮炜创业 3 年套现 15 亿，然后彻底退出；饿了么被卖给马云后，创始人赞许豪成功套现六百多亿等。通过观察，过去 100 年中最具价值的美国公司，包括美国钢铁、美国石油、美国电信电话公司等，在经过 100 年变迁后，现在俨然是以美国大型科技股组合"FAANG"为代表的 Facebook、苹果、亚马逊、奈飞、谷歌等所谓的高科技互联网寡头公司，市值目前合计达到 6.7 万亿美元，占美股整体比重 14.4%，占标普指数比重 22.6%。其财富的累计程度，即使经历了 2020 年的新冠疫情，普通民众连生命都无法保障的情形下，这些寡头的身价仍然暴涨，市值在 2021 年 1 月总计增加了 3.4 万亿美元。

　　巨头寡头都是流量吞噬型的怪兽，给多少流量都不够用，需要持续从别的地方买量。比如电商巨头，他们需要占用更大面积的地盘用于租，因为在自己的地盘里，有很多租客争着抢着要交租金，而且还要竞价排名，垄断由此形成。

▋ 物格建立的真实数字世界

在物格新经济生态体系中，通过 10 亿民众的"扫码链接、分享转发"，使得人的社会化行为表现为数字人的行为方式，得以形成基于特定主题的记录分享、隐私保护、溯源共识机制。数字人可以基于行为发生地所在的地理位置在数字地球上的网格—物格，以自由意识进入数字化的真实数字世界。

▋ 在真实数字世界里，只有物格门牌没有"被寡头垄断"

物格门牌是锚定土地的数字经济生产资料，劳动力是数字人，扫一扫就是劳动工具，数字人通过扫码链接，传播分享等数字化劳动，创造出数字劳动的价值，通过智能合约，带来按劳分配、多劳多得的收益。这是建立的一种新生产关系，这种生产关系是在生产力发展到一定程度，共识机制形成的大背景下应运而生的，符合经济发展规律。

物格门牌，是物格新经济"点线面体系"中的"交易所"，它呈现的就是交易发生的场所。它自带收益，自带流量，全网记账，自主可控，没有垄断。每个参加者如果愿意，都可以以很平价的成本，取得房东资格，在数字地球上开店。

因此，只要你拥有了一个四维世界里的物格门牌，就拥有了数字地球上基于扫一扫与北斗卫星定位的门店所对应的地理位置和在这块土地上从事生产、服务、交易等商业活动的场所。可通过在三维物理世界里贴码，向消费商提供所属物格门牌生产商生产的商品，服务商提供的服务，经销商经销的商品。这里没有垄断巨头，只是按照区域划分出来的"码链数字经济"的地方区域"节点"，全国 300 个城市 3000 个区县一盘棋，互通互联，不会发生为争夺同一物格门牌资源的恶性竞争。只要好好经营，就可以通过劳动致富。

物格价值链平台，物格门牌已为实体经济铺就了一条没有中心垄断，交易公平的数字化之路。它把四维世界的数字经济活动投影到三维世界的每一寸土地，通过物格门牌的资产属性，码链的智能合约自动分配，线下贴码接入，分享传播这样的劳动来创造价值，为人类社会的每一个人，都提供了在数字经济中创造价值的机会。

由此可见，有了物格门牌，就打破了互联网电商的垄断，一个终结互联网房东收租的新时代已经到来。

十、消除内卷和躺平的新生产资料

内卷和躺平反映了当前一个残酷的现实，部分年轻人躺平，源于买不起房、结不起婚、生不起孩子等都给垄断的房东打工了的生存压力。996、加班熬夜、辛辛苦苦、兢兢业业，不如躺平的房东赚钱。选择躺平的年轻人有多少很难统计，但躺平迅速引发全社会年轻人的共鸣，成为众多年轻人的"精神归宿"，这足以说明了当前的一种精神状态。舆论普遍认为，这种精神状态很可怕，年轻一代因为内卷而自动放弃奋斗的精神和毅力，一代人如果没有了精气神，会带来整个民族萎靡不振的后果。

近期，内卷和躺平成为网络热词。所谓内卷，其现象就是有限的社会资源无论如何都满足不了所有人的需求，只能满足部分人的需求。相当于"供小于求"的买方市场，不过这时候垄断的资本家成了买方。社会内卷了，过剩的劳动力就要贬值。同行间竞相付出更多努力以争夺有限资源，导致了个体"收益努力比"的下降，出现努力的"通货膨胀"。在内卷中，谁都比此前更累了，但全社会却不能因此受益，反而陷入了囚徒困境。内卷不创造价值，它会危害到每一个人的利益，而且更将危害整个社会的和谐与稳定。

在垄断中蓬勃生长互联网巨头，即所谓的 BAT 巨无霸后，又出现了所谓的 ATM 新锐独角兽。这些垄断巨头在不断创造出全球资本市场前十大最高市值之后，在广受舆论诟病的 996、007 的福报制度出现后，终于在 2020 年开启了对"卖菜大妈"最后一个铜板的掠夺。这种野蛮掠夺遭揭露后，被标明上了"内卷"标签，从而使得全社会开始直视内卷。

发生内卷的根源，以互联网行业为例，就是资源即通过劳动创造价值的生产资料被少数寡头所垄断，而民众也好，精英也罢，试图通过劳动创造价值的基本权利正在被快速剥夺，即使是 211 名校的毕业生，也无法获得足够的生产资料通过自己的劳动创造价值。因此才会出现所谓的硕士毕业生干保安，跑快递，复旦毕业生去售楼的现象。

无独有偶，与内卷对应的是"躺平"，近期也成为网络热词。

而所谓躺平，主要是指不想奋斗了，年轻一代选择低物欲、低消费的佛系生活。以降低"能量消耗"来维持最低的生存状态，如同瘫倒在床上一样。也可以理解为再怎么努力，也达不到自己期望值的人被生活压垮了，索性就躺下了。

有人认为高房价是社会内卷化的根本原因。选择躺平的人说，如果你给我一个目标，让我使劲地跳一跳还能够得着的话，我愿意努力；但如果我拼尽了全力，用了"6 个钱包"的钱都付不起一套商品住房的首付，"躺平"就是最好的选项。

内卷，是生产资料被垄断之后发生的现象；而躺平，是生产力主动降速，甚至零输出的表现。无论是内卷还是躺平，都会导致社会的文明度倒退。

在码链数字经济生态中，基于物格的价值链平台，实现了线上线下商品、用户、服务全面一体化，尤其是"一体四商"的交易商，在各个门店贴码，不仅形象化展现了物格门牌，更加凸显了每个"门店"的物格门牌价值；使商家能更好地全盘运营消费者，无时不有，无处不在可以实现无接触消费。

由此可见，物格价值链平台，物格门牌这样的数字资产产品，不仅为实体经济及其劳动者铺就了一条没有中心垄断，交易公平的数字化之路，而且还创造了更多的就业机会，把四维世界的数字经济投影到三维世界的每一寸土地，通过物格门牌的资产属性，码链的智能合约自动分配，贴码接入；通过线下贴码，分享传播这样的劳动来创造价值。这是全社会每一个人都可以做到的事情，并且是应该做的事情。

在码链中"发现真善美，传播价值链"，如果全社会都形成了这样的共识，那么互联网电商的垄断就将被打破，选择内卷和躺平的人就能焕发青春。

码链数字生态建设从2018年开始，首先在全国发动了大妈群体参与，在大妈群体中组建了贴码大军。这是因为，大妈群体是在数字经济时代最容易被淘汰的群体。如果大妈群体都可以在数字经济中通过数字劳动创造价值的话，就能带动家人，带动邻居，带动社区，进而带动全社会来共同参与数字经济新生态的建设。

码链数字经济，不仅实现了无接触式消费的最佳体验，还为大众提供了在数字经济中通过数字化劳动创造价值，"多劳多得、按劳分配"的新生态环境。

综上所述可见，码链的物格门牌，是数字经济当之无愧，消除内卷和躺平的数字生产资料。

十一、码链让网络价值体系走向可信化

在码链体系中无论是扫码行为、传播行为或交易行为必然都是基于真实的地理位置，换言之所有的行为都会匹配到相应的物格中。如果说，

基于真实数字身份的智能合约为码链建立了可信网络的基础，那么基于行为的流量数据则为物格赋予了价值，码链将这些价值的计量单位定义为特别提物权。又由于，物是价值的载体，所以物物交换才是货币价值的依托。码链建立了一套基于物物交换的价值传播体系，希望能通过物的内在价值，去取代虚无缥缈的货币的价值。

中国互联网用户已达 10.8 亿，适龄人口的互联网化进程已经基本结束。早在 2013 年，中国的网络零售交易额就达到了 1.85 万亿元，首次超过美国成为全球第一大网络零售市场。2019 年交易规模更高达 10.63 万亿元。2020 年更因为新冠疫情，将中国的网络购物用户规模推高到了 7.10 亿，占到了总人口的一半。

信息技术的快速发展，已将人类社会带入网络空间与现实空间分庭抗礼的"双层社会"。借助无处不在的数据采集工具和信息媒介，网络空间和现实空间的交流渠道被完全打通，信息可以在两个空间来回自由穿梭。在双层社会，个人既是信息的接受者，也是信息的生产者，这极大强化了个人的信息主体地位，网络作为目前最重要的信息传播媒介，给人们的交流、沟通提供了诸多便利。但由于互联网的世界是基于 IP 的虚拟网络空间，兼匿名性，无法与真实世界一一相对应，导致了各类虚假信息在网络空间泛滥，愈演愈烈。互联网俨然成了虚假信息的逍遥之地。互联网信息的可靠性更是引发人们的担心。

▌ 网络虚假信息的危害

时下，刷好评、刷点击量、刷转发……甚至直接用外挂程序造假，此类现象在网络上屡见不鲜。网络数据造假存在于各行各业，并已渗透到人们的衣、食、住、行中，滋生出巨大的数据造假黑灰产业。网络数据造假破坏了信息数据的真实性，导致数据指标失真。在网络数据虚假繁荣的背后，潜藏着一个又一个巨大的泡沫和风险。以信息为手段侵害他人合法权益、损害个人、组织形象名誉、企业商誉，造成网络空间公共秩序严重混乱。

此外，具有很强的蛊惑性、误导性和破坏性的网络虚假新闻，不仅直接扰乱了传播秩序，混淆是非、误导认知，还损害了网络媒体的公信力。一些别有用心、蓄意编造的假新闻，更可能催生社会不安和恐慌情绪，甚至引发恶性冲突事件，造成严重后果，影响到社会的稳定与和谐。对此，有专家指出，虽然虚假新闻一直在伴随着媒介生产而存在，但在当前的融媒体时代语境下，传媒技术的变革虽带来了生产模式、传播模式和传播格局的巨大改变，这种技术维度和体制维度的变革，也为网络虚假新闻的滋生提供了温床。复杂的传媒生态环境使得这一问题变得更加严重。近期，广州市白云区人民法院对一起网络散布虚假信息案进行了审判。在该案中，案犯刘某只花费了 760 元，就通过案犯马某这个网络推手找水军，把自己编造的虚假内容炒作成了 5.4 亿阅读量的爆款话题。案件背后，靠"养号控评"虚增流量的灰黑产业链浮出了水面。新华社记者调查发现，虚假流量生意的整体规模已达千亿元之巨，遍及各大互联网平台。从浏览量、点赞量到交易量，一切皆可刷，严重破坏了互联网生态和经济秩序。

如果互联网传播的信息及数据不可信了，那么"垃圾进来，垃圾出去"，大数据行业也就没了"基石"。

相关机构汇总了网络虚假信息的四个特点：

其一，虚假信息借网络传播速度更快、范围更广。在传统媒介时期，虚假信息传播的范围是比较有限的，尤其是非全国发行的报刊和地方电台、电视台，即便它们刊播了虚假信息，其传播范围往往只在一定区域内。即使有一些人际间传播，其速度也相对缓慢。而在网络时代，任何传统媒体上刊播的虚假信息，很容易借助网络不胫而走，迅速传播。

其二，虚假信息发布成本低、传播主体泛化。自媒体的到来，网民既是信息的接受者又是信息传播者，信息传播主体泛化。以微博为代表的社交媒体成为个体信息传播的主要平台。它使人们之间通过网络构成了网际关系，并在动态发展过程中，促进了网络社会系统的形成。而网络身份的模糊性和信息发布者的匿名性则有利于信息发布者逃脱社会责任和道德约束。这是造成网上虚假信息泛滥的重要原因之一。同时，网络信息发布极低的成本也助推了网络虚假信息的泛滥。信息发布者不需要核实身份，只需简单注册，在不需要缴纳任何费用的前提下，就可以在各类平台上发布信息。

其三，虚假信息传播呈散布型网状传播结构。网络虚假信息之所以快速传播，与网络传播的模式分不开。网络传播融合了大众传播（单向）和人际传播（双向）的信息传播特征，在总体上形成了一种散布型网状传播结构。在这种传播结构中，任何一个网站都能够生产、发布信息。所有网站生产、发布的信息都能够以非线性方式流入网络之中。在网络时代，虚假信息的传播者不仅有传统媒体的编辑记者，还有许多受众和网友的参与。这让信息传播形成了散布型网状传播结构，虚假信息便在这张"网"中迅速蔓延、传播。

其四，虚假信息在网络时代更具有"传播力"。一般说来，虚假信息比真实信息具有更强的"传播力"。因为真实的信息受客观事实的限制往往接近生活真实，而虚假信息则脱离客观事实进行虚构，可以更稀奇，甚至更怪异，更能满足人们的猎奇心理，因而更能为媒介和受众关注、传播。传统媒体因有内部审稿制度和"把关人"，可以过滤掉不少虚假信息，而在网络传播结构中，每一个网友都可以参与信息的生产和传播，虚假信息因其更容易满足人们的猎奇心理，往往就更容易被传播。

杜绝网络虚假信息的硬核体系

如何维护网络清朗空间，保障公众合法权益，杜绝网络虚假信息传播，加快铲除网络黑灰产业链，维护互联网平台经济健康发展，成为当务之急。为此，国家有关部门加强了杜绝网络虚假信息的法制化建设。从《互联网跟帖评论服务管理规定》《互联网论坛社区服务管理规定》到《网络信息内容生态治理规定》，从反不正当竞争法到电子商务法，法律法规不断完善，监管日益精细化。一段时间以来，相关部门持续开展"净网"行动，猛药去疴、重典治乱，取得了一定成效。但随着大数据、人工智能等技术的发展，网络黑灰产业链的形式更趋多样、手段更加隐蔽、技术更为复杂，给治理监管带来了新的挑战。

互联网经济是诚信经济，其赖以存在的基石是真实活跃的用户和信息。如何多措并举、精准治理，从源头、交易链条等多方面着手，有效打击网络黑灰产业链，不断压缩其生存空间，助力互联网平台经济健康有序发展，除了在法制和监管上与时俱进外，还需建立起杜绝网络虚假信息的信息化生态空间，依靠信息技术来识别虚假信息、杜绝虚假信息的传播。

码链是以二维码扫一扫接入形成的链条，每个二维码都代表着每个个体在 5W 时空的行为，码链记录每个个体 DNA 的行为，这个行为所形成的行为交互记录相叠加而形成的链条。是利用二维码链式信息结构来验证信息数据的真伪与储存、利用分布式的网络来生成和更新信息数据，利用二维码的唯一性来保证信息数据的传输和访问的安全，利用智能合约来操作数据转化的一种全新分布式基础架构。

分布式存储是指通过不同的二维码把数据储存起来，确保数据和二维码一一对应。在使用中，利用不同的扫码设备对数据进行快速的调用处理，而在数据制造和计算时，都可以做到半匿名的方式。相较于传统互联网的 Drop box，因为结合了二维码来储存数据，在二维码的唯一性和本地私密性之外，能够增加额外的处理功能接口，以满足数据分享的需求，从而帮助数据能够更好地分发和拓展，实现数据的价值。

而"状态"则是指数据的来源、数据的改变和数据运算的结果。将这些状态留在二维码内是为了在对其运算和改变可以追溯，这样才能更好地分辨出哪些数据真实，更有价值，并通过即时的结算给出对应的价值。

码链通过分布式的存储资源，对全网进行存储同步，并通过智能合约以及相应的共识来保证对存储内容更改的有效性，以此来维护一个完整可查找的数据库。因此，该系统的主要功能是记录状态的改变，然后同步，对每一个二维码来说，其核心的要求就是遵循特定的规则，将新的变动同步在所有二维码的存储中。

码链体系实际上给人类社会提供了一个可以使用的时间。在过去，人们拥有的时间是国家授时中心颁布的时间。它是物理的时间，由于这个时间是中心化发布的，这个时间很精确。但是人们在社会中交互的时候对这个时间的使用却很难做到精确。在这个时间里，时间和事件也无法紧密地结合。而码链的时间却是由事件堆叠而成的时间。这个时间里每个事件都对应一个时间点，每个时间点都存在一个二维码当中，而二维码是按照事件先后顺序紧密相连的。每一个事件都是另一个事件的时间证据，也就是码链关系中的溯源。

码链体系是一个时钟。而且是一个建立在所有过去与未来的事件的见证上的世界性时钟。处在这样一个世界性时钟里，如果有人提问一个商业行为是在什么时候发生的，答案不会是某年某月某日，而是这个事件发生在码链体系内的某一个二维码上。二维码是可查的，人们通过这个二维码就能够查到对应的信息，也可以查清哪些行为是在此之前，与此同时和在此之后发生的。

二维码的唯一性、安全性、不可篡改性以及庞大的数量和时间戳，赋予了它成为人在数字世界中身份标识的动能，这是搭建数字世界的基础。在码链的数字世界里，二维码代表着人和物的身份信息所有权，人们可以在一个二维码中植入自己的 DNA 后，存储在码链网络中，这样就能够最大限度地保证信息的真实性。基于这个二维码身份系统，码链体系为每一个数字人搭建起属于自己的信息传递网络。

　　码链数字生态体系使整个社会实现可信的数字化，让信任系统更高效地运行。不仅让实体世界的人或物映射到了一个小小的二维码当中，也可以通过其独有的回报机制和不可篡改的特性，有效地将真实的信息传递出去。

　　通过码链模式重构的全新数字生态体系。让网络空间与现实空间这个"双层社会"不再分庭抗礼。只要信息的接受者通过扫码接入信息生产者的元码，即可辨别信息的真伪，虚假的信息将无处隐身，无处逃逸。

　　通过扫码链接的方式接入码链网络的数字地球，在物格上建设万物互联的数字经济生态体系，是构建人类命运共同体的基础。通过盘活每一块地的价值、激发每一个人的活力，在后疫情时代下实现"大众创业、万众创新"的新格局，也能推动我国加快内生循环系统落地实施。数字土地（面向全球的数字地球交易所）以理论创新和实践创新为基础，对外可抵御金融危机，对内可打通循环堵点，从而颠覆传统的互联网思维模式与商业模式，消除制约行业发展的隐形壁垒，拓宽就业领域和渠道，打破行业垄断和地方保护，走出一条以人民群众为核心的社会主义新道路。

　　面向全球的码链数字经济已正式扬帆起航，码链让网络具有可信性，码链体系网络治理体系和治理能力进入现代化。

十二、土地物格推进我国财税高质量发展

　　当今世界经历的百年未有之大变局，绝不是一时一事、一域一国之变，而是世界之变、时代之变、历史之变。国际经济、科技、文化、安全、政治等格局都在发生深刻调整，世界秩序正处于加快从旧秩序向新秩序切换的变革期。信息革命带来的实体世界虚拟化，是未来社会发展的大趋势。真实和虚拟也将越来越紧密地联系起来。码链数字经济生态体系，

提供了信息化时代重构新世界的解决方案。

土地物格是码链数字经济体系的根基，基于土地物格来构建信息时代的中国社会主义市场经济体系，形成高质量的数字资产，无疑是正确的选择。

码链体系中的财税理论，是链接政府部门和市场主体的桥梁，是马克思主义基本原理同中国特色社会主义市场经济理论实际相结合，同中华优秀传统文化相结合的研究成果。码链让人类在数字化的土地上劳动创造和生成价值，构建的物格数字税基和税收最适课税理论，架构的码链税收以资源税、资产税、消费税为主体税种的数字经济税制结构，为"有效市场和有为政府"找到了路径。有助于中央和地方政府以人民为中心，推行积极的数字财政税收政策，稳健的数字物权货币政策，建构合理的财政收入结构，提高数字经济的征税管理能力，不断优化征税规模，履行资源配置，开拓税源税基，稳定和发展经济，切实履行和完成为人民谋幸福的责任使命。

土地物格推进我国财税现代化服务高质量发展

全球都在期待数字化时代的创新理论

正如马克思所言，理论在一个国家的实现程度，总是决定于理论满足这个国家需要的程度。码链学说正是不断推进 21 世纪马克思主义中国化、时代化、大众化的原创性全息学科。马克思主义中国化的过程，既充分确证了马克思主义作为实践的理论所具有的改造世界的实践性品格，也表征着马克思主义在中国的实践生成和具体实现。码链就是按照中国的国情在应用马克思主义理论，并赋予高维度的创新和发展。本人与中南财经政法大学高正章教授合作，在推进物格新经济高质量发展，土地物格促进我国财政税收现代化等方面做了从理论到实践、从概念到验证的创新探索。

一、物格与财税的底层逻辑关系

1. 亟待构建中国人自己的经济学

在百年未遇的世界大变局之际，全球的目光都聚向了中国意味着什么？东西方两种文明缠斗之际，为什么会得出"世界性难题的解决只能从中华五千年文化中去寻找答案"的结论？

这表明，"师从中国"的时代已然来临。数字经济时代，解决中国经济困境的命门在于提高民众的购买力，中国特色社会主义共同富裕的道路，要求全社会的每个成员的货币拥有数量趋向均等。码链学说与《资本论》，不同时期经济学的哲学革命。《资本论》开创了一种新科学，这种新类型的科学不属于现存的任何一种科学。无论是今天的自然科学还是社会科学，其实都是建立在沙滩上的。因为今天的经济学从未预见过即将到来的经济危机，总是事后用理论来说明危机产生的原因，是"事后的聪明"。如若经济危机可以在经济学的理论中得到预测，那么经济危机将永远不会再发生。因此，我们必须反思：什么是时代的大本大源？当今的经济学所研究的事实范畴是如何被建构的？

当今的经济学（主要是西方经济学）虽是从经济的事实范畴出发，但却从不告诉我们，它所研究的对象是如何被建构起来的，是如何被"目的性"人为构建起来的，而且已经到了"末法时代"。而马克思的《资本论》，是从经济的事实范畴是如何在历史的运动中被建构出发，预言了资本主义必然灭亡的命运。并且这种命运不被外在事物规定，而是内在的矛盾所致。这就是社会经济发展的"自然历史过程"论（历史的和辩证的唯物主义）。这是一个重大的发现，同时也是马克思主义精髓和伟大的理论贡献。当前的理论创新，应该传承马克思主义的精髓，围绕全球经济最实质和困难的问题等事实范畴展开。这个事实范畴就是，世界正在出现的总需求萎缩，和资本、技术与劳动力在全球配置失衡的局面及其扩大化。

就我国而言，我国当前的社会主要矛盾，已经转化为人民群众日益增长的美好生活需要和不平衡不充分的发展之间的矛盾。降低房地产、金融、教育、互联网等的垄断利润，以及由此引发的过去长期对民生和实体经济的挤压和成本，大力发展制造业、硬科技、实体经济、新能源、资本市场等，应该是我国未来经济发展的大趋势。

我们更应该反思，为什么不能使"已经积累起来的劳动"成为"扩大、丰富和提高劳动阶级生活的一种手段"？这就必须要有中国人自己在正确事实基础上建立起经济学的理论来支撑。消灭私有制的目的是消灭剥削，消灭阶级对立，并最终建立一个自由人的联合体。码链"一体四商"模型，就是在构筑一个利益、目标、命运共同体。码链带来的质变：特别是人与物关系发生的剧变，从雇佣关系，也就是物质资本雇佣劳动力，变成了劳务合作甚至合伙关系，符合《资本论》的"机体变化"论。这意味着在就业形态发生重大改变后，将随之带来整体收入分配以及生产关系的变化，为政府的财税制度变革赋予了新的内涵。社会主义财税最基本的属性，是财富分配的共富化和社会生产的计划化（后者是前者可持续的必然要求）。因此，中国特色社会主义现代财政的收入主体，绝不应该建立在严重受到经济形势影响的增值税上，而应该建立在相对稳定的资产税、资源税和消费税上。

这个是经济学理论的高度：随着科学技术的发展，生产力水平不断提高，社会总供给的上限也在不断提高。与之伴生的生产资料的垄断集中度也在不断提高。但人民群众的收入水平却并未同步提升，从而导致社会总供给大于总需求，扩大了贫富差距，引发了金融危机，阻碍了和谐社会的发展。近百年来的经济发展历史，就是在验证并重复这样的规律，但却始终未能改变。那么，如何在生产力不断提高，伴随着总供给不断提升的背景下，通过把"人类劳动创造"的财富价值重新完整定义，并运用技术动态均衡地将"财富价值"分配给每一个愿意通过"劳动致富"的人，就成了经济学理论研究中的"重大课题"。

　　码链提供的智慧方案，一方面，为宏观经济学寻找到了微观研究的基础。另一方面，又为微观经济学从微观个体行为的角度推演出了总量上的真正宏观意义。因此，在码链价值链构建的新世界，是由数字人作为基础的单位所组成的，人类所有的行为和社会中所有的经济活动都可通过扫一扫连在一起。从经济学理论基础上来审视，码链就具备了把所有人类社会的经济体系进行统一管理的能力。如今，我们已经找到了当前以美国为主导的西方经济理论体系中的致命缺陷，而我国已经在数字经济的发展中普及了十亿巨量的扫一扫用户，我们已经具备了先发优势，可以创造一个全新的数字经济生态体系。当我们以扫一扫为基础接入点来构建整个体系的时候，美国将不会再有任何的话语权，因为它已经失去了群众基础和专利保护。这就是要消灭"无视现实矛盾"的西方经济学，建立起符合人类社会历史发展自然规律的政治经济学。因为，世界范围内实体经济正逐步被虚拟经济所颠覆和替代，这并不仅仅是单纯的技术和商业模式的改变，在更深层面它也在摧毁长期以来人们所建立的依靠劳动和知识进行创造，改变未来的信念和途径。码链学说给出了在数字时代，让地球延续传承碳基文明（以人民为主的理论），而非西方大力发展的"硅基文明"的"机器取代人类、最终消灭人类"的"所谓科技发展"路径。

　　土地物格，是一种"数据生产要素"：让"数据成为一种新的生产要素"，有助于实现"其他要素"的组合价值：物格门牌所在土地范围内产生的"扫码链接"信息就是"数据"，要让这些数据为土地及土地上的"物格门牌"的价值提供增值服务，就需要赋予这些数据"乘数"的作用，就要对这些数据进行"资产化"。要对数据进行资产化，就需要一整套评价体系，包括数据形成的真实性（如：PIT）、数据的唯一性（如：NFT）、数据确权（如：物格门牌主人），数据价值（中国消费指数CCC通证）。只有这样，土地及土地上物格门牌标识位置范围内所产生的"扫码链接"的数据，才会产生真实的价值，才会具备更好的流通，才会在形成数字资产时具备"成长性"。

码链学说是一整套从思想理论到具体实践的方法。码链重构新世界的变革，是人类社会有史以来最大的一场变革。它不同于以往带有被动的、局部和修补性质的结构调整，而是对整个社会体系结构的重组和重构，尤其是生产力与生产关系的重组和重构。这无疑将会是一场激烈且持久的变革。

2. 码链数字经济学是践行 21 世纪马克思主义中国化的典范

170 年前，马克思恩格斯在全世界共产党人的共同纲领《共产党宣言》里庄严宣布："共产党人可以把自己的理论概括为一句话：消灭私有制。"共产党的最终目标是实现共产主义，这个"产"是指生产资料，这个"共"是指共同占有。共产主义就是指生产资料公有。"知之愈明，则行之愈笃。"思想与现实的相互作用及其相互转化，是马克思主义所具有的内在张力。经济学是国计民生之学，她必须回归现实方能见效。如何使市场趋于完善，使信息趋于完全，使供求趋于均衡？码链数字经济学正好切合了中国当前的国情，按照中国的国情在应用《资本论》的理论，可以看作是新的《资本论》。因为，码链将引领一种经济学知识体系的转变甚至改写经济学，把经济学研究从"空洞无物""纸上谈兵"的常态，转变为运用数字信息手段来切实研究真实世界的现象，使得通过对真实世界的锚定并运用炉火纯青的思想理论技术方法成为经济学研究的核心所在。码链模型"数字人—物格"，是马克思主义"劳动价值理论"的高维度发展。即通过"扫码链接数字人"来建立数字地球：人，在土地上劳动，创造价值，创造了这个社会、这个世界。数字人，在物格数字地球（土地物格）上，扫码链接、分享传播（数字化劳动），也就创造了数字化的社会、数字世界。也就构建了"数字地球"本身。在数字世界，码链给了地球上每一个人的每一次行为一个数字身份的凭证。就是"码"，码不仅是数字人行为的唯一识别，更是数字人对外服务的邀约。而码链基于"扫一扫"的码链技术，强调的正是人与人、人与物的真实连接。价值链可以安全、可靠地验证交易是否发生，并为释放资金和转让所有权提供无可争议的核准。这是打通整个交易价值链，成为精准记录、激励、分配价值的基础。从而真正实现"多劳多得，按劳分配"的思想原则。本书编著者与学界合作的，《关于全社会总供给动态平衡的理论与实践研究——基于码链一体四商模型》理论研究，不仅是马克思主义在数字时代的拓展和延伸，也为大变局中的中国特色社会主义理论建设奠定了基础。是具备全球化潜质与张力的普世价值体系。

硅基文明是 AI，碳基文明是爱。码链把人工智能 AI 中的 agent 还原成每一个数字人，尤其是让大妈群体在 AI 人工智能时代，焕发出生命活力，为社会创造价值的实践，体现了让爱取代资本，成为人际、商业、社会的纽带来构建数字经济交易商体系的本质。如果说一百多年前的"消灭私有制"，是通过暴力革命取得的，那么"码链"以爱为纽带，通过免费发码，形成人人可以免费获得的"生产资料"，就可以通过数字人自己的劳动（爱的分享，发现真善美，传播价值链）来创造价值（传播与消费共同创造价值的理论）。码链的"爱"与 AI 结合，成就了新资本。这是对马克思主义学说的中国特色（中国原创）的诠释和发展。把"人民的劳动创造价值"定义成为"资本"，就是新的"资本论"。

3. 土地物格为我国财税现代化提供一整套全新的构建空间

物 vs 财；格，溯源；格物，就是追根溯源，就是研究事物的规律，就可以产生财政税收征收的基础。因为，每个物格门牌不仅是真实有效的，而且"源于消费，自带收益"。通过"物格门牌"接入唯一的经纬度坐标，以及时间和不同的数字人 DNA 所生成的码，在数字地球中是唯一的，我们把这接入数字地球的唯一 NFT 二维码称为"元码"（类似互联网的域名），通过"元码"形成的价值链（类似接入商城的商品及链接），就是"物格价值链"。而在这个原始的二维码里，可以记录我们通过在物格里发生的扫码链接所接入的所有行为。如果把这个"源头"的二维码定义为价值的一部分，那么它就可以产生收益。从整个逻辑上来说，我们就可以让十亿扫码用户都有机会在新数字地球的构建中，对整个体系的财富进行重新再分配。

我国亟须变革对土地财政过度依赖的财税旧秩序：国民经济结构和社会经济结构的合理化，决定着财政收入结构的合理化。而财政收入结构是否比例关系合理、利益关系协调、收入取予适度、财力具有后劲，也制约着国民经济总量和结构的平衡，影响各方面积极性的调动和分配关系的调节。在中国实行以公有制为基础的有计划商品经济条件下，保证财政收入在国民收入中的适当比重，并形成合理的结构，是稳定财政，增强财政调控实力，正确处理收入分配关系，促进经济结构合理化的客观需要。但过度依赖土地财政有很多弊端，对土地财政的过度依赖还会加剧地方政府债务风险，过分依赖土地出让收入负面影响会越来越大。

应用物格数字经济模型建立财税新秩序：随着数字经济规模不断扩大，税源和税基的控制难度也在不断加大。目前还未形成适应数字经济发展的财税政策体系。而"物格"是在码的数字世界中的一个三维空间的量子化容器，标定地点的"码"可以进入这个容器。未来，将结合第一产业（农业农田），第二产业（工业开发区），第三产业（商业服务业），基于码链模型开发出各种"物格数字土地"数字资产。而基于物格数字土地形成的高质量数字资产，不仅是数字经济中最重要的财税收入来源，而更应该是数字经济中各个地方的财政税收本身。中国每天有上十亿人在扫码从事数字化劳动，创造价值，被记录在行为发生地的物格里，用这些记录核定数字经济 GDP，创造的经济价值征收税收，顺理成章。

因此，应用物格数字经济模型来改变财税征收的旧秩序，向新秩序进行切换，应该是正确的选择。

二、形势极为严峻的中国财政

1. 入不敷出的收支紧平衡状态

老龄化少子化—政府债务上升—财政赤字货币化—低利率、货币超发—股市房市资产价格—金融和债务风险上升—依赖低利率和货币超发—收入差距拉大、民粹主义、逆全球化。对于财政而言，面临的这些形势极为严峻，风险和挑战巨大。这既有经济增速放缓，财政收入自然增长率受限，财政刚性支出不减，收支增速持续倒挂所产生的收支矛盾和尖锐问题，也有人口老龄化、潜在养老缺口、地方政府债务，对财政可持续带来的严峻挑战。此外，还有全球疫情持续蔓延、经济下滑、全球风险加大等带来的巨大的不确定和外部冲击。当前，财政收支矛盾异常尖锐，财政压力不断加大。一方面，财政收入不充分。1994 年实行分税制后，由于我国的财政收入主要依靠税收（税收收入占财政总收入的 85.54%），而征税对象又主要是增量性的收入（如增值税、所得税）和生产经营收入（如营业税）；这种以工商服务业生产经营为本的税收制度，使得财政收入占国内生产总值的比重始终很低；庞大的存量资产对财政收入的贡献却微乎其微。房产税仅占财政总收入的很少部分。政府债务问题越来越成为影响未来财政稳定和经济安全的重要因素。从 2009 年起至 2020 年，积极的财政政策已实行 11 年，财政赤字仍不断扩大，债务规模相应急剧扩张。因此，如何将存量资产数字化、资源数字化运营并成为源源不断的财政收入来源，是当今财税政策的发展方向。另一方面，开支却很大。财政收入虽实现了较好的恢复性增长，但尚未达到宽松的程度。由于支出的刚性，地方政府债务问题，特别是，人口老龄化对财政的可持续带来的严峻挑战。当前我国的财政收支矛盾仍然突出，财政运行处于紧平衡的状态，由此可以预判，财政困难不只是近期、短期的事情，中期也会非常困难。但为了应对百年"大变局"，仍需实施"积极财政"的政策。大家都在思考，该如何破这个局？

2. 财政性质与国家性质的冲突：

我国现在的财政制度，已出现财力与职能不匹配，财政性质与国家性质相冲突的弊端。

科学的财税体制是优化资源配置、维护市场统一、促进社会公平、实现国家长治久安的制度保障。是国家治理的基础和重要支柱。当前，为什么我国会出现人民日益增长的对美好生活的需求和不平衡不充分的发展之间的矛盾呢？这是因为由于财政收入原本就不充分，调节社会收入分配结构的能力本就不足，而市场经济带来的产能相对过剩的问题，从 1995 年开始就始终困扰着我国的经济增长。"保增长"就成为吸纳我国财政资金的无底洞，社会保障资金不足、社会收入分配差距在市场机制作用下扩大就成为必然。结果是，社会矛盾不断加剧，用于公共安全的财政支出又被迫不断增加，进一步挤占了原本应该用于化解社会矛盾、优化经济结构、缩小收入分配差距的财政资金。以"保增长"为基本特征的公共财政，体现出的是"锦上添花"的性质。试想：政府若不从利润获得者那里多征税、不在经济景气时多征税，哪里有足够的能力调控经济和改善收入等经济结构？哪里又有能力在经济不景气时救市呢？为什么不是将可持续发展，优化经济结构（以提高国际竞争力），甚至共同富裕（以实现社会安宁）作为财政的基本职能呢？"不增长"就要出现危机，这是资本主义市场经济的通病。我们进行财政制度改革中，必须明确我国的国家性质，并将财政性质与国家性质有机统一起来，同时结合"新发展格局"的时代特征和中国国情，才能走出困境。

3. 财政分级管理，中央权威下降，国家治理能力下降

在"私有化"的导向下，官商勾结、无视党纪国法、贪腐成风成为必然。地方黑恶势力崛起，中央权威下降，国家治理能力自然下降。造成中国内卷的本质原因有：由于多年的土地财政和房地产货币化，导致地方政府负债过高，较大规模的财政赤字有损国民经济和社会发展，也就是尽管老百

姓赚不到钱，但是物价还是在不断上涨。值得强调的是，虽然收支矛盾较为突出，但减税降费的积极财政政策必须落实到位，才能让企业更好地轻装上阵。企业效益增加了，经济发展了，财政收入才能形成有源之水。要通过落实落细减税降费政策，激发市场主体活力，推动经济进一步恢复发展，培育出更多税源，才能实现税收增收和经济发展的良性循环。事实上，中央经济工作会议已经做出了很好的安排和部署，就是保持宏观经济政策的连续性、稳定性、可持续性，政策温和回归，不搞"急转弯"，还要持续地保持对经济恢复增长的支持力度。连续性主要是体现在要继续实施积极的财政政策和稳健的货币政策。财政政策要更加注重提质增效，更可持续；稳健的货币政策，要灵活精准。稳定性，就是要合理地把握我们宏观经济政策的力度。可以说，财政困难不只是近期、短期的事情，中期也会非常困难。

4. 税收是财政收入的第一大来源，但缺乏与时俱进的完善体系

数字经济（含虚拟经济、电子商务）的快速发展已经对现行税收制度形成系统性的挑战。

首先，税收制度的基础发生了改变：工业经济时代主要是以物质生产为主，传统税收立法主要根植于物质世界。互联网和信息通信技术的出现推动着数字经济的快速发展。网络空间越来越成为人类生存的新家园，已然形成生生不息、枝繁叶茂的虚拟生态系统。无形的数字化产品及服务（如用户数据、技术软件、数字媒体、云服务等）越来越多，有形产品数字化（如数字化的在线图书、广告和游戏产品等）越来越普遍，由此形成规模巨大的无形产业，且游离于现行税收立法之外。税收立法曾经历过由农业经济向工业经济的转型。进入数字经济时代，面临再次转型，即由所关注的现实物质世界延伸到虚拟的数字世界。给税收立法和税制改革带来了挑战。

一般而言，税收制度的基本构成要素包括纳税人、课税对象、税率、纳税环节、纳税期限、纳税地点、减免税等。随着数字经济的快速发展，

其中多个关键要素的确定规则在数字经济中的适用性均面临一定的挑战，税收制度的可持续性面临一定威胁。一是数字经济的发展使得纳税主体分散化，纳税义务人难以准确锁定和有效监管。二是数字经济的发展使得业务边界模糊化，税基流动性进一步增强，课税对象难以准确界定和评估。

其二，传统税收管辖权受到冲击：数字经济的虚拟现实给所得税和增值税带来共同的税收管辖权问题。传统税收管辖权包括居民管辖权和来源地管辖权。我国企业所得税采取登记注册地标准和实际管理控制地标准相结合的居民管辖原则；个人所得税则根据个人住所及居住的时间长短确定是否属于我国居民。按照来源地税收管辖权的征税分两种情形。一是对非居民企业在我国设立机构场所的经营所得，或虽然没有设立机构场所但有来源于我国境内的所得征收所得税。在我国登记为非居民企业的机构场所，只就来源于该机构场所或者与该机构场所有实际联系的所得纳税，即来源地管辖的前提是非居民企业与来源地有物理联结。二是对来源于我国的转让财产所得、股息红利等权益性投资所得、利息所得、租金所得和特许权使用费所得，需由支付方代扣代缴预提所得税。这意味着，境外纳税人与我国发生的这种跨境贸易，在我国缴纳预提所得税的前提是有"经济存在"或"经济联系"。在增值税方面，依照税法规定，如果购买方或销售方任何一方在中国境内，就应该在我国缴纳增值税；但如果境外的单位和个人为我国单位和个人提供完全在境外消费和使用的货物或服务，则不在我国缴纳增值税。因此，只要货物或服务的提供地在我国，就需要依法在我国申报缴纳增值税。然而，如何界定数字产品完全是在境外使用或消费，却是个难题。传统意义上，物理存在（机构场所）和人（代理人）两个要素成为跨境交易是否在该国缴纳税款的有效关联和经济联结。而数字经济打破了传统跨境贸易与来源地之间的物理联结和经济联结，取而代之的是数字信息联结。此外，数字经济还导致实体管辖权和执行管辖权之间的割裂，进而产生所得税和流转税之间的不协调。实体管辖权方面，所得税强调来源地原则，流转税强调消费地原则（目的地原则），前者关注支付方所在地，而后者关注实际消费地，两者的纳税地不同。执行管辖权方面，对本国非居民来源于该国的所得如何征税，涉及所得税；对本国居民消费者从远程供应商购买的商品或服务如何征税，涉及流转税。所得税强调经济活动发生地和价值创造地原则，流转税则强调目的地或消费地原则，两者存在一定差异，而且在数字经济背景下难以判定和执行。以上种种，都需要进一步协调和统一两者不同的征税规则。

其三，税收征管难度加大：1. 纳税人身份难判定。面对纷繁复杂且数量巨大的数字市场交易，要清晰界定每一笔交易的生产方、提供方、中介和消费购买方，不是一件容易的事。因为数字技术可以克服许多交易障碍，实现数字产品及服务的瞬时远程交易。市场国或消费国的税务部门无法依据物理存在规则对这些随时可能发生的交易一一进行甄别，甚至无法根据现行税收管辖权规则开展相应的工作，由此引发了许多销售方刻意规避传统的税收管辖规则问题。2. 交易地和纳税地难判别。在很大程度上，数字经济活动已经不受地域和时间的限制，网络化和远程化的销售和服务方式，不需要在市场国设立实体化的机构、场所。数字化产品或服务的无形化特征，加上 IP 地址及网址可以篡改，使得税务机关对交易的时间和地点难以追踪，导致现行按经济活动发生地和价值创造地征税规则、联结度规则和利润分配规则的失灵。3. 交易性质难划分。数字经济背景下，税务部门对线上交易的数字产品或服务的性质难以划分和归类，因为交易本身都是虚拟的、数字化的，其存在的形态表面上看也许是相同的，但实质上存在差异。数字化交易方式使各类所得之间的界限变得模糊不清，很难判定哪些是营业所得、哪些是劳务报酬所得、哪些是特许权使用费所得、哪些是转让无形资产所得。4. 传统价值链模式和价值创造模式被颠覆。数字经济是一种新兴网络生态经济，"产、供、销、消"价值链模式的内涵发生了明显变化。传统经济中，"产、供、销"各方基本都属于提供方，消费者仅仅作为接收方或购买方。但数字经济打破了产品生产主体的单一性，消费者角色被重塑。消费者通过与平台和商家的互动，提供大量的个人数据及信息，第三方数字化企业则对这些数据信息进行挖掘分析，使其成为产生新价值的财富源泉。换言之，消费者通过用户参与和提供数据为企业的价值创造做出贡献。然而，市场国或消费国对用户参与产生的利润如何征税，则是一个崭新问题。5.税收流失风险增高。如前所述，数字经济背景下，市场国或消费国无法行使税收管辖权，基本征不到任何的税收，即使拥有税收管辖权，按照现有的征管条件也难以征收。跨国企业往往利用数字经济活动的这种特点和税收征管的局限性，有意将常设机构设在低税国，而这并非其真正交易地，或者将企业不同功能的业务分散在不同的国家，以规避各个国家对数字交易所设的门槛，使得这些国家无法征收所得税甚至流转税。

其四，数字经济税收问题带来的公平效率影响：数字经济对税收制度的冲击和挑战，在一定程度上妨碍了税收组织财政收入、调控经济活动的功能，进而导致了经济增长（效率）、收入分配（公平）方面的多重问题，对数字经济的持续健康发展造成了一定的负面影响。首先，数字经济税收问题一定程度上影响了经济效率。一方面，与数字经济发展不相适配的税收体系扭曲了市场机制，对市场效率造成了直接的负面影响。税收中性是税收制度应该遵循的一项基本原则，但由于数字经济对现行税制的冲击和挑战，当前的税收体系在不同的经济业态、不同的商业模式、不同的市场主体之间难以保持中立，严重影响了市场机制在资源配置中的决定性作用。另一方面，数字经济对税收体系的冲击导致政府丧失了大量税收收入，甚至损害了税收制度的可持续发展，将影响政府提供公共服务、完善经济发展环境的能力，进而间接损害经济增长的潜力。其次，数字经济税收问题也妨碍了社会公平。一是国家之间税收分配存在不公平问题。这涉及税收管辖权问题。二是国内不同地区之间税收收入分配不合理。这主要体现在经济活动的远程化、虚拟化发展，使得数字经济经营活动所产生的税收收入将脱离于消费地而集中于经营主体所在地。供需主体的错位意味着数字经济经营活动带来的增值税、企业所得税等相关税收也将主要在发达地区缴纳，造成欠发达地区在税收收入分配中处于劣势地位，进一步加剧区域发展失衡。三是数字经济与传统产业之间税负不均衡。数字经济作为经济发展的新动能，给予适当的税收优惠促进其发展具有合理性，但因为税收制度的漏洞导致的避税并非良方，由此引发的数字经济与传统产业之间税负的不均衡是不合适的。四是境内企业与境外企业之间税负不公平。这涉及境内外销售和消费无形商品、提供服务的增值税待遇不同问题，使得境内企业在市场竞争中处于不利局面。五是数字经济与传统产业的个人从业者税负不均。这一方面表现为个人经营者游离于税收征管体系之外，另一方面，又以个体工商户方式经营，导致线上线下从事同一性质劳务的个体，其税负存在差别。总而言之，如果数字企业的用户遍布全国各地，但是只有数字企业所在地和数字企业本身获得了可观的税收和收入，用户却没有获益，那么不征收数字税显然损害了公平和效率。在这个时代，随着科技的发展，所有的东西都可以数字化，数字化后就变成各种各样的数据。数字化就是对海量信息化数据进行采样、挖掘、分析、存储和利用，涉及所有的文字、图片、声音、影像、图表等，数字化的核心价值是用数据还原过去，总结规律，描述现实和规划未来。

▌ 如何破局？真正的出路在哪里？

"物格"是解困国家财政压力的智慧方案。码链在大变局中遇见未来，这是在习近平新时代中国特色社会主义思想的指引下创设的一套切实可行的破局方案，致力于在服务中国实体经济的内循环中成长，在一体四商的数字经济大潮中蓬勃发展，在国际交易商体系的探索中不断创新，在数字时代产业转型升级中完成飞跃。码链数字经济学说在党的坚强领导下，紧扣时代脉搏，从新的价值创造体系、新的社会管理体系和新的智慧文明体系三个维度展开，给出了解决世界性发展难题的解决方案。所诠释的"土地物格"战略，从"开源节流""进来出去"两方面彻底解决"财政收支紧平衡"问题的方案，有助于财税征收面对数字经济改革旧秩序，建立新秩序。码链物格新经济，物格数字土地将成为新的财政税收来源，而且是永续的。因此，只有围绕码链数字经济体系，应该加快建立物格门牌产权立法，开启对数字土地资产交易流通的征税，建立物格土地安全保护等基础制度和标准规范，形成真正的"经济—财税—社会—经济"良性循环格局。才可以交出一份让人民满意、世界瞩目、可以载入史册的高质量发展答卷。

三、发挥财政职能作用，扎实服务高质量发展

码链财政税收理论是链接政府部门和市场主体的桥梁，是马克思主义基本原理同中国具体实际相结合、同中华优秀传统文化相结合的理论。码链让人类在数字化的土地上劳动创造和生成价值，创新物格数字税基和税收最适课税理论，架构以资源税、资产税、消费税为主体税种的数字经济税制结构模型，提升数字经济发展水平，提高数字经济征税管理能力，建构财政的收入结构，为数字时代的财政税收提供了从理论到实践的解决方案。中央和地方政府可籍此方案，研究、制定和推行新的数字财政税收政策，稳健的数字物权货币政策，不断优化征税规模，履行资源配置，开拓税基税源，稳定和发展经济，为人民谋幸福的责任。

当前，码链倡导的数字时代在土地物格上开展劳动创造价值的精神，已经在实践中熔铸到中国人民独立自主、自立自强的创业历程中。在新征程上，从码链数字经济中汲取前进的智慧和力量，深入挖掘物格土地的原生价值，加快构建经济内生循环体系，为全面建设社会主义现代化国家提供坚实的财政和税收支撑势在必行。

现代化的财税制度应当以人为核心：人的发展是一切发展的基础和前

提，也是一切发展的落脚点。当前我国社会的主要矛盾，已经转化为人民群众日益增长的美好生活需要，和不平衡不充分的发展之间的矛盾。所以，新一轮财税体制改革的基本目标，应该以面向社会公平正义的分配为中心；面向实体经济的持续发展为保障；建立与国家治理体系和治理能力现代化相匹配的现代财税制度。必须以人为核心来进行设计，并做系统性重构。无论是创新驱动的高质量发展，还是人民共同富裕，发展绿色低碳经济等目标的实现，也必须基于所有人的全面发展。"十四五"规划纲要提出要让全体人民在共同富裕的道路上迈出坚实步伐的目标。国家大势初定，财力逐步雄厚，该到反哺国民的时代了。在当下的中国，维系共识和凝聚力的，不应该只是民族主义、爱国主义，外力倒逼下的很多因素。应该有更牢固、更可持续、入脑入心的制度保障。高质量发展是未来国运可持续的最有力保障。要凝聚绝大多数国民的发展共识。发展共识来自民众的切身利益，来自能否通过勤奋工作实现阶层跃升，来自经济社会运行规则是否公平正义，来自有无各种"弹性门""隐形门"……国民对国家主流价值观和经济社会运行规则发自内心的认可，才是实打实的、牢不可破的凝聚力。只有建立在这一共识基础上的中国，才能做到胜不骄败不馁，进可攻退可守。相应地，财税制度改革，包括税收制度、财政体制、预算制度等，都必须以人为核心来进行设计，并做系统性重构。

1. 大力支持高质量发展，做大经济"蛋糕"

《资本论》对于当代中国的第一大启示就是，要紧紧抓住科技创新这个第一动力。科技实力必须得到广泛应用才能体现在企业的利润中。码链给出了新发展格局下，实现数字经济的高质量发展的满意答卷。有研究认为："地根"和"银根"，同为人类生产活动不可或缺的要素，被认为是参与国民经济宏观调控的两大利器。但是，单从"银根"角度考虑问题，绝不是解决高质量发展的根本。要有从"地根"并结合"银根"一道实施的宏观政策，才能真正解决高质量发展的问题。今天，按需保证供应建设用地的时代已经永远一去不复返了。未来的现代化建设，土地供应只会日趋紧张，不会缓解。这个紧张过程将一直伴随城市化、工业化、现代化全过程。为此，需要我们推进土地管理方式的改革。"十四五"时期，将把财政资源配置、财税政策落实、财政体制改革放到服务高质量发展、构建新发展格局中来考量和谋划。正如马克思在《哲学的贫困》中所说："各种经济时代的区别，不在于生产什么，而在于怎样生产，用什么劳动资料生产。劳动资料不仅是人类劳动力发展的测量器，而且是劳动借以进行的社会关系的指示器。"也就是说，生产力的变化必然引起社会生产关系的变化，必然引起社会形态的改变。就如同"手推磨产生的是封建主的社会，蒸汽磨产生的是工业资本家的社会。"各种经济时代的划分，是以工具为主的劳动资料为划分标准的。

"以道御术"，是中华五千年文化的精髓。中国特色的市场经济有别于资本主义市场经济。怎么做都不能背离社会主义道路，不能背离以人民为中心的发展思想，要回到马克思主义的根本思想，即"人类在土地上劳动创造社会价值"。

中国原创发明"扫一扫"高价值组合专利技术，就是数字经济时代的"生产工具"，已经改变了全世界人民生产生活的方式。并借此共识基础，通过"点线面体系"打造"一体四商"利益共同体，呈现人类新的智慧文明，进而构建"人类命运共同体"的世界大同。码链是通过"扫一扫"（点），将三维实体经济的人和土地，通过数字化方式升级为四维空间的数字人和物格土地。这样一来，也就是把"人在土地上劳动创造价值"的三维模式，升级为了"数字人在物格土地里劳动（分享传播）"的四维数字经济模式。这就是真正的"增强现实技术"。与此同时，"扫一扫"通过其"信息＋指令＋执行"的人性化技术，让每一个人成为真正的"自由人"，即自己的信息、资金、收益等，都由自己做主的主人。也正因为如此，每一个人都成为自己权益的中心（分权）。这是真正以人为本的"去中心化"（自由人的联合体）。以此打破了互联网时代的垄断和剥削（集权），真正做到体现了"按劳分配，多劳多得"的原则。通过发展数字土地物格技术，构建与数字经济发展相适应的政策法规体系，健全共享经济、平台经济和新个体经济管理规范，将不断增强中国的国际竞争力。

要紧紧地抓住我们扩大内需这个战略支点，积极推动双循环的新发展格局。要扩大内需，必须提升绝大多数中下层国民的消费能力，才是治本之策。地球上每一寸土地都有社会活动，包括经济活动，如果这个活动是基于码上发生的，那么码链物联网技术就可追踪溯源到：什么人，什么时间，在什么地方，扫了什么码，结果如何等 5W 数据。为了方便管理，码链已与北斗底层技术打通，把地球表面按 10×10=100 平方米划格子，然后给每一个格做编号，实时动态记录着在这个格子上发生的所有扫码行为。这个格子，就是物联网的格子"物格"。物格与物格相连成网，互通互联，形成"物格链"这一世界上最大的区块链。这将是真正从根源上解决内循环不畅问题的智慧方案。

内循环的建设重点是要不断提升数字经济的引进能力、吸收能力。具体表现在制定积极的财政税收政策上。一个国家物格数字土地资源来自这个国家所具有的、具备主权性质的、真实的地、海、空、天的国土资源的数字化映射。具备所有权特定优势、内部化特定优势、区位化的特定优势。可以产生经济体新的税源和税基。数字化的经济吸收能力，是指投资 I+ 消费 C+ 政府支出 G。把这传统的三驾马车数字化，以利益链和消费链为核心来实现引进和接入，才可以建设数字国家，发展数字经济、建设数字社会、赋能数字政府、擘画数字生态系统。

2. 改革完善收入分配政策，分好经济"蛋糕"。

《资本论》对于当代中国的第二大启示就是，毫不动摇地始终抓住实体经济。要推动完善以市场为基础的初次分配制度，促进机会均等；履行好政府再分配调节职能，缩小收入分配差距，加大税收、社会保障、转移支付等调节力度和精准性。把经济发展主攻方向放在实体经济上。要保持我们制造业合理的比重，促进各类产业集群的良性发展，这是新发展格局非常重要的基础。码链完完全全将三维实体经济一一对应并映射到四维数字空间。通过"元码"（价值链）模式，从源头进行对接和监管，即追根溯源。不符合要求的产品不给"发码"，也不授权"扫一扫"使用许可，只让货真价实的产品（优品）上码上链，并直接对接给消费者，实现最理想的价值流通和传播。如此，假冒伪劣产品就无法上码上链，也就根除了互联网上的一切人为虚假上网的产品和服务；并以此改造升级了"渠道商"。通过产业码提供"一站式"服务体系，在此基础上，进一步实施"统一发码"和"扫一扫授权维权"的标准化统一管理，赋能实体经济。让市场形成规范、有效、真正的自由贸易局面。

进一步规范收入分配秩序，推动形成公正合理的收入分配新格局。收入分配制度是经济社会发展中一项带有根本性、基础性的制度安排；是社会主义市场经济体制的重要基石。国民收入分配格局主要涉及政府、企业和住户三大部门的分配关系。初次分配和再分配均呈现出住户部门份额明显下降，企业部门份额明显上升，政府部门份额基本稳定的格局。随着我国发展的"蛋糕"不断做大，如何把"蛋糕"分好同样是一项系统性的重要工程。收入分配关乎国计民生，更需要以国民收入的"高质量分配"来贯彻"新发展理念"的要求，来匹配"高质量发展"的需求。因此，亟须重视对国民收入分配格局的研究，优化国民收入分配结构与改革税费制度，正确处理公平与效率之间的关系，通过发展成果由人民共享，促进民生福祉达到新水平，实现满足人民日益增长的美好生活需要这一根本目的。

国民收入分配格局的调整是一项长久而重要的课题，既关乎国家宏观财政，也关乎万千民生福祉，既需要从大处着眼，又需要从小处落手。

如何促进收入分配更合理更有序？如何让国民收入分配更加公平、高效，让广大人民共享发展红利？马克思主义认为，财富是劳动创造的，社会主义应当按劳分配。在社会主义市场经济体制下，坚持按劳分配为主体，多种分配方式并存，防止两极分化。增强创新能力，科技的自主能力。这是畅通国内大循环，促进国内国际双循环非常重要的节点。财政要支持健全国有资本收益分享机制，完善国有资本收益上缴公共财政制度。建立完善个人收入和财产信息系统，支持健全现代支付和收入监测体系，推动落实依法保护合法收入，合理调节过高收入，取缔非法收入，遏制以垄断和不正当竞争行为获取收入。

3. 构建积极的数字化财税机制和稳健的数字化物权货币政策

货币是特殊的种类物，其特殊在于"占有即所有"，这也揭示了货币在被占有的情况下即产生了对货币的所有权。那么，就应该是物权法中的物。既然是物，就必须具有物的属性，就应该回归到对"物"的锚定。因此，回归货币本质，回归财政部对于货币的物权把控即发行权。必须让金融服务实体经济，反哺实体经济。

人民币的下一个锚在哪里？事关中国经济的前途。

现在的央行法，独立的货币政策，其实是美联储的阳谋，必须整改。央行一直在至关重要的货币主权上存在严重问题，直到现在都依然存在。所谓货币主权问题，就是央行作为国家在金融方面的管理机构，应限制任何人，包括其他国家印制票券，包括他国钞票，来代替本国法定货币，"买走"国内市场上的物资。如果不能限制货币主权被侵犯，就必然出现严重问题。因为大量财富被人买走，使市场上商品减少，很可能导致物价上涨。就是国内有人用非法定货币或者票券，都等于是增加国内货币，从而一样可能导致物价上涨。若按劳动时间计算，中国劳动者有 60% 左右的工作时间是在无偿为国际垄断资本服务，创造"剩余价值"。根本原因是央行印钞大都交给了西方。一体四商就是要消灭生产资料私有制提高全社会福利。统一发码管理中心可以在央行，就如印钞机，但是发行指令必须由财政税收传达。这就符合最初的财政与央行的职能分配。如此才能保障金融安全、经济安全、内生循环、抵御危机。量入为出才有增量，新增发货币其实就是增量。无锚定物货币的增量就是稀释全社会财富，造福少数集团。要提质增效，更可持续：保持适度收入和支出强度；优化和落实减税降费政策；增加中央对地方转移支付规模；合理确定赤字率；适度减少地方政府专项债券规模。助力完善企业成长加速机制。物格土地会促使税收治理回归收入分配本质。资金信息流已经成为当代的税源之一，因此，要重新看待新增的价值，重新衡量财富和货币。今天我们面对的真实挑战，不是让数字经济顺应税收制度与税收政策，而是要让税收制度与税收政策全面适应和促进数字经济发展。

极大增强资源链、产业链、供应链、价值链、利益链的自主可控能力。《资本论》对于当代中国的第三大启示就是，充分发挥公有制具备的社会主义市场经济优越性，并发挥数字经济体总量收入巨大的优势来构建和发展中国特色社会主义政治经济学。我国改革开放以来之所以能有经济的快速发展，原因就在于我们选择了社会主义市场经济。中国特色社会主义政治经济学应当有国际视野，能够对中国经济发展，更进一步地对世界的经济发展做出理论的说明，揭示其中的规律，昭示我国数字经济进一步前进的正确方向。要抓住数字经济体总量收入这个牛鼻子。数字经济体的总量收入能力应该是包括数字经济系统的引进能力、吸收能力、储藏能力和消化能力。数字经济体双循环建设带动数字经济体的总量收入。物格土地会促使税收治理回归收入分配本质。资金信息流已经成为当代的税源之一，要重新看待新增的价值，重新衡量财富和货币。

外循环的工作重点是不断提升存储能力和消化能力，消化能力则表现为特定国家进出口业务、资本在市场上流动和开展自由贸易。具体表现为稳健的数字货币政策，保持产业链、供应链、价值链的安全稳定，是构建新发展格局的基础。储藏能力可以理解为真正为实业服务的金融资本，保持产业链、供应链、价值链的安全稳定，增强自主可控能力，形成高品质的资产储蓄，借鉴"金本位"直接过渡到"物本位"建设特别提物权，基于物格数字土地、国家消费指数认证 CCC 通证作为主权国家的数字货币锚定物，并作为国际信托、信用和交换的基础。

人类是生活在真实的地球当中，具有真实的物理位置坐标，而不是在以虚拟的 IP 构成的互联网屏幕的世界里。也就是说，人类一切经济活动都是在一定时间和空间进行的。在互联网垄断肆虐的当下，生活在真实的地球上的人类行为，与虚拟的 IP 世界即互联网世界没有相互对应、一一映射的关系。而造成人类社会的撕裂，或者从"阴谋论"的观点来看，就是少数集团，刻意在人类社会之上，建立了一个超越所有主权国家与人民的"超级政府集团"，如若不信，可以看 2021 年初发生的事件：这个集团可以把全球所谓最大的民主国家的民选总统特朗普的推特社交账号一夜封杀；可以在散户（人民）即将在美国股市通过做多 GME（游戏驿站）股票，把金融集团打败之际，拔掉散户的网线，禁止交易。

因此，全球基于 IP 这个虚拟的互联网世界的出现，是不能为全世界人民谋福利的，它的出现，是少数集团为了更加便捷地奴役全球人民而出现的。而码链，基于 5W 元素真实世界发生的行为而构建的一一对应的数字化世界，是把真实的三维世界发生的 5W，通过码链的接入协议映射到一个数字化了的世界。通过增强现实的映射机制，给出了为人民谋幸福的解决方案，我们可以在真实的世界里通过扫码链接（二维码扫一扫）、分享传播（朋友圈转一转）以及未来的御空眼镜看一看、量子码链想一想来构建一个全新的"以人为本、道法自然、天人合一、世界大同"的数字化的世界。人类生活的唯一家园地球，在数字时代，在信息数字化处理的时代，地球也需要数字化，才能通过码链的接入协议映射到数字的世界。通过"扫码链接数字人"来建立数字地球，以此增强人类扎根地球的能力，最终成就人类命运共同体的伟大事业，实现共产主义理想。

四、土地物格为我国税制进化提供智慧方案

把握一个时代，一定要看清它的大本大源。我国的社会主义国家性质要求，财政必须要充分参与社会生产与财富分配，以消除或者说尽可能减弱商品货币关系对市场中的弱势群体和弱势产业的不利影响。就中国特色社会主义财政参与社会财富分配程度的标准而言，在于它是否充分实现了"新发展格局"下的国家治理目标——可持续的健康发展，即可持续的国强民富（共同富裕）、国泰民安。地方土地出让金划归国税，与码链数字地产，税制征收改革一脉相承。数字地球大有作为。本质上都是要开源才能增加政府财税。才能真正走上一条"经济—财政—社会—经济"的良性循环之路。从质量的角度以及全球税制发展的趋势看，"十四五"时期我国在维持宏观税负总体稳定的前提下，减税降费将着力于提质、优化，特别是进行结构性减税降费，在激发市场主体活力的同时，促进税制结构更为均衡，实现质量提升。

数字经济是一种经济结构的变化，其底层逻辑主要由数据和信息构成，而不是传统经济所依赖的土地、资本、劳动力。但数字经济也不能离开土地、资本、劳动力等生产要素单独存在，数据和信息的价值必须通过土地、资本、劳动力等生产要素的参与才能充分发挥出来。数字赋能税收的现代化，体现出数据的唯一性、真实性、共享性、高效性特征，是赋能税收现代化的基础。无论是税收征管、税种、税基等，可能都需要进行适应性的改革。一方面，土地物格理论，为数字经济的虚拟化和非中介化重新找回了"物理存在"规则和秩序。因码链物格土地的相关经营行为，都要求参与者必须以公司名义进入，这种主动合法化行为，更加符合现实的管理需要。另一方面，土地物格的属地化收益管理，更是为国际税收的国与国之间收入分配，提供了合理依据。因其产业码服务器是有序归属于各个合格的码链商学院分院的属地化管理，更是合理地将收入进行了符合现实的分享分配，这为政府提供了有序管理的依据。

1.数字经济的蓬勃发展催生了税制进化的驱动力

要把中国经济增长动力从要素驱动转向创新驱动，从投资拉动转向消费投资双驱动，从两头在外转向自主与开放兼容，消除要素流动障碍的阻滞，畅通国民经济循环，更大范围把生产和消费联系起来，扩大交易范围，推动分工深化，提高生产效率，促进财富创造。

首先，土地物格，为新时代中国财税提供了高质量发展的有效市场。数字经济的显著特征是更强的流动性，由此极大地强化了共同市场的重要性。最优竞争条件涵盖共同市场的四个基本要素——生产、工作、投资与交易。每个要素的竞争条件都深受财税政策的影响。在这里，底线是税收制度不能因相互冲突，或缺失必要协调而阻碍共同市场的形成、运转和发展。在数字经济时代，有效运转的共同市场具有压倒一切的重要性，无论区域还是全球性共同市场。

码链思想码链技术可以促进有效市场快速形成。未来，现实世界与互联网世界可以通过码链无缝对接，使得线上和线下融合发展，进而重构商业生态圈。通过码链重构新经济，让四商连成一体（即生产商，交易商，消费商，服务商形成一个利益共同体），彻底颠覆传统经济的经济人假设，而使得"我为人人，人人为我"成为主导。具体的技术实施，就是通过二维码扫一扫，也就是人类在真实世界可面对面接入，扫一扫二维码即可以接入，或通过朋友圈转一转接入。把真实世界与数字世界无缝对接。一个扫码动作就可以打通整个交易的价值链。这一点是互联网做不了的。

其次，土地物格，为新时代中国财税提供了源源不断的全新的税源税基。土地，是最重要的生产资料，而劳动工具是生产力。在数字时代，手机（生产工具），在物格数字土地这个生产资料上，通过扫码链接，不仅创造价值，还形成了新的生产关系，从而构建全新的数字社会，带领全人类进入数字文明。与房地产相类比，房地产是在物理的地理位置上，通过"砖瓦钢筋水泥"构建的空间，提供给人类活动，创造价值。物格，是在北斗标识的地理位置上，通过"贴码"来构建虚拟"数字空间"，通过"扫码链接"来进行数字活动。因此，物格可以看作是"房地产"的数字化转型升级。是房地产产业在停滞不前背景下的柳暗花明又一村。房地产的金融投资属性即房地产长期上涨的理由在于，地理位置的稀缺性，及人们活动所需要的所属空间的刚需性。而物格门牌基于地理位置也是稀缺性，扫码贴码已经成为上十亿民众的基础普及，也是刚需。但物格的价格只有数万元；即使通过拍卖的市场发现真实价值，也远低于现实中的房地产。因此物格门牌作为房地产投资的替代性，由于标的物的价格差，使得物格门牌将超越房地产的火热，带动新一轮的经济发展。在码链的数字世界，通过扫码链接，发现并进入码链新大陆，这是一个全新的智慧空间，让一切都可高效地重来一遍。

数字经济属于典型的高固定成本经济（知识成本）。数据驱动的无边界市场经济，即规模性（聚集经济）。这种外溢经济，源于经济活动的互补性。任何个体的优势取决于有多少其他同类结合起来，组成一个能够吸引更多需求的群体。其经济形态：短期巨额投入—迅速扩大订单—边际收益递增—获得超额利润。在此意义上，税制进化要求政府扮演风险共担者的角色。增值税具有抵触创新的倾向，消费税保证"创新中性"，风险分担型所得税最合适。税制进化的焦点：区位配置中性税制（税收中性原则），税收管辖权问题。主要的初步结论是：消费税优于增值税；非流动性税基和附加税成为最合适的地方税。

最后，土地物格，为新时代中国财税提供了数据赋值能力和信息可约束能力。数据在价值创造中所起的关键作用，数据定价，知识经济即无形资产特征，数据值多少钱？也就是"税基"确定、税基属地化很重要。确定纳税义务和权利的有效信息，即确定性与简易原则。这里主要是指"下载交易""去实体化""数字产品和服务"。即税制正常运转依赖的相关信息数量与质量。直接税的信息门槛（忽略税率差异）由低到高依次如下：

个人所得税中的工薪、利息、股息所得税最低；赠与税、继承税或遗产税、已实现资本利得税；信息门槛最高的是所得税和财产税。在传统经济中，间接税的信息门槛（忽略税率差异）由低到高依次如下：关税；周转税；消费税；增值税。以上排序基于传统经济，但数字经济朝向"去物质化"特征的发展极大地提高了间接税和直接税的信息门槛。数字经济的"去物质化"集中表现为"去实体化"和"下载交易"。

土地物格理论，是高维度智慧地回归经济本质。财政参与社会财富分配程度是否合理的标准，在于它是否完成了执政组织赋予它的职能。为确保税收公平原则在数字经济背景下继续有效，税制必须在两个方向上进化：朝向恢复能力公平的进化，以及朝向恢复受益公平的进化。

2. 物格的特质有利于税制进化的演进

数字经济带给现实税制的困扰莫过于，去地域化与远程交易，去实体化与规避应税存在、价值共创与数据赋值等。物格可以"既合乎逻辑、又直达目的"地加以解决。数字经济若是在正确的思想指引下发展，就是良心（道德）经济的回归。物格新经济就是要回归"显著应税存在"，即物理意义上的应税存在；回归忠诚而精确地表达"特定数字资产创造了多少价值"；让互联网造成的种种"失灵"回归本真。要关注税制与促进社会公平的问题。"十四五"规划和2035年远景目标纲要明确，健全直接税体系，适当提高直接税比重。新时期贯彻以人民为中心的发展思想，更好满足人民群众美好生活需要，税制在调节收入分配方面将发挥更重要的作用，发挥直接税的收入分配调节功能，特别是进一步完善综合与分类相结合的个人所得税制度。

税收治理或需回归收入分配本质：税收的本质，是对国民收入的分配，对财富的再分配。资金信息流已经慢慢成为当代的税源之一，要重新看待新增的价值，重新衡量财富和货币。从税收的本质出发，关注税收与财政的关系。

税收上不来，财政必然紧张。也许数字经济发展到一定程度，复杂的增值税抵扣计税方法会回归到简单的消费课税。同时，税制进化的视野应拓展到整个税制：因为数字经济发展对税制的冲击是普遍性的，并且集中体现在关键税收原则上。最重要的税收原则有五项：中性原则，旨在确保让市场力量在资源配置中发挥决定性作用；行政效率原则，旨在确保遵从成本和征管成本最小化；确定性和简易原则，旨在确保纳税人明了自己的权利与义务，以及考虑各项政府政策做出最优商业决策；有效与公平原则，旨在确保在有效执行税法——在正确的时间、正确的地点、对正确的纳税人征收正确的税额；灵活性，旨在确保税制适应经济和科技持续变化并满足政府的收入需求。

税制应该借机（土地物格）而系统进化：首先，税制进化的基本含义是致力恢复这些原则的可靠性与有效性。在数字经济蓬勃发展的背景下，除了必须满足公平和效率这两项核心原则外，税制还必须在降低信息门槛的方向上进化，以确保"确定与简易原则"（针对纳税人）和"有效征管原则"不被边缘化，进而确保税制能够正常运转。把税制的适应性进化纳入应对数字经济税收（DET）问题的分析视野很重要。其次，税制进化不是建构或实施某种旨在规避、弱化或消除这些特征的新税制，也不是让数字经济发展"屈从"税收原则的约束与引导，而是以合理成本确保滥用这些特征以获利的种种作为在新税制下无法或难以得逞。最后，由于对税收原则的侵蚀不仅限于一国内部，更在国际层面发生，所以，理想的情况下，旨在恢复这些原则的税制进化是建立一套国际性税收制度，或者至少通过修改国际税收协定来实现全球一致的新协定。

3.要关注税制与环境和谐的问题

广义的环境税包括排污税类和资源税类，更广意义上的环境税应包括消费税、资源税、排污税、准环境税（包括了各种收费）等。"十四五"时期，需要持续深化绿色税制改革，探索由增长驱动型税制向环境友好型税

制的转变。当然，作为环境友好型税制，无法由单一的税种承担所有的功
能。我国应该全面统筹企业所得税、资源税、资产税、消费税、环境保护
税等多个税种，充分发挥绿色低碳税费制度的作用，助力实现碳达峰、碳
中和目标。

　　我们面对的真实挑战，不是让数字经济顺应税收制度与税收政策，而
是让税收制度与税收政策全面适应和促进数字经济发展。值得特别说明的
是，要说明经济形态的进化如何驱动税制进化，史诗般的税制进化历程，
在很大程度上是人类经济形态演进所驱动的自然进程——一个合理化的自
然历史进程。近代以来，税制伴随经济形态演进而进化的宏大事件，首推
增值税在 20 世纪逐步取代周转税。但面对蓬勃发展的数字经济大潮，中
国的眼光不应停留在"防范税收侵蚀""合理分配税收管理权"以及"防
范逃税"上面，而应扩展到"税制进化"以适用和促进数字经济的发展上。
也就是说，数字经济发展使增值税劣于消费税，增值税面临税制进化的挑
战，而消费税正是生态税制的有效税种。数字经济的发展对增值税的挑战
在于，许多进项由于不具有实体而无法进行核算及抵扣，而对最终的消费
者征税，在最后的消费环节征收，将免去重重抵扣的烦琐。用"返璞归真"
形容数字经济时代发生变化的货币形态，数据将成为未来最重要的资产，
具有一定的价值延展性。对于数字经济和税收征管之间的关系，不是单纯
的治理关系，税收机关还要依托数字经济来提升税收征管的效率。

　　4."经济—税收—经济"的良性税制进化

　　土地物格新模式，对国家税收而言，既有助于促进经济产出（增长）
最大化，也有助于创造充分而稳定的财政收入的税制。面对百年大变局，
从国际税收而言，占据先机与主动的国家将获得经济竞争力和税收竞争力
的双重优势。构建更稳定、更公平的国际税收框架是百年一遇的税收革命。
因此，在土地物格提供的利好框架下，把重点转向税制改革、税收体系健
全、征管方法完善等方面，更好地让税收制度与经济发展协调运行，让税

收与经济的关系更加紧密，让税收对经济调控的作用更大。

第一，码链税收体系将做到纵向到码，横向到链。在码链中，税收的来源和数量由码决定，税收的类型和质量由链决定。所以，应该缔造新类型的税收，特别是资产税的类型，物格数字资产就可以作为优质的征税对象。码链构筑了人类社会新的"经济万里长城"。具体而言，物格土地、生产制造、交易循环、服务管理、消费驱动是载体，其背后代表着资源链、产业链、价值链、供应链、利益链。市场应该把经济中的所有环节的供求关系都体现出来，包括资源环节、生产环节、交换环节、流通环节、消费环节。据此可设计数字中国新税收的类型，健全国家财政税收制度。在使用数字技术提供的智慧便捷公共服务中，可基于码链智能合约体系，来构建我国高质量社会主义市场经济新发展格局下，我国社会主义财政税收新的理论框架。

资源链	产业链	价值链	供应链	利益链
物格土地	生产制造	交易循环	服务管理	消费驱动
阳光	生产力	交换	渠道	效果
空气	生产关系	分配	管理	效率
水利	生产资料	扫码	交付	效用
土地	生产工具	流通	贸易	效能
房产	生产方式	传播	物流	效益
质量	劳动	价值	商业	指数
资产税	所得税	增值税	营业税	消费税
数字资产税	数字所得税	数字增值税	数字营业税	数字消费税

　　第二,增值税需要的不是改良而是替代。增值税很难起到推动企业创新、激励居民创业的作用,一定程度上,还会遏制企业的创新和居民的创业热情。而且,由于其复杂的抵扣规则,很容易导致企业和居民在不知不觉中违反税法。实际上,凡是创新型企业,初始投入都非常大。如果在这一环节征收较高比重的税,就会严重遏制企业的创新。反之,如果把该留的税全部留在企业,让企业用于创新、用于再生产、用于发展,带来的增量税收、直接税收会大得多,有的甚至是爆发式增长。如果把增值税全部调整为所得税,那么,企业在初创期间的税负就会很低,就能够拿出更多的财力来用于技术创新、产品研发,就能比较快地产生效益。不仅让企业能够获得更好的发展机会,也能让投资者具有更强的投资信心。而一旦投资成功,企业的效益会大幅增长,由此带来所得税的大幅增多,形成了良性循环,从而进一步激发企业的创新热情,激励企业走高质量发展之路。替代为整合的消费税,即由普遍调节、单一税率的一般消费税,配合以特殊调节的高税率和低税率的特定消费税。改良是个"死结"、替代是必由之路。此举可望根本上把中国经济从增值税桎梏中解救出来,并释放出诸多方面的巨大改革红利。也许数字经济发展到一定程度,复杂的增值税抵扣计税方法会回归到简单的消费课税。

　　第三,增加直接税体系的比重。提高直接税比重是"十四五"税制改革的重点。要健全以所得税和财产税为主体的直接税体系,逐步提高其占税收收入的比重,有效发挥直接税筹集财政收入、调节收入分配和稳定宏观经济的作用。夯实社会治理基础。且可依据经济社会发展和居民收入的具体变化,及时调整相关税率和征收范围,避免出现税负不均、扩大贫富差距、影响社会分配不公现象。

　　目前可以考虑在消费和分配的环节面向自然人进行征税,也就是考虑通过买方缴税的形式收取税费,致力于买方在购买产品时直接缴税的方式来完成收税这一工作,降低企业所得税,增加个人所得税。【"扫一扫"让每个人成为自己权益的中心、真正的"藏富于民"】而且，进一步从个人所得税来看，在经历了多次的改革以后，个人所得税就是工薪税的局面已经得到了一定改善，工薪阶层缴纳的税收在全部个人所得税中的比重也在下降，取而代之的是高收入阶层缴纳的个人所得税比重在提高。显然，这是较希望看到的结果。需要完善和提升的是，如何从个人转向家庭征收，按照一个家庭的总收入确定个人所得税征收办法，是一个值得好好研究的问题。因为，单凭一个人的收入征税，很容易掩盖掉家庭其他成员的收入状况，以及家庭赡养人口的情况。如果一个人的收入很高，而家庭其他成员的收入很低，只征收高收入者的个人所得税，就显得不够公平。如果按照家庭平均收入来计税，就能避免很多不公平因素。同时，加大收入透明力度，杜绝和减少灰色、黑色收入，也对个人收入、个人所得税影响很大。一旦个人所得税越来越公平了，对更好地发挥消费对经济的拉动作用也能效果更大。

"十四五"时期，将积极稳妥推进房地产税立法和改革。应当说，房产税立法，已是不可改变的重要任务。前提是，如何改，如何才能真正达到效果。类似于房产税之类的直接税，只要有可能被转嫁给弱势群体，那么就有可能事与愿违，无法起到控制房价和调节财富分配的作用。房地产立法，不在速度，而在效率，在于政策出台之后，能否对房地产市场产生积极的影响作用。如果没有把握，宁可慢点，也不匆忙出台。而按照目前的实际情况来看，一些地方的房地产试点，效果并不明显，尤其对房价的作用，还显得很无奈。在这点上，土地物格提供了很好的智慧方案。

第四，构建新型的"征纳关系"。需要考虑到数字类型的新兴行业对于我国的科技创新、深化供给侧结构性改革以及高质量发展的潜在贡献，应该予以合理的税负空间，避免产生抑制效应，更多地激发它们的创新潜力及增长潜力，以带动经济的增长。用"返璞归真"形容数字经济时代发生变化的货币形态，数据将成为未来最重要的资产，具有一定的价值延展性。

对于数字经济和税收征管之间的关系，不是单纯的治理关系，税收机关还要依托数字经济来提升税收征管的效率。

从"税务专管员"到"宏微观桥梁"：物格数字土地有利于税收大数据的充分运用，税务部门可以精准锁定符合条件的纳税人、缴费人，确保税费红利精准直达。依托税收大数据，税务部门可以大力推行"非接触式"办税缴费。借助税收大数据，税务部门可以为企业牵线搭桥，畅通产业链上下游。收集过来的数据是基础的原材料，要充分发挥它的作用，还需要对数据进行标准化、关联化和标签化处理。首先，要根据数据的标准定义对数据进行标准化处理，修正数据中的缺失和错误。在此基础上，再对数据进行关联化处理，让各个系统数据贯通起来，使得数据和数据之间形成联系。正是基于税收大数据的这些特点和优势，税务部门在做好组织税费收入、加强税收征管、优化税费服务等基本职责的同时，提升站位，充分发挥税务部门一头连着宏观、一头连着微观的优势，积极拓展其增值服务功能，更好地服务宏观经济决策和社会治理大局。

从收税者到制定规则者：数字经济税收治理的涉及面很广。无论是国内法还是国际法，都没法在税收协定上对新的商业模式进行全面规制。如果税制改革没有优化，税收治理的质量不会有大幅提高。实际上，我国的税收征管法自 2008 年启动修订以来，修正案草案几易其稿，尚未正式出台。在我国立法史上，像税收征管法这样，经国务院法制办两次向社会公开征求意见又退回的情况很少。似乎在等着土地物格出台后，一气呵成。对于平台送积分送红包等促销方式，在税务上并无明确认定。当个人通过平台提供服务时，也未指明是按劳务报酬还是按经营所得税进行征税。虽然交易方式的改变并不影响纳税义务，但在现实经济业务中，因为平台经济、共享经济等新商业模式的产生，包括纳税人、课税对象、税目税率、纳税环节、纳税地点等税收要素都不再那么明确。仅就交易双方而言，因为网络等平台媒介是唯一的连接渠道，双方很容易通过技术手段变更或隐匿真实姓名、身份和地址。数字经济下，新生的事物进步很快，税法则相对滞后，如何对经济形式进行新的定义，税务机关如何定义，纳税人怎么遵从，都是尖锐的矛盾。如何在税制不够完善的背景下进行数字经济治理。从前是收税的，但今后将是国家行政管理部门，提供法律法规标准；同时征管要分阶段，要依托技术，形成社会共治的关键环节。

第五，推助形成新型的国债市场。马克思所说的国债是一种延期的税收，指出了国债和税收的关系。公债是国家筹资的手段，通过对现实资本获得的利润的课税，构造了国债制度基础。从收入分配的角度考察，国债制度与税收制度相辅相成。马克思指出："这种国家负债状态的原因何在呢？就在于国家支出经常超过收入，在于这种不相称的状态，而这种不相称的状态既是国家公债制度的原因又是它的结果。""由于国债是依靠国家收入来支付年利息等开支，所以，现代税收制度就成为国债制度的必要补充。借债使政府可以抵补额外的开支，而纳税人又不会立即感到负担，但借债最终还是要求提高税收。另一方面，由于债务的不断增加而引起的增税，又使政府在遇到新的额外开支时，总是要借新债。"但是，国家是一个非生产性机构，只能凭借权力，强制性地从社会再生产过程中取得所需的物质资料。所以，筹集的资金主要用于弥补国家超支，国家增加预算赤字，是把未来创造的财富—税收提前消耗了。因此，基于物格门牌作为财税征收的对象，国家可以发行2100万个商业物格门牌作为数字国债，并建立数字土地物格发行市场、数字土地流通市场，这就意味着产生了一个新型的数字国债市场，债权人和债务人都是量力而行的，就可以弥补财政赤字，筹集建设资金，调节经济运行。

第六，推助形成开放合作的大国税务。税收管辖权从表面上看是税收利益之争，实质是经济利益的再分配。国家主席习近平曾提到，要积极参与数字货币、数字税等国际规则制定，塑造新的竞争优势。实际上，数字经济给税收带来的挑战，除了倒逼我国税收征管改革，也对很多国际税收规则的未来走向产生影响。中国从没有扩张主义的文化基因。应对经济数字化税收挑战的解决方案是现行国际税收规则近百年发展史上，迄今为止最大的实质性改革，是对国际税收规则的基础性重构。将形成新的国际税制体系，意义重大而深远。大国税收，应考虑未来税收规则如何与新型数字商业模式相匹配，从而实现全球税负合理分配的问题。围绕构建合作共赢的国际税收体系，主动服务国家对外开放大局，在推动全球税收治理变革中展现中国税务治理之智。主动发起建立"一带一路"税收征管合作机制，这是首个由中国发起的准政府部门间多边国际税收合作机制和平台。配合相关部门积极参与 OECD 数字经济征税规则以及防止税基侵蚀和利润转移等国际税收规则的制定。如此，便较好地维护了我国及其他发展中国家利益。特别是在数字经济发展为有害税务筹划创设巨大空间的情况下，数字企业的大量逃税将使其获得巨大的非对称税收优势，从而将非数字企业置于不公平的税收环境之下。竞争机制的弱化和破坏也会出现在两类行业之间：数字密集型行业和非数字密集型企业之间，最终动摇甚至瓦解市场经济的基石，无论是在全球经济还是国内经济层面。在此意义上，应对税收侵蚀的战略意义不仅在于减少政府的税收收入流失，还在于恢复税制公平和促进公平竞争。

　　加强国际税收协作，积极推动达成公平统一的国际规则：随着数字经济的快速发展，我国应尽快研究制订应对数字经济的税务解决方案，借助联合国、二十国集团等国际组织，提升我国在国际税收规则制定中的话语权，积极构建全球税收一体化合作平台。在合作的内容上，一是要积极参与国际社会税收规则制订，推动多边谈判持续推进，达成多边协议和共识，消除国际涉税争议；二是要优化税收情报交换机制，构建全球税务工作网络和全球共享税收信息库，联合开展反避税和反跨国涉税欺诈；三是要加强国际行政合作和数字经济领域的国际税收协调，开展多国联合税务审计或多边联合税务审计，防止双边或多边重复（不）课税，消除双重课税对国际贸易产生的负面影响。值得特别说明的是，码链物格土地的地理位置、身份 ID 及时间（即 PIT），为税收规制提供了有效支撑。

"百年一遇的税收革命"：构建更稳定、更公平的国际税收框架。由经合组织协调形成双支柱方案。"支柱一"是要确保包括数字产业在内的大型跨国企业在其所有实施商业活动并取得利润的市场缴纳公平的税额；第一支柱让跨国公司在国家之间的利润分配和征税权更加公平合理。它将把对跨国公司的一些征税权从其母国重新分配到它们开展业务活动并赚取利润的市场，无论公司在那里是否有实体存在。在第一支柱下，每年有超过 1000 亿美元的利润的税基预计将重新分配给市场管辖区。"支柱二"则是通过设立全球最低公司税率来管控各国之间的财税竞争。第二支柱旨在通过引入全球最低公司税率，各国可以用来保护其征税权，从而为企业所得税的竞争设置底线。据估算，如果将这一税率设置为 15%，那么在全球层面每年能够多产生约 1500 亿美元的税收。这种包容性增长框架，将全面影响全球税收收益的重新分配。这是国际税收规则的一次重大变革。

五、研究结论

新发展格局下，构建我国高质量发展的财税体系、建立与国家治理体系和治理能力相匹配的财税政策，这是一个重大的理论问题，也是一个重大的实践问题。基于土地物格的码链数字财税，基于人类在数字土地上劳动并创造数字经济价值，这不仅是将这种精神重新熔铸在中国人民独立自主、自力更生、自强不息的创业历程之中，更是我国政府部门和市场部门之间实现最优化的资源配置的一种有效的方案，可有效地调整我国财政收入和财政支出的规模和经济结构。

以资源税、资产税、消费税为主体税种的数字税制结构模式，定义物格数字新税基和新税收类型构成最适课税理论，为税收增收、充分就业、

有效化解地方政府的财政赤字，做好一次分配、再分配、三次分配，体现
公平和效率，增强征税管理能力提供了方案。码链数字财税理论，把积极
的土地物格财税政策和稳健的数字货币政策相结合，综合考虑分级预算的
集权（中心化）与分权（去中心化）关系，设定跨地域交易和征税规则，
为中央政府和地方政府重建财政预算高水平动态平衡关系，使得财税质量
和市场经济出现最理想结果建立了新的数字化模型。

第七章　石破天惊　码链和众理想国
大地情怀　人类命运共同体

思维导图：新世界——石破天惊

大河上下、大江南北、江山就是人民、人民就是江山

理想信念、真理价值；大同世界、坚如磐石；石破天惊、马到功成；

码链重构之新世界为：码链和众理想国、人类命运共同体

码链和众理想国：统一发码＋数字人＋物格＋码链＋扫一扫＋终端＋云网；

人类命运共同体：可细数分为七层：道、德、法、术、器、形、势；

道层－码链思想：以人为本、道法自然、天人合一、世界大同

－大同世界雏形已现，人类命运共同体理念成为引领全球治理的旗帜；

德层－中华文明：商业模式、经营理念、全球秩序、价值体系；

－中华文明的全新价值，在创造性转化、创新型发展中走在时代前列；

法层－价值路径：价值治理（根本源统治）实施路径（点线面体系）

－建立可信价值网络实施路径，数字经济生态系统互联互通互融互利；

术层－技术原理：码链网络使用物格地址取代 IP 地址成为新联网接入

－真实映射取代虚拟映射，物格地址代表真实世界中真实的人类行为；

器层－商业模式：一物一码一通证、价值链和产业码、统一发码创新

－基于"扫一扫"接入新商业模式，事前控制、事中监督、事后监管；

形层－联合作战：华为 5G 技术、北斗卫星、手机扫一扫、统一发码

－全面替代互联网体系，颠覆整个互联网中以 IP 为基础的垄断体系；

势层－社会治理：互联网垄断体系被打破，财富将被码链生态体系吸附

－基于码链的新秩序，为人类终结互联网进入数字化新时代找到出路。

一、人类大同世界的雏形已现

"大同"是指最高级的统一，即无限多样性的世界万物通过协调演变而形成的统一，或是无限差异性背后的实质的同一性。它代表了中国古代思想家、政治家探索和追求的最高境界。《吕氏春秋·有始》说"天地万物，一人之身也，此之谓大同"，指天地万物之理可以从一人之身上体现出来。《庄子》讲"出入无旁，与日无始，颂论形躯，合乎大同，大同而无己"，也指出了人与万物混同为一，使人达到高度自由的境地。宗教预言家们认为：无论是佛家的极乐世界、基督教的天堂、儒道的大同世界，几乎都在描绘一种"理想国"。而今，这个理想国，竟然在世界的东方，开始崭露头角。十亿民众开启了扫码链接之道路，基于"数据决策、数据管理、数据创新"的数字化社会治理主体包括了公民、社会、市场以及政府、国际组织等不同行动者，推动构建共商、共建、共享的"人类命运共同体"治理观已经成为全人类的重要共识。其奔赴"人类命运共同体"的集结号已经吹响。

万物的统一性在世界和社会中的反映，就是"大同世界"或"大同社会"。它也是"天下""大一统"必然延伸和指向的最高社会理想。《礼记·礼运》对这一建立在万物万事统一性基础上的理想社会做出了生动描绘：大道之行也，天下为公，选贤与能，讲信修睦。故人不独亲其亲，不独子其子，使老有所终，壮有所用，幼有所长，矜寡孤独废疾者皆有所养。男有分，女有归。货，恶其弃于地也，不必藏于己；力，恶其不出于身也，不必为己。是故谋闭而不兴，盗窃乱贼而不作，故外户而不闭，是谓大同。

这一图景，提纲挈领地展示了一幅以社会公有制为基础，没有剥削和压迫，没有暴力和战争，人与人之间，国与国之间，互爱互助、和睦相处、人人平等、天下为公的理想社会的美好画卷。数千年来，"天下大同"成为中华民族政治理想中的终极目标和价值归依，也成为中国人民世世代代的梦想。正如南怀瑾先生所说：中国文化，自古以来，都是世界大同的政治思想。

世界大同和共产主义的关系理解：毛泽东主席在《论人民民主专政》中强调："未来的新社会是资产阶级的民主主义让位给工人阶级领导的人民民主主义，资产阶级共和国让位给人民共和国。"这样就造成了一种可能性："经过人民共和国到达社会主义和共产主义，到达阶级的消灭和世界的大同。"他甚至把共产主义称为"真正的大同"。

伟大是秘密的，伟大的文明一定有它永恒、隐蔽的精神结构。天下一大一统—大同这三个理念既有内在的一致性，又有微妙差异，他们及衍生出来的机制体系、观念体系，共同构建了一个超越民族国家、超越地域空间以及超越时空之外的永恒的集体精神"原型"。

当今世界已经在实践上大踏步地迈向全球大一统。与历史上罗马帝国、秦汉王朝等大一统世界帝国建成前相似。当前世界性纷争、全球性危机与冲突，最大的意义似乎是在预示全球一体化局面的形成和浮现。对于人类而言，历史经验显示，未来的首要问题似乎并不在器物层面或制度层面，而很可能是要寻求和树立一种新的、真正的全球普遍的文明理念。这种理念应涵盖全人类共有的价值体系，能够顺应全球走向统一的时代大势，能够协和万方，包容东西方文明、包容不同宗教信仰、包容不同民族国家，也包纳不同阶级阶层的分歧和差异，并为未来的全球政治统一提供精神架构和意识形态支撑。否则，即使经济基础、交通环境、通信技术等都已经不构成障碍，世界性的统一也很难真正来临和持久。

换而言之，在真正大一统之前，世界先需要一场精神上的革命。在人类的精神层面解决用什么样的世界精神、共同价值来凝聚共识、化解世界危机的问题，进而推动世界走向全球政治统一。

当然，一个新的全球价值理念或价值系统的建立，不是简单地复古，更不是盲目崇拜古代的一切，也是在文明更高阶段结合现代因素的文明复兴运动。钱学森提出了"第二次文艺复兴"的精神文明建设构想。有理由相信，在今后的世界新文明构建中，"天下""大一统""大同"以及"协和万邦"、多元共生、人类命运共同体等伟大思想，一定会得到新的丰富、新的诠释和新的拓展。以古老而弥新的时代精神照耀未来，以包容万有的格局熔铸世界，促进人类社会向更高层次的价值理性及其必然方向——"世界大同 + 共产主义"发展。

人类是源自宇宙自然的有灵生物，遵从道法自然是根本所在。社会历史运动的过程中，分解与和合这一对矛盾总是在如影相随，从史前文明中产生了原始社会，也叫原始共产主义社会，原始共产主义社会产生的第一次分解为氏族公社社会和奴隶社会，这两个社会的第一次和合，产生了封建社会的生产关系，封建社会又一次分解为资本主义社会和社会主义社会，资本主义社会和社会主义社会第二次和合为现代共产主义社会，产生共产主义的生产关系，然后缔造大同世界。

俗话说，天下之势，分久必合，合久必分。按照太极的思维，无极内生太极、太极内生两仪、两仪内生四象，调过来看，四象和合两仪、两仪和合太极、太极和合无极。如果按着无极—太极—两仪—太极—无极的顺序解释人类社会历史的发展规律，原始共产主义混沌、封建主义混沌、现代共产主义混沌，混沌就是太极。所有制形式就是混合所有制为基础的。氏族公社、社会主义的所有制形式是公有制为基础的，而奴隶社会、资本主义的所有制是以私有制为基础的。在混合所有制中总会含有前面社会生产关系的影子，比如说封建社会就包含了氏族公社和奴隶社会的基因，共产主义社会也就包含了氏族公社、奴隶社会、封建社会、资本主义社会、社会主义社会的基因，共产主义和合发展的方向就是大同世界。

▍ 人类命运共同体与全球数字治理体系

中国国家主席习近平 2017 年 1 月 18 日在日内瓦出席"共商共筑人类命运共同体"高级别会议并发表主旨演讲,深刻、全面、系统阐述了人类命运共同体理念。主张共同推进构建人类命运共同体的伟大进程。坚持对话协商、共建共享、合作共赢、交流互鉴、绿色低碳,建设一个持久和平、普遍安全、共同繁荣、开放包容、清洁美丽的世界。习近平主席所擘画的这五个世界的壮美蓝图,是人类的希望和出路;亦如一颗"启明星",穿云破雾,为世界发展和人类的未来指明了正确方向。为此,联合国秘书长古特雷斯先生热情回应说:"联合国愿同中国共同推进世界和平与发展事业,实现构建人类命运共同体的伟大理想。"

人类社会在第四次工业革命进程中,旧世界的坍塌和新世界的重构正从多个维度全面展开。世界期待中国为全球治理贡献有中国特色的治理模式。而构建码链数字生态,就是要让全人类、全世界通过码链连成一个整体去共同对抗机器人的世界,最终形成一个以人为本的人类命运共同体。

全球治理顺应世界多极化变化趋势而兴起,对于全球事务"为什么治理""谁来治理"和"如何治理"的重大问题,中国提出的人类命运共同体理念已成为引导全球治理的重要旗帜。

党的十八大以来,面对新的形势,中国坚持人类命运共同体理念,积极参与全球治理,引领全球治理体制变革,在实践中形成了共商共建共享的全球治理观,推动国际政治经济秩序朝着更加公正合理的方向发展。中国的全球治理观以人类命运共同体理念为指导,以国际关系民主化为方向,以"一带一路"为全球公共品载体,为完善全球治理提出了中国方案,贡献了中国智慧。

随着新一代信息革命的开启,当今世界正在以前所未有的速度开启全球化进程。但与此同时,资源与能源安全、网络信息安全、粮食安全、气候变化、恐怖主义、重大传染性疾病等全球性议题也正使人类面临严峻考验，推动构建共商、共建、共享的"人类命运共同体"治理观已成为全人类的重要共识。

所谓"共商"即各国不分大小、强弱、贫富，在国际治理中一律平等，以尊重主权、协商谈判的方式化解外交冲突；"共建"理念强调各国在国际治理中的相互合作和责任担当，以开放创新、包容互惠的国际合作来建设你中有我、我中有你的共同事业；"共享"理念则是指各国在国际治理中的互利共赢，以双赢、多赢、共赢的新思维摒弃你输我赢、非此即彼的旧思维。

秉持"共商、共建、共享"之理念的全球治理观，捍卫的是全球多边主义的基本正义。各国需要责任担当精神，团结合作、同舟共济、守望相助，在兼顾各自利益的前提下，共同协商解决国际事务，以实际行动推动多边主义治理。

当前的国际组织覆盖了政治、经济、社会、安全、卫生、教育、环境等众多涉及人类生存与发展的重要领域。以其权威性、专业性和高效性的独特优势，在以人类命运共同体为指导的全球治理实践中发挥领导、组织和协调的核心主体作用。事实上，一些国际组织在推动人类命运共同体的全球治理中可谓是功不可没。如联合国有效地维护了世界的和平与稳定，世贸组织营造了良好的经贸自由化治理环境，世卫组织极大地促进了全球卫生健康治理的完善等。可见从角色定位来看，国际组织可以成为人类命运共同体全球治理观的践行者、推动者和引领者。国际组织在人类命运共同体的全球治理实践的影响力不可估量，不仅要充分发挥以联合国为核心的国际组织站在人类命运共同体的高度，在经济发展、金融稳定、基础设施、公共服务、教育医疗、环境保护等全球治理领域继续为人类的和平发展事业作出更大贡献，以彰显国际组织促进世界共同进步的人类命运共同体意识。

在人类社会科学技术日益发达的今天，新冠肺炎疫情在全球的发展，已在很大程度上深刻改变了"冷战"结束近30年来的全球政治、经济与安全的世界图景。这场没有硝烟的"世界大战"，不仅严重威胁着人类生存，也冲击了全球生产体系，扰乱了全球资源配置，加剧了全球经济的严重衰退，同时很大程度上也打破了现有的国际力量格局，对整个国际秩序产生了不可低估的深远影响。

一方面，国际经济环境的不确定性因之凸显，世界经济低增长、低通胀、低需求同高失业、高债务、高泡沫等风险交织并存；另一方面，地缘政治环境的多变性凸显，新冠肺炎疫情的冲击带来一系列地缘政治格局变化。这包括了重灾区的欧洲在全球的地缘政治地位将继续下降。

后疫情时期，推动构建和平、发展、合作、共赢的国际政治经济新秩序已经摆在全世界面前。人类命运共同体的全球治理观乃人心所向、大势所趋。它推动各国在解决国际问题过程中的权利平等、机会平等、规则平等，使全球治理体制更加平衡地反映大多数国家的意愿和利益。

人类命运共同体理念，倡导的是"你中有我、我中有你"的共生共存状态，这顺应了世界历史发展的趋势和潮流。为后疫情时期建构国际政治经济新秩序提供了富有远见的思维方式，也为实现世界各国人民对和平与发展的美好生活向往提供了"一剂良方"。国际秩序的未来走向必然拥抱人类命运共同体理念，推动全球秩序重构。

从本质上说，人类命运共同体的全球治理观契合人类价值观发展诉求。捍卫多边主义对话，彰显国际组织的初心使命，回应国际秩序未来关切，是中国洞察世情、顺应世情的政治智慧。后疫情时期的全球治理比以往显得更为紧迫。加强全球治理，推动全球治理体系改革与重构是大势所趋，人类命运共同体所倡导的共商共建共享的全球治理观是应对单边主义、保护主义、冷战思维最有全球视野和世界情怀的科学之策。

以大数据、物联网、云计算、人工智能、区块链等数字技术为代表的新一轮产业革命和技术变革正在以前所未有的速度、深度和广度影响着人们的生产和生活方式，给社会治理创新从内涵、体系、方式及能力开辟了新的空间、带来新的变革。党的十九届四中全会公报《中共中央关于坚持和完善中国特色社会主义制度、推进国家治理体系和治理能力现代化若干重大问题的决定》指出："必须加强和创新社会治理，完善党委领导、政府负责、民主协商、社会协同、公众参与、法治保障、科技支撑的社会治理体系。"以数字技术为代表的新一代科学技术作为完善社会治理体系的重要内容，为社会治理创新提供了重要的技术支撑，在社会治理理念、主体构建、治理机制及治理方式等方面成为推动社会治理创新的新动力。

　　社会治理理念的变革是实现全球治理创新的重要前提，而现代科技进步所带来的社会变革，其中蕴含了价值理念的更新和思维方式的转变。要应用新的社会治理模式，首先就应当升级与更新传统的社会治理的价值理念，这是关乎体系的重构，而非通过现有的数字技术支撑条件的改变。以大数据、云计算、物联网和区块链为代表的数字技术，作为社会治理的基本支撑，在社会生活的诸多领域具有较为强大的渗透力。这些技术本身具有精准化、智能化、互动性以及开放性等特征，其中也蕴含着"开放、合作、共享"的理念，同时也将对以往层级制和封闭制的治理理念与组织结构带来前所未有的冲击。

　　事实上，基于数字的社会治理包括了公民、社会、市场以及政府等不同行为在内的一次认知升级，数字技术赋予了社会治理创新的价值追求和行动逻辑，而创新社会的治理目标也是为了实现人们对美好生活的向往。"以人为本"的理念让人作为主体始终处于中心位置。创新社会治理的行动逻辑就在于建设服务型政府。因此，数字技术驱动社会治理创新是具有更高的社会治理追求，为凝聚新的社会共识而提供一种新的动力、场域和语言。由此促进社会治理理念由传统的单向管理向多方协同治理方式转变。唯有在先进观念的指导下，才能赋予数字技术面向未来的时代重任，推动

"人人尽责、人人有责、我为人人、人人为我"的社会治理共同体的建设。

相关数字技术在社会治理中的应用，能为社会的整体治理结构带来更多的透明化、平等化和多元化，从而奠定治理主体转型的坚实基础，同时为社会主体参与社会治理提供技术路径，丰富治理的内涵。当前的数字技术应用已然突破了时空限制，拓展了虚拟空间的对话平台，促使社会各个主体有能力以多渠道的方式参与到公共事务和政策的议定中来。而新一代信息技术的应用也使得传统"信息互联网"正向"价值互联网"转变。每一个的社会主体都被赋予了价值，人们已经不仅仅满足于通过网络获取信息，而开始逐渐通过网络发布自身价值信息，从原有社会治理中的被动接受转变为主动参与，打破由政府作为单一治理主体的结构。自此社会治理由政府的单方面治理转向为公民、社会、市场和政府之间的多方合作治理。

在多方社会治理的主体结构下，参与各方不仅是数据应用的分享者，也是数据治理的决策者。基于社会多元主体功能性分工的社会治理共同体规范的基础上，实现社会不同主体间平等互动及协商对话，发挥社会治理的协同效应，共同致力于社会治理创新。

数字技术推动社会治理创新离不开大数据支撑，而数据资源也已成为社会治理的资本和重要基础性资源。政府各部门之间、政府与社会各主体之间共同维护数据的充分流动，实现资源完全共享，是数字技术运用于社会治理领域的基本条件。同时，数字技术在信息处理和流动方面所具备的精准化、智能化、互动性等优势特征，将打破空间维度上以地域、部门为边界的"条块分割"的局面，能满足时间维度上社会治理本质对信息及时有效传递和交互的要求，将数字技术融合于社会治理。推动各社会治理主体之间科学有效的协同与合作新体制的构建，通过基于大数据系统的"多元共治"来共同协作破解社会治理的难题，形成"共建、共治、共享"的社会治理新格局，实现社会治理从单向管理向多元协同互动，从条块分割向整体联动，从传统社会管理方式向以数字化为核心的社会治理转变，以达到有效提升社会治理水平的大目标。

传统的社会管理模式是基于"熟人社会"的背景，只能通过增加人力、物力、财力以应对社会管理事务。但随着社会的多元化发展和人口流动性的提高，传统的交往方式不断地更新，也使得社会治理的内涵不断扩展，从现实社会到虚拟社会以及线上到线下的融合渗透，都对社会治理的内容提出了更高的要求。

以局部数据来衡量社会的整体发展已不适用于复杂多变的数字社会，而新一代数字信息技术的发展为社会治理方式创新提供了新的宏观路径，依托大数据平台，构建系统化和动态化的监测、评估体系，建立"数据决策、数据管理、数据创新"的数字化治理，在一定程度上代替人工管理，解决传统社会治理中公众参与不足、时间缺失和空间阻隔的问题，实现社会治理方式从经验化向智能化转变，提升社会治理决策的科学化和精准化，从而全面提高社会治理效能。

简而言之，数字技术驱动的社会治理创新是一种新的技术和新的治理业态与高度动态复杂环境逐步融合显现的结果。数字技术与社会治理的深度融合，成为社会治理创新的强大"助推器"，为社会治理主体创新奠定技术基础。重塑社会治理新机制，为实现社会治理方式创新提供了有力支撑。但也要看到，数字技术为社会治理创新提供有力支撑的同时，也不可避免地会给社会治理带来新的挑战和风险。在机遇与挑战并存的背景下，需要大家继续加强社会治理数字化的基础设施建设、推动社会治理数据资源的共建共享、加快数字技术人才培养与建设，不断提高技术创新能力，在理念层面、技术层面、制度层面、保障层面完善顶层制度设计。同时，要制定相应的法律法规，构筑制度屏障，对公共部门、企业和社会组织的数据收集与处理行为进行有效规制，以规范和引导其在社会治理创新中的应用与发展。

二、基于中华文明的全新价值观

西方有位学者说过这样的一段话，他说，"中国一词在本质上是指一种文明，但却往往被误认为了一个国家"，这话在某种意义上是有解读价值的。大同一统，家国天下的精神与情怀在我们的民族文化中薪火相传。今天，似有需要在中华传统文明的基础上设计一套理论，才能构建出一个符合人类社会发展的新模式，以在社会制度、商业模式、经营理念等多个方面重塑价值体系，做出中国人的贡献。恩格斯曾在《自然辩证法》中提道：从某种意义上而言，我们不得不说，劳动创造了人本身。而当前的区块链比特币，通过算法和机器挖矿来创造价值，这不符合人性，也必然将要坍塌。旧时代人们通过刀耕火种在土地上进行劳动，新时代人们通过扫码传播创造价值，这就是人类的数字化劳动。而基于扫一扫对应的"土地"物格，创造的价值就是数字经济的价值，所以，新的价值体系应该要在四维世界的基础上，融合三维世界的经济体系价值。

▍ 中国正在诞生新的文明价值体系

中华文明正在为全世界打造一把精巧的"瑞士军刀"，这把"瑞士军刀"可以让和平的薪火代代相传，可以让发展的动力源源不断，可以让文明的光芒熠熠生辉。这不禁让人们开始思考一个更深层次的问题，正如《增长的本质》作者塞萨尔所言："更高的秩序意味着更先进的文明。"那么中国是否正在孕育比美国乃至西方更先进的文明？解答此问题，很有必要先研究人类社会过去两千多年的文明进化史。

首先提炼三个基本事实：

1. 新技术可以催生新文明；

2. 新文明一定会在国家间传播；

3. 旧文明一定会反抗新文明。

掌握这三点，就能推导出千年来全球各国波澜壮阔的文明更迭史。

中国在 1820 年以前的 GDP，一直独霸全球。在 1820 年之前的 1800 年中，中国以一国之力长期力压西欧和非洲。就是因为中国有着巨大的人口优势。

在农业时代下人口的增长与国力的强弱是成正比的，因为当生产处于同一条水平线上时，人口数量将成为决定性的优势，不过生产力一旦改变，形势则将发生逆转。

而进入十九世纪，欧洲发生了工业革命，新技术催生了新文明。根据上述"三个事实"的原理，旧文明一定会反抗新文明。这种反抗的结果，欧洲新文明最终取得了胜利。但是在中国，新文明遭遇了惨败，农业文明的自我封闭性，工业文明之苗在中国的土地上根本没有生长起来。

自 1820 年起，中国的 GDP 对比欧洲就开始断崖式的下跌，直到 1913 年跌至谷底。在这个过程之中，人们看到了新旧文明更迭的两种基本模式。即：文明越弱小，新文明越容易长驱直入，重构秩序。而旧文明越强大，新文明越无法生根发芽，最终只能被边缘化。

1800 年以前的中国，已经形成了极其强大的旧文明。德国哲学家凯泽林伯爵这样描述过古代中国文明：古代的中国，有最完美的社会形态，犹如一个典型的模范社会，中国创造了人们已知的最高级的世界文明。

也正是由于中国农业文明过于强大和完善，反而导致了工业文明无法获得发展。这种因旧文明的强大会阻碍创新的现象，人类学家称之为内卷化，经济学家称之为路径依赖，物理学家称之为惯性。依据该原理，工业文明传播至农业很弱小但资源丰富的美国时，得到了爆发式发展，让美国在之后的 100 年里成长为全球绝对的领导者。

1949 年新中国成立，1978 年改革开放，中国进入了全球分工体系，沉睡了多年的巨龙终于觉醒。在经历了超过百年的动乱，中国的旧秩序已经荡然无存，所以当现代工业文明重新进入中国之时如入无人之境，发展速度更是举世无双。

1978 年至 1995 年，中国的 GDP 开始飞速增长，相对欧美的比重不断提升。而此时，随着苏联的衰落，美国无论从文化、金融、科技、军事在全球已再难逢敌手。美国人对自身文明变得无比自信，这种自信像极了 1800 年之中国。若把凯泽林伯爵描述中国的那段话换到 1990 年的美国亦完全适用。"二十世纪下半页的美国，拥有最完美的社会形态，犹如一个典型的模范社会，美国创造了人们已知的最高级的世界文明"。

著名学者弗朗西斯·福山甚至用"历史的终结"来形容美国制度的优越性。这评价似乎不是赞美，更像是一个诅咒，因为在不久之后新的文明又出现了。

1994 年雅虎在美国创立，同年中国亦开始接入互联网。而这一次中国与美国几乎同时踏进了一个全新的文明，一场新的竞赛就此展开。南生为橘，北生为枳，中美的互联网文明发展出了完全不同的路径。美国求新、求广，中国做重、做深。

在美国互联网出现的时候，工业文明已经无比强大，所以新文明并没有体现出压倒性的优势，对旧文明的改造也不够深入，美国的互联网行业选择了全球化。最优秀的美国科技公司都喜欢做轻、做快，相比于"送外卖"，他们更加愿意发明新的技术然后推广到全世界，最终美国互联网长成了扁平化的形态。

因为在国际上被美国压制，中国的互联网只能选择深耕本土，却意外地发现了一块金矿。由于中国的工业文明尚不成熟，互联网文明可以长驱直入，利用技术、资金和人才，不断地入侵实体经济。互联网最终在中国长成了一个纵深发展的独特形态，亦为此后的中国网络技术的发展埋下了伏笔。

2008 年苹果推出了 iphone3G 智能手机，全球移动互联网时代正式开启。美国的移动互联网延续了之前的特点，避开了同本土强大的工业文明直接开战，而侧重于创新和全球化。而中国在独有的纵深形态，被移动互联网放大了数倍。智能手机先是占领了代表工业文明的城市，随后又统治了代表农业文明的农村，这让中国出现了大量美国完全没有的应用场景。

从 2016 年开始，中国的移动互联网涌现出了不少全球独有的新模式，如：扫码支付、直播电商、外卖和短视频，这些模式在美国都没有发展起来。其主要原因为：

在需求层面，人口密集的城市和广大的农村用户催生了美国不具备的应用场景；从供给角度来看，在中国每一个细分行业都有海量的企业激烈竞争，这一点与美国也是截然不同的。

美国创新依靠的是英雄拼能力，中国创新是用人海拼概率。例如，直播电商的开创者不是淘宝，而是曾经野心勃勃的挑战者蘑菇街，外卖模式也不是来自美团，而是大学生创业团队饿了么，短视频模式也不是来自抖音，而是快手的发明。这就是竞争所带来的力量与改变。

转眼人们又进入了数据时代，表面上看美国继续求新、求广，中国继续做重、做深，在发展模式上各有不同。然而，深挖一层就会发现历史的天平已经悄悄向中国倾斜了。经过 30 余年的发展，中国已经形成了农业、工业、互联网、数据这四代文明相互融合的神奇局面。

比如服装店的销售员，可以靠直播卖货。深山老林中的老爷爷，也可以通过短视频赚钱。菜市场的老奶奶都可以通过二维码收付款。在疫情期间，还有健康码、消费券、人脸识别这些在美国都没有发展起来的模式，在中国却发挥了巨大的社会价值。这些点滴的创新正在孕育一种前所未有的社会运作模式。

但美国却一直都在回避文明冲突的问题。工业文明秩序过于强大，导致最终在美国出现了平行世界——工业文明和互联网文明世界。代表工业文明的领导人特朗普的上台，说明了美国的工业文明依然拥有庞大的群众基础。在美国，这两种文明无论是生活方式还是政治理念都大相径庭。在疫情期间，从特朗普和纽约州长的相互攻击再到美国德州群众呼吁逮捕比尔·盖茨，这般情景都让人觉得匪夷所思。

再比如，Youtube 上的外国网友对中国运用数字技术的评论出现了严重的两极分化。有人说这是落后国家的野蛮管理方案不值一提，也有人说这是中国人运用高科技的先进手法，全世界都应该学习。这场景不禁让人想起十九世纪的清代，在面对欧洲的新技术时，官员们立即出现了两极分化。有人说：天朝上邦，抚驭四方，夷邦巧技，不足为道。也有人说，此邦术事愈出愈奇，应师夷长技以制夷。

再深入一层，看看数据时代下国家实力的根本来源。在农业时代中，当两国生产力水平一致时，人口数量决定综合国力。那么，数据时代下算力和算法两国水平一致时，数据资源决定了综合国力。其中数据资源有两个主要因素——覆盖人口和链接深度。美国互联网虽然覆盖全球人口，但是仅仅做到了很浅的链接深度；中国虽然只有十四亿人口，但互联网渗透深度无人能及。随着 5G 时代的到来，万物皆可互联，中国这种纵深优势又将被数倍放大。

例如，你现在在美国缴纳停车费，还需要去到旁边的市政厅（City Hall）排队交钱，来回二十分钟，有点回到了原始社会的感觉。而到了中国，扫一个二维码 10 秒就能搞定，这就是中国的链接深度。或许数据优势只是起点，差异化的数据带来差异化的应用。还记得 2016 年开始的移动四大发明，在进入数据时代后，中国可能会迎来新的四大发明，它们将会让中国的新模式、新技术真正的走向世界，从而覆盖更多的人口、掌握更多的数据、孕育更多的创新，形成良性的发展。

中国是否正在孕育一种比美国更先进的文明形态，对此目前无法直接回答。尽管以上的分析有理有据，但短短千字，还不能论定。我们只能用一个简洁的框架带给大家一点启发。正如史学泰斗威尔杜兰特在《文明的故事》中所感慨的：世界上没有一个民族能够像中国人那样能够适应环境，忍受灾难和痛苦，这个拥有丰富物质、人口和精神资源的国家，一旦腾飞，人们很难预料它将孕育出怎样的文明。

▎中华文明、文化自信与码链文化

坚定中国的文化自信，是时代标识也是码链共识。既关乎商业命脉也关乎国脉国运。数字经济时代下码链经济的研究要在实践创造中进行文化创造，在历史进步中推动文化进步，植根中华文化、不忘根本，加强技术交流、突出文化创新，推动码链思想的繁荣兴盛。

码链思想，以人为主体，研究价值的产生、功能及其发展的基本规律。在中国经济发展进入新时代之际，研究码链思想的使命就在于为实现"两个一百年"奋斗目标，为实现中华民族伟大复兴的中国梦提供范式和文化滋养。

坚持"以人为本"的发展道路，塑造码链精神，是新时代码链思想研究的重大课题。中华民族几千年来历经磨难而生生不息，一个重要原因就在于有着深厚的文化传统和强烈的文化认同。当今世界正处于大发展、大变革、大调整时期，面对全球思想文化激荡，国人必须保持清醒头脑，不能丢掉本民族文化的主体性，失去自己的精神家园。同时要看到，在经济全球化大背景下，不同民族和地域的文化特点和差异依然存在。正是文化多样性和差异性，构成了人类多元多彩的文化生态。让这一文化生态充满活力，离不开文化间的交流互鉴。文化主体性和交流互鉴，是文化发展的根基和路径，也是坚定码链人的文化自信和建设码链数字经济体系的前提和基础。实现二者的有机统一，需要以文化哲学研究拓展码链数字文化的发展路径、塑造码链的文化自信。

　　坚定中国文化自信，建设码链数字经济体系，是新时代码链思想研究的主题。坚持和发展构建码链数字经济新生态，必须坚定中国的文化自信。我国已将"加强数字中国建设"写入国民经济和社会发展第十四个五年规划中，这表明了我们国家对产业数字化和数字产业化的认识更加丰富、系统和完整。中国的文化自信是道路自信、理论自信、制度自信的基础和源泉，是坚持道路自信、理论自信、制度自信的内在依据和必然要求。

　　中华优秀传统文化所体现的世界观、人生观、价值观和审美观，所蕴含的讲仁爱、重民本、守诚信、崇正义、尚和合、求大同等核心理念，已成为中华民族最基本的文化基因和最独特的精神标识。高度重视传承发展中华优秀传统文化，弘扬中华传统美德，是码链思想的一个显著特征。社会主义中国化不仅需要民族性的形式，更需要民族性的内容。在数字经济时代中，码链思想的研究要把握中国文化的思想特质，在中国社会实践和中华文化传统两个维度上展开，揭示其实践意义和文化意涵。坚定中国的文化自信，是时代标识也是文化共识，既关乎文脉文运也关乎国脉国运。

　　构建码链数字经济生态体系，需要中国文化哲学研究以培育和践行社会主义核心价值观为出发点和落脚点。建设和发展码链数字经济生态体系，实现中华民族伟大复兴的中国梦，不仅需要雄厚的物质基础，同样需要先进文化的引领。文化使人脱离单纯的自然状态，成为具有文化品位、文化格调、文化创造力和吸引力的存在物。

　　价值观是文化的内核，价值观自信是文化自信的灵魂。社会主义核心价值观是码链数字经济体系建设的灵魂、方向和引领。码链思想的研究者要加强学理上的研究和阐释，增强码链思想的文化自信，进而把培育和践行社会主义核心价值观融入码链商学院的培训中，融入人们的生产生活和精神世界中，用社会主义核心价值观凝聚码链人的共识、汇聚强大能量，坚持和发展具有中国特色、中国风格、中国气派的优秀文化体系，不断增强码链体系的民族性、时代性、包容性和吸引力、感染力、影响力，更好地促进人的全面发展、社会全面进步。

文化传承与创新是新时代码链思想研究的基本内容。一种优秀传统文化只有与时俱进，不断实现创造性转化、创新性发展，才能永葆青春活力。中华优秀传统文化包含以人为本、讲求诚信、强调和谐、重视教育、倡导德治等理念，依然是当代改革开放和社会主义文化建设的宝贵资源。码链思想研究的一项重要使命，就是要搞清楚如何让中华优秀传统文化在创造性转化、创新性发展中始终走在时代前列，既继承民族优良传统又具有鲜明时代特征，既立足中国又面向世界。"中国人民具有伟大梦想精神，中华民族充满变革和开放精神"，几千年前，中华民族的先民就秉持"周虽旧邦，其命维新"的精神，开启了缔造中华文明的伟大实践。不忘根本才能开辟未来，善于继承才能更好创新。文化是一个国家、一个民族的灵魂。文化兴国运兴，文化强民族强。码链思想的研究要在实践创造中进行技术创造和文化创造，在历史进步中推动文化进步，植根中华文化、面向未来、不忘根本，在创造中华文化新辉煌中推动码链数字经济的繁荣兴盛。

码链文化基金开展公益性活动

中国下一代教育基金会，是 2010 年 7 月 9 日经国务院批准，在民政部正式登记注册的 4A 级全国性公募基金会。发起单位为中国关心下一代工作委员会，业务主管单位为中华人民共和国教育部。旨在通过社会倡导、募集资金、教育培训、救助资助、开发服务等方式，配合政府推动我国下一代教育事业的科学发展。基金会自成立以来，面向西部、农村、民族地区和革命老区，紧紧围绕学前教育、校外教育和家庭教育三大领域及留守帮扶行动、红烛行动、育德行动、圆梦行动四个方面，依托各省关心下一代工作委员会及教育系统关心下一代工作委员会，开展了各级政府重视、教育部门支持、弱势群体需求、社会广泛关注的公益项目及活动，项目受益地区遍布全国 31 个省区市。

2020 年 3 月 6 日中国下一代教育基金会决定设立"码链文化基金",码链文化基金基于码链"扫一扫"专利技术作为现实世界与数字世界映射的方法,致力于消除数字社会的价值鸿沟。该基金主要开展支持以码链文化为基础,培养和提升下一代到成人的数字科学、数字经济综合素养为主的交流合作、宣传推广、理论研究、项目开发及"码链文化"主题的公益项目和公益活动。

码链文化基金自设立以来,在中国下一代教育基金会的领导和指导下,开展"码链文化"主题的公益项目和公益活动,积极开展学习码链思想、建设数字经济、弘扬码链文化、开展公益性社会活动。码链文化基金为分布在全国各地的 400 家码链数字经济商学院工作人员开展职业教育。码链文化基金与地方政府积极合作,形成发展物格新经济、建设码链新大陆的解决方案。码链文化基金与高校合作联合开展码链学科建设,如中南财经政法大学合作举办了"物格与财政税收、数字土地关系"等学术研讨会活动。通过码链思想传播和码链文化共享,在码链文化基金公益服务所到之处,爱心温暖、阳光自信!

三、建立价值网络体系让经济互通互联

数字化对于当代人类价值及其未来发展带来种种挑战。通过价值管理共识机制,建立起互识—互信—互通—互联—互融—互利—互赢关系。码链网络的实施路径(源—点—线—面—体—系—统)构建了一个七层可信价值网络,为数字化时代开创价值论研究的新视域,创建了一个领先全球的数字经济新生态体系,建构的码链体系的价值所在和度量方法,为提升我国和世界各国在数字化时代的科技软实力,为发展数字经济,权衡社会诚信找到了方向和方法。

人类社会的一切实践活动（经济活动、政治活动与文化活动）从本质上讲都是在价值规律的作用下不断地运动、发展、变化的。表现形式包括价值创造、价值互联、价值传递、价值交换、价值使用等。复杂形式的价值运动最终都可以分解为若干层这样的价值网络，所有数字化经济现象都是由若干个这样的价值循环有机地组合而成回路的。

21 世纪，人类社会发展已经进入数字化时代，数字化技术的超强禀赋将渗透到人类经济社会的一切活动中。数字经济是高质量的信用经济，构建可信的价值网络是关键。在这个新世纪里，数字技术已成为一条链接万事万物的通道，以智能设备为载体，把人类社会带入到了一个人与人，人与物，万事万物相互连通的价值网络发展阶段。

▌码链体系可信价值网络的建构

在码链体系中，有一个新术语 IOV，就是 Internet of Value（价值互联网）的意思，具体是指运用开放系统网络互联参考模型构建价值互联网络系统。

"码链中的码"，是记录每一次人类社会化行为的数字化表现，而码链则是由成亿过兆的码（二维码、多维码、隐形二维码等），共同构成的码链体系中处理和记录信息的系统。

二维码之间通过点对点传输（P2P）的方式产生联系，再通过共识机制使得联系统一，从而生成独特的分布式信息机制。"链"是码链体系的精髓，链接才能产生价值。

运用智慧码链系统构建价值网络的实施路径：是以"源、点、线、面、体、系、统"这七个层次创设一套可信机制，实现码链自身价值的创造与传递，配置所有的要素以及创建和生成基于码链的价值互联网络（Internet of Value）。

以下是可信价值网络的码链系统互联参考模型，总计分为七层：

第一层"源"：运用发起码联网建立"信源机制"，投射"物格门牌"

建构四维新世界。

"源",即统一发码数字人。这一层次强调人和宇宙的关系,通过定义数字(Digital)在新世界中让爱成为自由动力的源头。该层次的功能是让每一个码都成为分布式价值网络端节点。

统一发码数字人,从源头上为发展数字经济创造可信机制,推动构建碳基文明的码链信用机制以及分布式的经济节点,铺就人人都能用得起的全球价值网络基础设施,让信任变得更简单,同时有效化解信息不对称的矛盾。

这种基于统一发码"资源"的数字人发码行为,是码链体系中价值产生的基础要素。在统一发码的过程中,PIT技术指明了资源本身所具有的禀赋,包括数字人拥有的天时、地利、人和、前因、后果等客观属性,因此可以定义为数字人的"芯性"。也正是这种"芯性",为价值网络的创建创造出了"价值生产"的先天孵化条件。

第二层"点":运用物格联网建立"信标机制",映射"当下在哪?"

"点",即移动支付扫一扫,这一层次强调人和地球的关系,通过定义环境在场域端节点创造价值的自由动力。该层次的功能是让每一个在物格上扫码链接的智能终端都成为分布式价值网络端节点。

如果说过去人类在土地上劳动,创造价值,构建了人类社会,那么在数字化时代,转换为数字化的人类,通过在"物格数字土地"上扫码、链接、转发、流通、传播、消费等,也创造出价值,从而构建了"数字经济"的整体,即构建了数字人社会。

在数字人社会,"物格"才是人类社会价值的锚定物。随着码链技术的应用,码链模型的新生态形成,物格所具有的价值在资源配置中将起到决定性的作用,最终将终结互联网时代的"虚而不实",迎来"通过信息资讯重构世界"的码链新大陆,物格新经济时代。能有效回答"人与地球的关系中,当事人在哪里?"这是物格的核心价值。

　　扫码链接就是帮助人类构建从三维世界映射到四维世界的"数字人网络的世界"。从价值创造的角度看，在码链体系中建构能够对"价值"进行锚定的"物格数字地球"，它不仅具备"数字地产"属性，还具备了"物联网域名"属性，更进一步，把"物格"看作一个个的细胞，通过物格的数字身份标识"门牌"链接起来，就具有了数字地球"神经元"的属性。

　　物格标识是指在北斗卫星、5G技术支持下，通过"移动终端扫一扫"的技术，通过"扫码链接"来标识价值的数字化行为，具有地理位置唯一对应的物格门牌，也是在产品及服务的发生地与环境场所建立的"信标机制"。

　　二维码扫一扫发明专利自2011年发明以来，迅速在中国完成了全民普及，专利扫一扫技术的核心优势在于应用便捷、全场景覆盖，目前支持各类常见的应用软件，如微信、支付宝、美团、百度、京东、今日头条、携程、各大银行App等。

　　基于扫一扫技术而构建起来的码链不仅是一套思想，它更是一套正确的方法。即通过二维码"扫一扫接入"，可以升级为"眼睛看一看接入"，未来还可以通过量子码链感应"想一想接入"。

　　第三层"线"：运用物联网络建立"信使机制"，映射"该做什么？"

　　"线"，即统一商城价值链。这一层次强调人和商品的关系，通过定义行为在商品端节点创造价值的自由动力。该层次的功能是让每一个商品端都成为分布式价值网络端节点。

　　统一商城价值链提供了一整套的建立内生性的价值循环的方法，包括价值创造、价值流通与传递、价值度量与应用。价值循环可分为两层，第一层是价值创造：也就是承载资产上码。第二层是价值传递：在生态体系流通创新价值链机制。

　　码链体系为商品资产上码提供了切实的商城软件和运营工具，使得商品能够更有序、更合规地在码链体系内运转。比如企业想将自己的商品上码，可以方便地创建商品广告码，并在后台管理、发行、分配自己的数字资产。

实体店铺 1.0：需要门店成本、营业员宣讲等费用；传统电商 2.0：互联网电商只有一个中心化接入的节点，导致流量费用居高不下，陷入造假成性、恶性循环；新零售 3.0 优势：依据码链专利设计思想，创造一整套"软件系统与运营系统"，包括在全国构建 3000 产业码体系，既有该细分产业独家代理的服务器对商品流通传播全过程进行管理，又能接入统一商城，使流量入口无处不在；分享自动成为代理，传播获得交易提成，与真实世界实现 5W 的一一映射。

商品进入物格商城、统一商城、凌空商城是进入价值链的三个不同的发展阶段。物格商城价值链平台为消费者进行全渠道、全产业的整合。通过二维码的唯一性，来为商品赋予数字化身份，将移动支付与特定商品相融合，通过激励机制、大数据融合、产品整合、流量引入等方式打造一体化的数字生态体系。

统一商城价值链平台使用的是分布式网络，可以在每一个接入点共享和同步数据，由于其数据存储是分布式的，无须把所有的数据都储存在同一个中心位置，因此人们不能在其中的一个点上改变什么。这意味着要同时访问所有的接入口，才能破解这个网络，而实现价值网接入的泛中心化，即每个人都以自己的节点为中心实现接入。

第四层"面"：运用互联网络建立"信息机制"，映射"该如何做？"

"面"，即"一体四商"产业码。这一层次强调人和产业的关系，通过定义能力在全球利益共同体中创造出价值流通和传播的自由动力。一体四商都是以人为本、实现协调发展。该层次的具体功能是让每一个产业码都成为分布式价值网络端节点。

产业码系统与价值链系统的表现形式完全不同，价值链系统的"特定功能"是为了实现一种"理想中的价值传播方式"。而产业码系统的"特定功能"是成为一种"整合社会资源的解决方案"，特别是要在全社会形成总需求和总供给的动态平衡关系。一体就是利益共同体，四商则分别代表生产商、交易商、服务商、消费商。

在码链生态体系的建设中，能筛选出创新者在应用上的产业价值。为此，更加强调的是市场自发，不管是去中心化的交易平台，还是半中心化的撮合机制，在产业码参与的生态主体只需要关注好自己的分内工作，不需要考虑太多其他的因素，只要他们在创造价值，就能筛选出来。而与现有的经济理论体系对比，"一体四商"产业码这个系统非常实用，不需要有企业家这个主体，不需要垄断或掌握"稀缺资源"；且更不需要不断"组织资源"以形成某种"护城河"。

码链靠自身传递价值。从狭义上说，传统的货币仅仅是一个物理介质，可能是一张纸也可能是一枚硬币，你要想完成转账功能，需要银行等金融机构的帮助。但是在码链体系中，所有的价值自身就是一个二维码，它既可以是价值的呈现，同时又可以被再次传播分享，实现自身的价值传输，"流通传播、创造价值"。从广义上说，所有参与到码链体系里的角色，不管是生产商、物流商、服务商及消费商，都在用各种方式传递可信的价值，并且通过智能合约在传递中实现自身利益的价值创造。这是一次"在数字经济时代"对"劳动创造价值理论"的一种提升，一种创新。

因此，码链数字经济生态体系从2018年开始，在全国构建"码链数字经济商学院"体系的路径，就是在细分产业领域从理论到实践的践行。基于码链思想，形成能够整合一体四商即生产商、交易商、服务商、消费商于一体的生态体系。而2020年涌现出来的第一个全国性的"名电产业码"，尽管是以大妈大叔群体为主力，但在短短一年时间内，已经在全国300个城市，以各类生活资料的产业码形成"节点"，建立了700多个市级管理机构，150多万个个体代理机构，为构建遍布全国可以重复利用的"交易商体系"，鼓舞了信心，树立了榜样，打下了基础，也为物物交换的交易所铺垫了基础。

正如名电码创始人冯继福先生在 2020 年北京举办的首届码链数字经济高峰论坛上发言所述："在学习与践行码链的过程中，发现码链可能就是实现共产主义的最有利的路径。"

Windows 视窗操作系统让人们第一次对计算机有了视觉的感知一样，码链体系走向大规模商业落地也需要一些"视窗介质"。产业码是不同于传统电商平台的一种新的产业集群链式架构，它的特点是面向落地应用的易调用性和面向市场的自发调配属性，大众通过这个"视窗"，能看到这个世界更多的价值循环。

第五层"体"：运用社交网络建立"信念机制"，映射"为什么？"

"体"，即物格门牌交易所，也是物物交换交易所。这一层次强调人和社会的关系，通过定义价值观在物格门牌节点创造价值的自由动力。该层次的功能是让每一个物格门牌交易场所都成为分布式价值网络端节点。

现实世界中还有大量的资产以传统的方式存在。在复杂漫长的流转过程中仍然有太多效率低下的环节。例如，国际金融、贸易和物流的基础设施仍然是一个中心化封闭网络，依旧依赖大量纸质文件和人工审核来记录货物和资金的流动，不仅导致跨境合作的成本高昂、效率低下，还让交易信息的安全性无法得到保障。

现有数字货币没有锚定，如以区块链为底层技术的比特币，基于 IP 互联网的共性，存在天然隐患——安全隐患（丢失无法追回）、匿名性（不利于反洗钱）、总量有限（不利于经济发展的增长）。

码链价值来源于大量的使用和交易，产业码价值来源于传播渠道。最初的码链没有在现实中锚定任何资产，但价值链的落地却让自身实现了从 0 到 1 的价值创造。不仅仅如此，码链体系还拓展了传统的货币功能。教科书告诉大家"货币具有价值尺度、流通手段、支付手段等功能"，但是码链体系比传统的货币多了一个功能，叫作创造货币的功能。由于码链体系内含了创造新的生态货币的功能，人们可以通过传播价值获得数字货币。随着央行数字货币 DCEP 的落地明朗化，也随着发码行"扫一扫专利"全球维权授权的推进，码链的扫码支付、数字资产及价值体系的普及，将大大助推"DCEP/ 人民币全球化"。

码链专利技术的应用，创新性地利用消费者的订单，反向驱动互联网价值流通领域的各个环节，同时可以追溯并锁定各生产要素和利益链条之间的分配原理，让每一个消费者既可以锁定消费，也可参与投资增值，是分享经济的真正体现。中国消费指数认证通证，也就是 CCC，正是基于物格门牌来开展的，它基于每个国家的实际消费水平、每个国家所在的物格门牌，发行不同数量的电子化的通证票据。

第六层"系"：指运用智联网络建立"信任机制"，指明"自我是谁？"

"系"，即文明指数提物权。这一层次强调人和精神的关系，通过定义身份在区块端节点创造价值的自由动力。该层次的功能是让每一个物格端都成为分布式价值网络端节点。

在这个体系中建构的"码链数字资产"，与以往的区块链数字货币的区别在于："码链数字资产"是指利用"码链协议"为个性化背景的数字资产交易所，基于物权把控，以码链"智能二维码"为介质，将各行业产业链的合约转化为可分割、可交易、可转让、可兑换、可追踪的"智能合约"，形成在"码链"联盟内进行"物权交换"的"数字资产交易所"。码链专利技术的应用，创新性地利用消费者的订单，反向驱动互联网价值流通领域的各个环节，同时可以追溯并锁定各生产要素和利益链条之间的分配原理，让每一个消费者既可以锁定消费，也可参与投资增值，是分享经济的真正体现。"码链数字交易所"由资产申报、评审备案、诚信追溯、交易兑换四大体系组成，其记账单位是"特别提物权"（Special Goods_ Drawing Right, SGR），依据各企业、地区或国家等码链联盟缔约成员单位的资产数字化，进行体系内平衡经常贸易结算，一旦发生收支逆差，可用它向体系内成员换取其他数字资产，以偿付贸易收支逆差或偿还数字结算银行的贷款，并且可与黄金、自由兑换货币一样充作国际储备。

码链数字货币 SGR 与 Facebook Libra 具有本质区别：Libra 以美元等货币为单位，不能避免货币滥发，更不能保护民众不受货币滥发的侵害；基于物权把控的 SGR，以"物"为锚定物，即提物权的智能合约，既锁定物，又可拆分，且全过程可追踪。物格作为真实世界客观的物理存在，映射到虚拟世界作为数字资产的根，承载着人类社会活动的数字化管理，自然就成为数字化人类社会的价值锚定物。

"特别提物权"同时作为数字货币的载体与支付手段，使用码链技术发行的二维码实施扫码支付，可直接用于贸易或非贸易的支付。"特别提物权"的定值与市场流通的实物直接挂钩，因此就具备了物物等价交换的条件。码链联盟成员单位凭借"特别提物权"可以获得储备篮子中的任何一种货物以满足国际收支经常贸易的需求。由此使得"码链"在建立可持续发展的信息社会的诚信体系基础上，推进全球价值互联网的互联互通，帮助发展中国家依托自身资源优势，通过"码链"释放潜能，可以解决长期以来在国际社会的贸易往来中，发展中国家外汇储备不足、支付能力不强，政府 PPP 项目投融资困难以及跨境结算所遭遇的困境，同时增强发展中国家外汇储备与对外支付、稳定本币汇率、提高对外融资等方面的能力。促进全球资源资产流动性，完成资源的有效配置，释放过剩产能，让世界各国尤其是发展中国家都参与分享全球化各行业产业链分工的价值红利，避免成为全球化的受害者。

基于物权把控的 SGR，以"物"为锚定物，即提物权的智能合约，既锁定物，又可拆分，且全过程可追踪。物格作为真实世界客观的物理存在，映射到虚拟世界作为数字资产的根，承载着人类社会活动的数字化管理，可以成为数字化人类社会的价值的锚定物。

这将大大促进跨机构的数据共享，前所未有地让人、资源、设备、商品、生产资料、企业与社会各方更高效地协同起来，降低各方的信任成本，大幅提高商业和社会运转的效率以及价值的流通。

第七层"统"：运用码链网络建立"信用机制"，指明"何去何从？"

"统"，即人类命运共同体，也就是分布式价值网络治理体系和监管规则。这一层次强调人和社会的关系，可定义信用节点创造价值的自由动力。该层次的功能是让每一个映射端都成为分布式价值网络端节点。

在整个过程中，以码链为主的分布式网络实现了价值的有效传递，构建了新一代价值互联体系，使得许多变化正在发生并加速：银行、保险、投资等金融服务机构，正在大量使用分布式网络进行跨境汇款、交易结算、资产认证和保护，从而改变现有金融基础设施；物流公司通过货物的数字化，可以显著改善物流网络的可见度和预测性，大幅提高货品的安全性和服务自动化；制造业的应付账款可以成为可流转的数字化凭证，由供应链中的核心企业、上下游供应商、金融机构等多方见证，使得小微企业能够获得更便捷和高效的融资服务；码链生态网络能够实现电子合同、版权声明等文档的数字化全流程记录和监测，从而降低了证明电子证据有效性的难度。所有这些，让法律维权成本更低。这将大大提升各行各业的数字化能力。通过商业基础设施的重塑，让可信价值和原有生产关系进行更好的结合，降低数据交易和交换成本，并且与其他场景和技术相结合，可以完成许多之前认为难以完成的工作，催生一个迸发出巨大能量的价值互联网。

码链可信价值网络大大降低数据交易和交换的成本，与其他场景和技术相结合，可以完成许多之前认为难以完成的工作，催生一个迸发出巨大能量的价值互联网。当价值互联网像信息互联网那样成为遍布全球的基础设施后，码链体系中的智能合约作为自动执行、开放透明的网络路由协议，将确保价值互联网的规则被可信地执行，并将带来一个新型契约时代——无论是个人与企业之间的金融、商业信用，还是个人与社会、机构与机构之间的新型信任，码链必将重塑现有生产力、生产资料与生产关系，形成终极协同的码链数字经济生态系统。

可信价值网络能让上百亿人口、上千亿智能机器以及几十亿甚至成百上千亿的智能合约自动化运行，包括人、企业、机器，都将重构新的生产关系。让信用像信息一样自由流转，由智能合约组成通证网络进而形成全球利益共同体，让未来数字经济进入高效、透明、对等协作时代，人类社会自然会出现人人为公、各尽其力、各得其所的新型契约时代，并由此实现码链数字人时代的人类命运共同体的构建。

▎ 码链数字经济的价值度量解构

码链数字经济中的这个价值网络需要起度量、立规矩，才能称权衡。码链数字经济价值循环系统是经济价值内生循环的依据，包括价值创造、价值流通、价值传递、价值度量、价值应用、价值治理等。

码链自身创造价值，自身传递价值，它既是自我的创造者，也是自我的销售者。价值循环可分为两层，第一层是价值创造，也就是承载资产上码。第二层是价值传递，在生态体系流通创新价值链机制。

码链是一个以二维码为基础单位所创建出的一套开放、复杂的生态体系，具备互信、互联、互通、互融、互利、互赢等特点。码链数字世界中资源、资本、资产等要素的价值量需要度量，这里给出用于度量价值量其大小的定义——资产熵。

资产熵是结合"物理熵"和"信息熵"提出的一个概念。资产具备物理和信息双重属性。资产首先是一个有物理载体的存在，即便是某项金融衍生品仍然能追溯到其资产源头。资产又具备信息属性，只有具备一定信息认知的物理载体，才能称其为资产。一般而言，物理熵在增加的过程中，需要有更多的信息熵来规定资产，否则资产将变得不可捉摸进而丧失价值。同理，在物理熵减少的情况下，所需信息熵会变少。进一步，如果把资产的物理熵和信息熵分别作为纵轴和横轴，只考虑极端情况，在物理熵极大、信息熵极小的情况下，这个资产会混乱不堪，人们会降低对其的信任，最终资产会消亡。相反，在物理熵极小、信息熵极大的情况下，这个资产的确定性极强，但是人们难免会觉得这个资产太过烦琐、专业性太强，只具备文物般的研究价值。

商品资产通常具备物理和信息的双重属性。码链商品以动态二维码为价值载体，在数字经济中这种商品的动态二维码具有资产属性。在资产与码链体系结合的过程中，物理熵是在变大的，有更多的流动和组合的可能性，但是码链体系的存在使得资产在物理熵增加的过程是可控的，同时一并增加的资产分类等信息使得信息熵也同步增多，也因此资产能够保持有序和稳定。

码链的价值网络应用，在于承载码上资产，维持资产熵。与生产体系从 0 到 1 不同，在流通体系中，价值是从 1 到 N 的，首先，最初始的价值并非是凭空创造出来的，码链的价值来源于链上商品信息对链下商品实体的锚定、虚拟资产对于现实资产的锚定。这两个锚定，保障了数字世界与现实世界的可信价值映射关系，而码链体系会更高效地支撑这一价值循环，现实世界的生产者和销售者，都可以在码链世界里找到映射。实际上，这就是商品上码和传递价值的过程。

四、使用真实映射取代虚拟映射

人类一直都生活在一个真实的世界里，但进入信息时代后，人类文明正被建立在数据之上。数字化的虚拟世界越来越紧密地融入人类的现实社会当中。由 IP 构成的互联网的出现，创造出了一个虚拟的世界。这与人类社会的发展及要求渐行渐远。在真实的世界里界限是非常明确的。而虚拟的世界则几乎没有边界，因为它是一个全新的世界，存在于更高的维度。无论是真实的世界还是虚拟的世界，都真实地存在于人们的生活当中，而它们最大的问题就是不能进行相互的映射，人类社会因此被割裂。这种被割裂的后果导致了真实世界和虚拟世界存在不同的经济活动和不同的经济体制，两者相互之间不能进行互联，则会造成人类决策上的误判。人们在真实世界中的每一次行为，都包含了 5W 信息，而数字人的每次扫码行为也通过物格的标定落在了真实的地址上，在码链网络中就是使用物格取代 IP 地址，称之为新的联网接入。所以，物格地址代表了真实世界中真实的人类行为。

以数字人理论为基础，码链建立以包含时间、地点、人物＋前因后果5W 要素的、以"码"为单位的信息维度，构建了一个真实世界与数字世界一一对应的多个平行世界。由于这个平行世界有多个乃至无限多个平行世界的维度，这个数字化的平行世界，人类可以以自由意识进入。它完全不同于基于 IP 的虚拟世界的网络空间。在这个平行世界中，每一个人、每一个物的每一次行为表现为数字化的行为方式，数字人具备唯一可识别的"码"，什么人、在什么地方、什么时间、做了什么事，全世界都可以知道。用码取代 IP，就成为下一代网络的联网接入的底层标识。未来"扫一扫"还可以升级为"看一看"，目前开发的基于 PIT 联网接入的御空眼镜就是这种尝试的一种穿戴设备。

码链思想强调人与人、人与物的链接。所有的接入、连接、传播都以人为本，而非以机器为本、算法算力为王。在数字世界中，码链将人从电脑前、屏幕前解放出来，通过"二维码扫一扫"接入，在真实的生活场景中与世界实现随时随地的链接。码的底层可以不是 IP，而是 PIT 即（位置、身份、时间），而 PIT 恰好就是 5W 的核心要素（还有 2 个 W 是指前因 why 后果what）。只要建立"码"与"PIT"的转换机制（类似"域名"与"IP"）就可以建立一个基于"码"的物联网体系，简称"码取代 IP"。通过扫码专利技术链接，在产业码服务器上留下活动记录，用"码"来标识"P-位置／I-

身份 / T- 时间", 就形成了一个码与码链接共生的共识体系——码链。

码链模型颠覆了整个互联网的联网方式, 跟互联域名需要围绕 IP 地址的连接方式来展开是明显不同的。码链模型是基于"位置 / 数字人身份识别 / 时间戳"等 5W 的行为模型构建而成的"数字人网络"。

码链生态体系从 2004 年研究至今, 其初衷就是要通过扫一扫取代以鼠标点一点为接入口的互联网生态体系, 以实现"道法自然"的大目标。码链接入协议成为物联网的底层基础接入协议, 是对基于 IP 管理的互联网的一次升级换代, 未来将全面向下兼容, 颠覆和取代整个互联网。

用码取代 IP, 成为下一代网络的联网接入的底层标识。码链技术通过二维码扫一扫形成数字 DNA 的叠加, 扫码者每次扫码都将生成自己的二维码链条, 实现全过程可追溯、可监督、可管理。码链技术生成的感动芯二维码有自己特殊的编码规则, 非一般的 QR 码, 信息容量几乎可以无穷大到 100 的 10000 次方。

在码链思想和数字人理论的指导下构建"码链数字经济生态体系", 从"点、线、面、体、系"全面展开; 搭建了一个以人为基础的商业、金融、社交的新生态体系, 为人类社会搭建起了一种全新的数字社会模式。

基于物权把控的码链数字资产, 是码链数字经济生态体系的重要概念。通常, 人们把第一产业人类行为的产出, 叫作"农产品", 第二产业的产出叫作"工业品", 第三产业的产出叫作"服务业产品"。而数字人的行为, 如扫码、分享、支付、购物等, 被称作为"流通传播创造价值"。对这些"产品"进行"追根溯源", 可以找到这些"产品"的原始根源以及流转的路径, 也就寻找到了"各种物"的"根", 就可以通过规则量化形成"智能合约"。

通过可以寻根的智能合约, 完成对"物"的把控。在数字支付方面, 基于二维码扫一扫专利技术的"扫码支付"已日趋成熟与普及, "扫码支付"进而发展到"数字货币", 已是不可逆转的趋势, 因为基于扫码而形成的共识机制, 将远远超过"区块链"形成的共识机制。

以数字货币的代表区块链"比特币"为例，其底层技术基于 IP 的互联网区块链技术，是一种根植于 IP 互联网的技术，而 IP 地址本身，是没有物理空间的一种存在，对人类社会而言存在诸多缺陷，这也是区块链很难落地的重要原因。同时，基于 IP 地址管理的互联网本身，又很可能陷入美国互联网霸权的境地，对全世界的安全构成致命威胁。

"码链数字资产"的计量单位是"特别提物权"（即 Special Goods_Drawing Right, SGR）。SGR 与 SDR 不同之处在于 SDR 是由一揽子"货币"组成，SGR 则是由一揽子"货物"组成。应用 SGR 理论，解决了现行全球货币体系没有真实世界"物理"锚定物的世界难题。

把人类的社会化行为进行数字化量化，形成"价值"的计量单位，这是解决数字经济时代，取代已经失去真实世界"锚定物"的美元来衡量数字资产价值这一世界难题的中国方案，更是为形成数字时代全球利益共同体，人类命运共同体最新的思想和理论以及落地实践的技术模型和新的"信仰与价值"。

五、基于扫一扫接入的新商业模式

在新的价值体系中，扫一扫的接入方式也成为新的联网接入方式。而其体量也或将达到传统的网络商业规模的 15 至 30 倍。因为传统互联网络的接入设备是计算机，而扫一扫则是通过手机作为入口，无论是使用的人群和场景都更加广泛。此外，之所以说物联网必将取代互联网，是因为互联网是基于 IP 的世界。它违背了以人为本的原则，它是通过基于 IP 的虚拟地址和机器替代人类而成为社会网络节点的。而码链网络的底层则是基于人的数字化行为。

没有一个安全的信息通信生态，信息通信的安全就无从谈起。

2011 年发明（二维码）"扫一扫"全球专利技术以来，"扫一扫"已经成为最普及的物联网接入技术。在中国几乎有十亿人几乎每天都会使用"扫一扫"做各种支付。近期，关于"扫一扫"接入支付，"碰一碰"接入支付及人脸识别接入支付等支付手段已成为社会的关注点。那么，哪一种信息技术最方便最安全？ 媒体报道了清华大学利用人脸识别技术"15 分钟解锁 19 个陌生智能国产手机"的重大漏洞后，引发无数网友的关注，人脸识别技术并不安全已成定论。

此外，还有很多网民想了解手机碰一碰支付的新技术与"扫一扫"支付哪个更方便、更安全？ 答案是，支持碰一碰支付的 NFC 近场通信技术，是由非接触式射频识别（RFID）及互联互通技术整合演变而来的，在单一芯片上结合感应式读卡器、感应式卡片和点对点的功能，能在短距离内与兼容设备进行识别和数据交换。工作频率为 13.56MHz。使用这种手机支付方案的用户必须更换特制的手机。手机用户需要凭着配置了支付功能的手机才可以行遍全国。故用户转化成本高，售后需要完善。

当前互联网存在的种种不安全乱象已有暴露。在物联网信息时代，如果不是基于人类的主动发起（如扫码），而是靠被动接触（碰一碰、刷脸等），甚至强迫接入，不仅不能保证信息通信的安全，更容易使人们变得像"被绑架"那样，陷入被互联网巨头绑架宰割的境地。如果没有一个安全的信息通信协议，信息通信的安全就无从谈起。

▌一物一码一通证的创新

当前的人类社会，已进入物联网时代。物联网是利用互联网等通信技术，把传感器、控制器、机器、人和物等通过新的方式联在一起，形成人与人、人与物、物与物的相连，通信，进而实现信息化、远程管理控制和智能化的网络，被称为是继计算机、互联网之后，世界信息产业发展的第三次浪潮。

在码链"以人为本，道法自然"理论基础上，基于其发明的扫一扫专利数字通信接入技术构建的码链数字生态体系中，人和物的链接，是通过"数字人主动发起"，通过"扫一扫"，叠加数字人DNA生成新的"码"，码与码形成码链链条，来建立人和物的数字身份及数字链接的。在码链的数字网络世界里，码代表着人和物的身份信息所有权，人和物可以在一个码中植入自己的DNA后，存储在码链数字网络中，保证信息的真实性。人们通过扫码接入，把三维世界的经度纬度所代表的地理位置与数字人相融合，再映射到四维世界，生成唯一的"物格"码（代表物联网格子的二维码）。由此，在码链特定的多个平行世界中，码的唯一性、安全性、不可篡改性以及庞大的数量和时间戳，就成为搭建数字世界的基础。

基于这个码的身份系统，码链体系为每一个数字人搭建起了属于自己的价值传递网络。这个可以传递价值的社交网络称为价值链。"价值链"是用户基于码的数字身份构建的人际和物际关系网络。由于网络隐私问题是根植在传统互联网基因之中的，要从根本上解决这个问题，就必须通过新的生态重新搭建一个信任网络，并通过对码加密，让每个人和物都能够很好地保护自己的隐私。由此，码链的5W属性建立的天然安全性、分布式网络和不可篡改的三大特性，成为物联网设备运作最坚实的基础。

在码链生态中解决物联网设备之间的交易安全和智能合约之间存在的各种纠纷是最佳选择。因为大部分物联网交易和合约都发生在网络的第二层，而作为基础层的码链扫一扫，可以为其提供可靠的商业模式和安全性。

物联网设备是通过云服务器来识别用户的，它们将识别数据保存在这些云服务器中。这些数据很容易被泄露、窃取或抄袭，基于这些数据的应用程序也会受到很大的安全威胁。相较于物联网的客户端服务器模型，码链体系利用分布式的信息储存来保护用户身份，且用户只能根据对应的二维码发布信息，保证身份的唯一不可篡改，这是现有的电商平台无法达到的安全和防篡改识别。

物和物之间的直接交互最缺的是物和物之间交互的协议，码链，以人对物的观察来建立链接，从而构建了"以人为本"的应用层协议。码链解决的应用层协议，是数字人主动发起建立链接，并记录人类的活动价值，不同于数字孪生的那种机器对机器的映射，没有人类在其中。

在这个世界上，如果物与物之间的关系不与人类社会关联，那么很容易陷入"以机器为本的机器人帝国主义"。码链，则是通过数字人与真实世界万事万物交互，每一次交互都生成新的码，并在原来的码上叠加形成链条。这就有别于静态地通过编码让每个设备只有一个唯一的码，而是在动态中让每一次交互都有新的码生成。它既是 ID，又是私钥，含有码链的 5W 元素，因而其底层是安全的，这也是码链具备超越区块链的核心特征。

▍价值链和产业码创新

价值链和产业码是码链生态中保障信息通信安全的进硬核创新。它实现了人与人之间协作环节的信息化。一方面，码链生态解决了传统结构化数据库无法覆盖到的一些场景；另一方面，基于二维码扫一扫技术，可以固定对账结果的真实和安全，无须审计人员再重复验证。

码链创新了使整个人类社会实现可信的数字化，从而出现了让信任系统更高效运行的网络生态。码链生态不仅将实体世界的人或物映射到一个小小的二维码当中，也可以通过其独有的回报机制和不可篡改的特性有效地将信息传递出去。从狭义上说，社会各部门，如：会计对账、法务、人力部门、政务系统、银行等随时都做着大量的安全核验、对比信息的安全工作。这种低效的核验工作是整个社会发展的一大痛点。码链生态解决了这一痛点，对社会生产力的进步和社会效率的提升具有重大意义。

价值链的多中心化、分布式、点对点，带来的是更加高效的"人与人联网""人与物联网""物与物联网"的链接形态。码链生态创新的"无信任"交易，让人们不需要信任任何其他的使用者而可以进行"有信任"的交易。所有用户都知道整个码链生态中不会有欺诈、篡改或其他的恶意活动，且不易受到黑客攻击，它消除了目前为确保所有交易合法运行所必须进行的核实以及监督的压力。

码链生态创新构建的物格价值链商城平台，使用二维码链在一起的数据集合（包括购买金额、日期、时间或任何其他的交易信息，其中包含了关于谁在进行交易的信息）。用户可以通过使用移动设备扫描二维码来验证自己的身份。价值链商城平台使用的是分布式网络，可以在每一个接入口共享和同步数据，由于其数据存储是分布式的，没有把所有的数据储存在同一个中心位置，因此人们不能在其中的任何一个点上改变什么。这就意味着要同时访问所有的接入口，才能破解这个网络。一旦在价值链上完成了交易，就不可能将其更改。因此，价值链可以安全、可靠地验证交易是否发生，为放资金和转让所有权提供无可争议的核准。

价值链的供应链可视性，是保证信息通信安全的另一大创新。这是因为供应链的不同部分之间可能存在脱节，从而对交付进度造成严重破坏，码链生态可以让供应链中的所有各方就发货信息进行通信和访问。

价值链的智能合约机制创新，为整个生态提供了无可争议的证据，它能证明一方履行或没有履行承诺。若有必要争议可以立即解决并且调整。

价值链的可追溯性创新，让消费者了解产品的来源，为消费者提供从原材料到生产的透明度，这种可追溯性让消费更安全。

价值链让供应商和零售商可以跟踪商品，并利用历史数据确保他们的库存中不会出现假冒产品。而零售商可以使用价值链商城内的"元宝"来最小化优惠券欺诈，准确跟踪余额，并管理忠诚度奖励。

在价值链中用户的个人身份可以得到保密，网络犯罪无法进入。

码链生态实现了交易各方的信息实时同步、分布储存，在交易信息入账的同时通过智能合约实现交易的验证比对，并基于时间轴确保交易记录不可被篡改，解决了信息网络的硬伤。

扫一扫之所以成为全球各行各业最热门，也最受瞩目的数字通信技术之一，源自基于扫一扫技术生成的码链体系，与大数据、云计算、刷脸识别、碰一碰支付等这些信息技术相比较，扫码技术创新构建了去中心化、不可篡改、公开透明等生态。

码链生态更大的价值，还在于可实现跨品牌、跨设备之间生态的建立。如要建立跨平台生态，多平台间不可避免需要在商业博弈中实现技术互通，在终端设备的主权和数据的使用权上达成共识，而码链可以实现平台间的互信、公开透明和激励。每一个设备相当于拥有一个物联网"护照"，通过扫一扫接入实现互联互通。如，在智能门锁上安置特殊链芯片，就相当于拥有了一个"身份证"的密码，进出房屋的信息都可以实时同步到二维码上进行分布式存储，既能通过门锁管理房屋，又能避免中心化的云存储导致数据隐私泄露。

码链数字经济生态体系由"点、线、面、体、系"所构成。"点"是扫一扫；"线"是价值链；"面"是产业码，包含了一体四商，即生产商、交易商、服务商、消费商；"体"是交易所，"系"是提物权。发码行在此基础上，已研发出了涉及人类社会生活衣、食、住、行等方方面面的 3000 个产业码。产业码是基于二维码扫一扫技术、LBS 溯源、点对点通信的分布式去中心化网络，也是码链数字经济生态体系的重要组成部分。产业码是在特定细分领域内，利用"码链云平台"技术功能发行的特定产业"码链二维码"。产业码拥有集信息检索、信息生成、信息传输、电商支付等多种技术于一体的云服务功能。由于码链的上述特点，应用将十分广泛。

目前，全国由产业码授权运营公司安码通授权签约落地的产业码已有岚山脐橙码、海鲜码、瓜果码、新疆干果码、蜂业码、温商文旅码、南方土特产码、陕西土特产码、数字农垦码、镇江文旅码等 137 个，签约申请有 184 个。

事前控制，事中监督，事后监管的统一发码创新

"统一发码"，目前已经在中国、美国、日本、新加坡、欧盟等全球近百个国家和地区提交了 PCT 全球专利申请，并已经陆续获得美国、韩国、新加坡等国家的专利授权。

"统一发码"依托于真实世界扫码链接的链接方式；取代了"鼠标点一点"的基于 IP 地址在虚拟世界的联网接入方式，开启了用码来唯一对应"PIT，即 P- 位置，I- 身份，T- 时间"，实现用"码取代 IP"的时代。由于增加了"P- 位置"这个关键维度，从源头控制解决了网络的安全。而基于"统一发码"发明建构的"统一发码"生态系统，应用于"金融科技、安全支付"等领域，就可以构建"事前控制、事中监督、事后监管"的安全生态体系，从而解决"安全支付隐患，杜绝码出多门，避免信息孤岛，击破独立王国"的问题。而依托码链专利和创新的生态体系，还可助推 DCEP 央行数字货币在国内与国际的推广。

鉴于这一原始创新的发明专利技术，和依托这一技术建构的生态体系，可以解决目前的互联网安全问题、扫码支付问题、数字货币发行流通绕开 SWIFT 等金融安全问题，让"扫一扫"这一中国发明的原创专利技术形成标准，造福国内，输出全球，益于全人类。为此，发码行已倡议在中国率先设立"发码中心"，建立全球标准，形成全球联盟，并全面推进获得"扫一扫"专利授权的"云手机"的使用，抢占"扫码支付"专用手机的先机。发码行已通过与北斗卫星数据合作打通地理位置坐标，正与相关机构等共同落实"统一发码"，构建基于下一代网络的"物格数字地球"生态体系。

综上所述，基于"扫一扫"发明专利，"统一发码"发明专利创新构建的码链及统一发码生态，在码链物联网、企业码链全过程管理、社会道德诚信全追溯、国家供需新计划经济、全球资产货币数字化、维护国家经济

安全、促进构建双循环经济格局、实现构建信息化时代人类命运共同体的中国主张等方面，具有举足轻重的作用，是建设数字中国、数字强国，打造中国数字经济软实力的创新成果。我们正期待这一创新能在国内尽快开枝散叶，输出全球，造福全人类。

六、码链全面替代互联网的 IP 体系

> 如果说互联网是由鼠标点一点来推动的，那么"移动互联网"及 5G 时代"万物互联"的物联网，则将由"扫一扫"开启，并通过"统一发码中心"，制定用"码"取代"IP"，摆脱以美国为互联网管理中心的网络霸权，建立同时向下兼容的互联网，又"以人为本"的万物互联的物联网。这个全新的网络足以构建一个"既摆脱因特网（美国互联网）的控制"，同时"又向下兼容互联网 IP 应用"的全球利益共同体，人类命运共同体的大同世界。

码链要在现有基础上全面替代因特网体系也需要技术手段的支持，包括 5G 技术、手机扫一扫、统一发码以及目前同北斗展开的合作。这一整套的技术组合，将最终取代整个互联网体系。故而码链对标的并非某个企业，而是整个互联网络中以 IP 为基础的垄断体系。

纵观现代文明，没有比"金融"更令人欲罢不能又恨之入骨的矛盾了。自 2008 年金融危机后，人们将过错都归于金融，它摧毁财富、毁灭工作、侵蚀银行、瓦解繁荣，令无数人走投无路。另外，金融历史研究者们，也在为帮助金融正名而奔走呼号。金融史学家威廉·戈兹曼呼吁，人类不能放弃金融，正是金融，使得文明的进步成为可能。

金融学家认为，信用 + 杠杆 + 风险即为金融。2019 年，在科技加持下，金融第一要素"信用"领域，正在经历天雷巨变。金融科技的急先锋区块

链，悍然登上了历史舞台。

猛虎出笼

区块链起源于密码学，1976 年，密码学家迪菲和赫尔曼提出，将原来的一个密钥一分为二成一对密钥，一个密钥用于加密，一个密钥用于解密。加密密钥公开，称为公钥；解密密钥不能公开，唯持有人所独有，不能给别人知道，称为私钥。

譬如，张三想给李四发信息，张三要用李四的公钥对信息进行加密，只有李四的私钥才能解开，其他任何人都解不开。1978 年，这一密钥设想又得到了提升。除了解决开放系统中密钥大规模分发的问题，还带来原来对称密码体制不具备的功能，那就是非常独特的认证功能。如，张三想给别人发信息，张三不仅用别人的公钥对信息进行加密，同时还可用张三的私钥进行签名，这样别人就可以用张三的公钥进行验签，判定信息是不是由张三发出的。

1993 年，此理论再次升级，称为哈希算法。哈希函数从输入到输出的计算非常快，迅速收敛数值，无须耗费巨大的计算资源，而从输出倒推输入。比如，习以为常的人民币冠字号码，就可以理解为是由哈希算法产生的。日后，区块链的理论基础，皆来源于此。它一旦成型并落地应用，惊人威力将颠覆现行世界。

从会计学角度看，区块链让分布式账本技术落地，不易伪造，难以篡改，开放透明，且可追溯，容易审计，还能自动实时完成账证相符、账账相符、账实相符，瞬时的资产负债表编制成为可能。这样的结果也是颇有颠覆性的，或者在不久的将来，会计、审计行业或将消失。

从账户角度看，区块链让私钥本地生成，从中导出公钥，再变换出钱包地址，自己给自己开账户，不需要中介，账户体系发生了变革，这在金融史上是一个非常重大的变化。也就是说，未来担任中介机构的银行体系也或将因此消失。

从资产交易角度看，区块链可以创造一种全新的金融市场模式，作为信任机器，资产交易可以去中介化。这就意味着未来担任资产交易中介和平台的券商或许也将消失。

从组织行为学角度看，区块链使有效的分布式协同作业真正成为可能。没有董事会，没有公司章程，没有森严的上下级制度，没有中心化的管理者，大家共建共享，堪称经济活动组织形式的大革命。这就是说，在某一天，或许现代企业的制度与组织也将消失。

全世界对区块链既敬又畏，不是没有理由的。猛虎即将出笼，或杀敌必胜，或转身反咬，而越来越多的国家、市场、企业正在选择"放"出这只猛虎。

▌ 天使与恶魔

区块链在很长一段时间内承受着很大污名，"诈骗""圈钱"，这样的骂名不绝于耳。

2008 年，中本聪发表了经典论文《比特币：一种点对点的电子现金系统》，提出了一种全新的去中心化的电子现金系统。比特币横空出世，并登上全球金融舞台，大显身手。

中本聪将比特币的颠覆性创新一语道破：攻击者如果不掌握全网 50%以上的计算资源，就无法攻击这套簿记（链接）系统。换言之，通过比特币，以前人们隔着万水千山做不到的点对点交易，可以不依赖银行等中介机构，而仅靠分布式账本就可以实现。而且，安全性远远高于传统银行等中介机构。这套极其超前的系统让全球金融专家措手不及。

诸多银行对数字货币恨之入骨，却又欲罢不能。一方面，银行业者害怕被它颠覆；另一方面，银行又迫切需要加密货币所提供的属性和工具，尤其是其底层技术——区块链。既然害怕，就意味着毫无办法。从比特币拔腿狂奔的那一天起，限制其发展的唯一要素就只有"想象力"。

一部分极富远见和魄力的人们，开始拥抱这一疯狂事物。

2012 年 10 月，比特币基金会成立；

2013 年 10 月，温哥华部署了世界上第一台比特币 ATM 机；

2016 年，日本国会批准比特币监管新法案，认定比特币为财产，随后迅速正式合法化；

2017 年，接受比特币作为支付方式的实体企业达到 8207 个，此后平均季度涨幅在 5% 以上；

2017 年，比特币登录全球最大期货交易所，美国芝加哥商品交易所，从此，与大豆、黄金、石油等明星实物同台竞技。

拥有先天优势条件的比特币，曾也不负众望，站在老百姓的立场上，一次次力挽狂澜。2013 年，塞浦路斯银行危机凸显了国家信用的无力，深具避险属性的比特币，危难之中为塞浦路斯人民牢牢托底，拯救了无数家庭。随后比特币价格从 30 美元飙升至 265 美元，人们躲过一劫，甚至收获颇丰，令全世界瞠目。

从 2016 年起，比特币进入主流视野之后，事情开始变得不寻常。

2018 年中国经济网消息："某某企业董事长炒币巨亏，上半年收入为 0，公司主业停止。"

2018 年新浪科技消息："247 种新币九成破发，底层投资者血本无归。"

2019 年网信官微消息："先锋系创始人张振新身亡，投资比特币巨亏上百亿。"

不仅如此，更多的黑暗面也逐一浮出水面。由于比特币系统具有匿名性，同时可以不受国界限制，全网流通，因此，有犯罪分子利用比特币洗钱或进行非法交易。

"恶化"比特币的因素中，人类的投机欲、暴富欲堪称第一。这一欲望和投机行为让比特币摇身一变成了投资品。而人类对投资带来的巨额金钱回报,从来没有抵抗力。炒币者、交易所、各国监管与舆论的交替,令比特币的未来扑朔迷离。然而,市场没有料到,一个从不参与口水战的沉默巨头,早已在这场全球金融风暴中观望已久,它就是:中国央行。

▌守土有责

很长一段时间内,中国央行对比特币的态度,都被外界误解为"打压"。2013 年 12 月 5 日,央行等五部委发布《关于防范比特币风险的通知》,规定包括银行在内的金融和支付机构不得从事比特币交易。当天,比特币的价格应声下跌,从 7004 元跌至 4521 元。

而这也构成了 2013 年底至 2015 年底,比特币价格下行的重要原因。很久以后人们才发现,央行的目的并不在于"打压",而是为了保证包括比特币在内的数字货币市场稳定健康的发展。每一个行业的发展初期,都是"群雄混战",最易滋生犯罪活动。监管者不仅要想办法"开疆拓土",更需"守土有责",牢牢在"金融"领域稳住"中国发展"这艘在风浪中开天辟地的巨轮。

事实上,央行对数字货币早有布局。

2014 年,央行成立了专门的加密货币研究小组,负责制定数字货币 DC/EP 发行与操作的框架;

2016 年 1 月,央行举办了一场数字货币研讨会,肯定了官方认证数字货币的重要性;

2017 年,央行成立数字货币研究所;2018 年 11 月 6 日,央行发布万字长文《区块链能做什么,不能做什么》;

2019 年 7 月,央行研究局局长透露,国务院已正式批准央行数字货币的研发,央行在组织市场机构从事相应工作;

同年 8 月,央行密集宣布数字货币的研发进展;

中国国际经济交流中心副理事长黄奇帆先生更是直言,中国央行有可能在全球率先推出数字货币。

国家信用背书的数字货币，一旦落地，不啻为颠覆性巨变。央行数字货币有望成为区块链最大的一个应用场景，以国家信用背书的数字货币，将会大大降低法币的发行成本。与支付宝、微信等支付方式相比，央行数字货币的支付也将会更简单方便，即便是在没有网络的情况下，也可以用手机轻松支付。

一项新技术的出现，是"恶魔"还是"天使"，看你怎么利用它，以及利用它的目的。

▍ 财富狂潮

就在中国央行出手的同时，更多力量看到了这一市场，时局变得更为扑朔迷离。如，Facebook 发行的 Libra 稳定币（Stable coin）在比特币诞生十年之后，悍然进军加密货币行业。目的十分惊悚：颠覆现有金融体系，至少创建自己内部的无现金经济。从本质上讲，这家社交媒体巨头正欲寻求成为替代性的世界央行。

英国央行行长马克·卡尼也表示，诸如 Libra 的数字货币可能取代美元成为世界储备货币，虽然，这并非易事。被触动了"利益蛋糕"的各方巨头争相抨击与阻挠。美国时任总统特朗普、欧盟反垄断监管机构等势力一拥而上，试图扑灭这恐怖的星星之火。

然而，星星之火可以燎原。人们看到 Facebook 的 Libra 更像是一针催化剂，将掌控财富、权利的巨头们长久以来的恐惧点燃。如果除了现行货币之外，出现了新的"一般等价物"。那么，现行货币、外汇将何去何从？如果比特币正本溯源、回归价值，具有交易属性与增值的潜在空间，又该如何对待？ 全球贸易、财富流动，是否会重新分配？ 新的行业是否即将崛起？ 最初掌握新技术的人们，是否将占尽先机？

落实到个人，其带来的后果，则更为汹涌。历史一次次见证类似循环：

1978 年，住房商品化、土地产权开始理论化；1998 年，房地产金融化开发阶段开启大幕。此后三十年，房地产在中国城镇化、国际化、智慧化、产业化、金融化等方面，担起了举足轻重的角色。第一批"下海"投入房地产浪潮的投资人，日后多人横扫中国首富排行榜。

1984 年，中央 4 号文件正式提出发展乡镇企业的概念。20 世纪 90 年代初，在长三角和珠三角地区，乡镇企业异军突起，在当地 GDP 中"三分天下有其一"。最初"摸着石头过河"的农民们，担着"国有资产流失"的罪责风险，抵押房产、赌上全部身家，奋力一搏。此后，他们有了另一个身份，"乡镇企业家"。多年之后，当中的大批公司上市，大批乡镇企业家成为中国民营经济的担当。

1990—1992 年，中国股市作为资本市场"新生儿"，历时两年半的持续上扬，从 96.05 点开始，一举达到 1429 点的高位。就在大部分人抗拒"炒股"这件事的时候，最先进入股市的投资者，一夜之间翻身成了百万富翁。

中国经济四十年，涌现的"历史发展必然红利"能让普通老百姓实现财富飞跃的机会，仅有三次。或许有人说，不对，还有互联网浪潮红利啊。可是，你可能不知道那些"BAT"类型企业的大佬们在创业之前都曾有过得天独厚的认知、资本和资源的优势，他们的起盘优势都在个人的创业能力之外，而这些是普通人根本就无法获知的。

换言之，后来赋予老百姓的成功机会，已经无形中设置了"进入门槛"。草根要抓住机会，进入飞跃的行业，难上加难。至此，人们开始理解区块链的狂热魅力。

或许，它将颠覆旧产业、造就新兴产业，让最先掌握新兴技术的人们占尽先机；或许，它将助力市场、监管、个体的全面重塑，未来更公平、更透明；或许，它将扭转"脱实向虚"的经济发展弊端，助力实体经济再现辉煌；或许，它就是第四次实现财富飞跃的机会！

七、新世界所遵循的码链网络新秩序

码链重构了新世界，形成了新秩序，重构的根基在于新的网络协议。众所周知，码链数字经济生态体系是由点、线、面、体、系构建而成的。为了使得码链网络协议全面替换因特网 IP 协议，自 2018 年码链元年起，码链数字经济商学院就开始在全国进行布局。而码链商学院需要以码链思想为核心，通过招募合伙人，组建价值链小分队和交易商分圈层向外扩展，开始启用码链协议做码链体系内的全部应用场景的全覆盖。其结果是，一旦基于互联网的垄断体系被打破，其中数十万亿的价值财富将迅速通过外部圈层被码链生态吸附。

互联网时代是一个"通融互利"的时代。互联互通超越时空差距，使人与人之间的距离零成本趋近，无障碍沟通与交流价值倍增。让整个世界的多元要素融为一体。各种要素交织，形成你中有我，我中有你，人与人之间的无距离融合。

移动互联网是 PC 互联网发展、移动和互联网融合的产物，它继承了移动随时、随地、随身和互联网开放、分享、互动的优势。依托电子信息技术的发展，移动互联网将网络技术与移动通信技术结合在一起，相对传统互联网，移动互联网可以随时随地、可以在高速移动状态中接入互联网并使用应用服务。移动互联网改变了信息和人的二元关系，让人成为信息的一部分，由此改变了人类社会的各种关系和结构。移动互联网的发展让信息变得更加透明化。

▎互联网是不安全的，人类未来将何去何从？

互联网的弊端在于无法保证信息安全。中国科学院的吕述望教授曾在一场演讲中提道：中国没有互联网，中国只有因特网，全球 13 台根域名服务器中有 10 台位于美国，美国在互联网上的霸权远大于其现实霸权。中国实际上用的是美国的网络，用着它的服务器，美国总统有权随时关掉任何一个国家的互联网通道。国人每天用手机上着网，其实就是按照规定付给租赁费，就像大家使用电话一样。以电子邮件为例，全球所有的电子邮件在发送的过程中都要经过美国，任何的密码都形同虚设，美国情报机构可以随时进行查阅。

美国曾清除过伊拉克、利比亚的国家根域名，使得这些国家的全部网站从国际互联网中消失。从理论上说，美国也随时可以从国际互联网中清除根域名，把任何国家打回"石器时代"。虽然我国的互联网行业近年得到了迅猛的发展，但很多的核心技术并不是本土研发的。中国人的计算机硬盘来自希捷，操作系统来自微软，CPU 是英特尔的，很多大型交换机是思科的，中国的网络是不安全的。

在 OSI/RM（开放系统互联 / 参考模型）所定义的七层网络结构中，可以看出，当下的互联网的核心，其实是围绕 IP 地址来展开整体架构的，如 TCP/IP 协议，IP 网址的分配与寻址等。网络中无数的联网设备，一个 IP 地址只能对应一台网络设备，即 IP 地址具有唯一性。而将域名转换为 IP 地址的 DNS 根服务器，更是网络的核心枢纽。互联网最基本的访问方式是按 IP 地址在访问，因此寻找到一种经济实用、又具备降维打击的 IP 替代就是当务之急。

互联网的下一个时代是基于物联网、全息显示等新技术的虚拟现实时代，一个基于人工智能、虚拟现实、物联网、3D 芯片、全息显示等新技术的人工智能和虚拟现实时代。

农业文明时期，人类以发明工具来提高生产效率；工业文明时期，人类科技的主要变革是利用能源推动蒸汽机；互联网时期，人类通过知识进步提高了万物的连接和使用效率。人类文明的下一个阶段，"智能文明"

注定是通过提高个体价值和创造全新个体，从而在更高的维度上提高社会生产力。当下，人工智能正以排山倒海之势席卷而至。科技日新月异，生活便利，人类内心却忧思难安。在这个高度发达又异常迷茫的时代，人类将何去何从？

基于二维码扫一扫专利发明技术、码链技术打造的码链生态体系，为人类进入数字化的人工智能时代，终结不安全的互联网找到了出路。其创立的码链模型和技术，就是中国为人类信息化和数字化时代所锻造的撒手锏。

▍互联网做不了的扫码接入

虽然乔布斯发明 iPhone 智能手机改变了每一个人的生活。但除此之外，物联网可穿戴设备以及基于码链思想的包括且不限于数字人眼镜（御空眼镜）等新产品的问世，也在悄然改变着人们的生活习惯。

这场正在进行的变革，是人类社会有史以来最大的一场变革。它就像是一条正在行进的轮船，载着整个人类朝着信息社会和数字社会前进，等所有人都走下码头的时候，就会发现社会已经从工业社会经由信息社会，过渡到数字社会。

而码链模型就是以数字人为本的物联网系统执行环境。通过码链，可以使人们用数字化的方式进行接入，来进行从三维世界到四维世界的投影。通过人与万物的连接，来完成从线下到线上人类行为每一次交互的记录，这样就可以拥有更高效的传播效率，安全更有保障，隐私可以得到更好的保护。

码链的数字人理论把人与自然，人与人的社会关系做了清楚的描述。不仅阐述了生产环节的剩余价值还包含了流通环节的剩余价值；不仅是物质世界的物的交换，还包含社会信用指数的现实意义。

码链通过扫码链接，用"码"取代"IP"，在数字网络接入的时候，用

"码"来标识"P- 位置 /I- 身份 /T- 时间"，形成码与码的链接。"码取代 IP"，将成为下一代网络联网接入的底层标识。未来"扫一扫"还可以升级为"看一看"（目前开发的是基于 PIT 联网接入的"御空眼镜"），有望成为第一代 PIT 的大规模民生应用产品，以码取代 IP 的落地打响第一枪。

通过码链可以透过三维世界看到四维世界的投影，在此基础上的信息化重构新世界已经展开。

在现实世界中，人在三维世界中相互遇见，产生大量的相互作用，构建了人类社会的巨大经济体。随着码链信息技术的迅速普及，人类社会的经济行为正不断拓展到数字四维世界。在数字世界中，数字人代表了人的行为。

不同于人类的现实社会，在数字世界中，数字人在相互遇见时，通过扫码而相互链接，并在产业码服务器上留下活动记录，形成码链。

结合三维现实世界的实体世界，在码的数字世界里，同样可以标定三维的地点和时间，标定了三维地点的"码"，可以固定在某个坐标上，进入"物格"。

物格的概念是在码的数字世界中的一个三维空间的量子化容器，标定地点的码可以进入物格容器。

码的底层可以不是 IP，而是 PIT 即（位置，身份，时间），而 PIT 恰好就是 5W 的核心要素，另外的 2 个 W 就是前因 why 与后果 what。

那么，只要建立"码"与"PIT"的转换机制，类似"域名"与"IP"那样，就可以建立一个基于"码"的数字化物联网体系，简称"码取代 IP"。

在"物格数字地球"中所呈现出来的物格，即依托北斗卫星遥感数据，把地球表面划分成 10 米 ×10 米的一个个网格；每个物格（网格）都具有唯一的"北斗经度纬度"，该物格可以在扫码链接时候被一一对应，根据行为的级别匹配不同的权重。

由于物格具备经度纬度作为标识，可以把物格当作 IP 地址 / 域名的替代升级，在"物格数字地球"中呈现。

扫一扫不同的物格码，就可以接入不同的服务，即可实现"码取代 IP"，而提供服务者就相当于网站的服务提供者，这样就可以建立一个全新的物联网的生态体系。

基于码链模式延伸构建出"一体两仪四商"的码链新经济体系。对于真实世界来说，有个 5 W 元素，而在互联网的世界里，却只有一个 IP，不存在 5W，因此就会产生各种各样乱象。比方说：匿名、黑客、水军，造假等；人类在真实世界面对面，扫一扫二维码即可以接入，这一点是互联网做不了的。

▎通过码链重构数字世界

码链生态体系的价值在于，它能够打破人与人之间的信息不对称，让所有的数据都公开透明地展现在大家面前。从而解决了在传统互联网上，因为信息不对称频繁发生的欺诈问题。在码链生态的价值链中，数字人用户可以构建一个信用度更高的网络。

在码链网络上搭建的价值链，能够让所有的信息公开透明。一方面，每个数字人用户都拥有自己的数字身份，所以个人信用信息都能够在系统上面体现出来。另一方面，各种信息数据都可以在网络中公开，这样就能最大限度地保障安全。

码链生态体系搭建的是一个以人为基础的去中心化（或者说泛中心化）生态体系，进而为人类社会搭建起一种全新的数字社会模式。就经济生态而言，码链体系所要打造的是一个"一体四商"的商业系统，在这个系统中，最基础的部分就是人。只要是拥有数字人身份，都可以借助码链网络参与到价值链中搭建一个去（泛）中心化的价值传播体系。

以金融为例，金融是实体经济发展的催化剂。实体世界虚拟化，这将成为未来社会发展的一个趋势。所以，真实和虚拟也将会越来越紧密地联系起来。虽然目前尚不能确定这种结合最后会以什么形式实现，但是码链生态体系无疑提供了一个可靠的解决方案。

另一方面，信息技术的发展，带来了全新的世界观与方法论，如果单从商业视点这个角度来看，传统的商业交易是基于三维的物理时空中实现的。也就是说，当只有消费需求者（C）与商家（B）在三维物理的时空中相遇的时候，交易才能发生，经济价值才开始真正计量。互联网电商是建立了一个以 IP 为依托的商城，以网页为展现方式的模式，它的最大缺陷在于：没有与真实的物理世界建立——对应的关系，并且在以".com"中心化接入的模式之下，"千军万马过独木桥"成为必然。这就导致流量成本居高不下，各种弊端屡禁不止，引发多输的局面。码链技术，作为一个革命性的、信息技术的载体，它不仅有正确的哲学思想，而且还有务实可行的方法。码链接入协议可以成为物联网的底层基础接入协议，是对基于 IP 管理的互联网的一次升级换代，未来全面向下兼容，将取代整个互联网。

这将大大促进跨机构的数据共享，前所未有地让人、设备、商业、企业与社会各方更高效地协同起来，降低各方的信任成本，大幅提高商业和社会运转的效率以及价值的流通。

管理安全性、成本低廉性与管理便捷性是"码链技术"的三大特点。这使"码链技术"的应用将十分广泛。现阶段，表现最为广泛的应用就是二维码"扫一扫"技术。当下，基于微信的扫一扫接口调用每年已超过1000 亿次。支持"扫一扫"功能的 APP，据不完全统计，在中国已超过数千款；基于扫码支付的金额已达数十万亿元。已成为一种普世"现象级应用"，是中国领先世界的亮点与名片。

第八章 硅基文明　算法算力决定一切
　　　 碳基文明　以人为本血肉长城

思维导图：新意识——碳基文明

自信自强守正创新，建设新世界

站起来、富起来、强起来的伟大飞跃！

全球文明治理体系和文明治理能力现代化！

中华文明的伟大复兴进入了不可逆转的历史进程！

中国道路、中国理论、中国制度、中国文化、中国自信！

碳基文明智慧城市，建设新世界

智－码链模型的文字表述

慧－码链文化的文字表述

城－全球一家的智慧管理体系

市－人类一体即是人人皆为中心

人类当家做主人，建设新世界

生态中国、智慧城市、展开画卷，码链模型是碳基文明的数字世界！

新阶段、新理念、新格局，都要在中国共产党领导下开创美好未来！

为各国人民谋幸福、为各民族谋复兴、满足人类对美好生活的向往！

构建人类命运共同体，建设新世界

人类是一个整体、地球是一个家园！

人类只有和衷共济、和合共生一条路！

和平发展、合作共赢、一带一路、互通互联！

一、码链模型对数字世界的文化贡献

> 文化既包括世界观、人生观、价值观意识形态，也包括自然科学和技术、语言和文字等非意识形态。文化是人类征服自然、社会及人类自身的活动、过程、成果等多方面内容的总和，文化也是一个国家、一个民族的灵魂。是人类生存和发展的重要力量，是人类创新活动永恒拓展的载体、创新水平提升的工具、传播的手段。文化作为一种精神力量，能够在人们认识世界、改造世界的过程中转化为一种物质力量，对社会发展产生深刻的影响。文化可以为人们的行动提供方向和可供选择的方式。通过共享文化，行动者可以知道自己的何种行为在对方看来是适宜的，可以引起积极回应的，并倾向于选择有效的行动，这正是文化对人类行为的导向作用。

当今世界正面临时代之变、历史之变的百年未有之大变局。突如其来的新冠肺炎疫情，加剧了大变局的演变，使得国际经济、科技、文化、安全、政治等格局都在发生深刻调整。人类命运在应对这个变革的时代，既需要经济科技力量，更需要文化文明力量。

《两次全球大危机的比较研究（2012）》（作者刘鹤，中国经济出版社，2013 年 2 月出版）一文中说，本次危机爆发之后，我们一直在思考这次危机可能延续的时间，可能产生的深远国际影响和我们的对策。从 2010 年起，我们开始启动对 20 世纪 30 年代大萧条和本次国际金融危机的比较研究，邀请了中国人民银行、北京大学等单位的研究人员参加，这些单位都完成了十分出色的分报告。总的看，金融和经济危机的发生是资本主义制度的本质特征之一。工业革命以来，资本主义世界危机频繁发生，20 世纪 30 年代大萧条和本次国际金融危机是其中蔓延最广、破坏力最大的两次，它们都是资本主义内生矛盾积累到无法自我调节程度后的集中爆发。

文中指出，距离我们最近的一百多年发生的两次席卷全球的经济危机的根源，竟然都是"科技生产力"的创新发展，导致全社会的总供给与总需求失衡，累计到了一定程度而必然爆发。前一次是1870年大规模使用电气，历经60年导致1929年爆发经济危机；最近的一次则是1980年开启的"信息技术"发展，由于技术指数增长，导致危机的爆发提前到了30年，即2009年爆发华尔街金融危机，给全球造成了巨大的损失。

那么如今人们是否安然无恙呢？

在当下，基于移动智能手机、4G/5G、北斗等数字信息技术应用的普及，人类社会正在进入数字经济时代。数字经济已成了基于人类智力联网的新经济。蓬勃兴起的数字经济，已深度融入经济社会发展的方方面面，成为未来国际竞争与合作的重要领域和引领产业变革的重要动力。具备创新性、体验性、互动性的，以计算机、互联网以及信息采集、处理、存储和传输技术的数字化，人与人、人与物、物与物互通互联的物联网产生的数字文化，正在成为人类文化认同的共享模式。数字化带来了政治、经济、社会的深刻变革，新的数字文明正改变着人类命运。

那么，如何规避前两次危机，不再重蹈西方路径的"科技发展，必然导致经济危机"的覆辙呢？

这就必须要回到文化文明的高度中去寻找答案。

"刚柔交错，天文也；文明以止，人文也。观乎天文，以察时变，观乎人文，以化成天下。"

中华文化是东方文化中最具代表性的思想和哲学体系。我国领导人提出"构建人类命运共同体"的伟大构想：正是中华文明中"大道之行，天下为公；天下大同，协和万邦；和而不同，以和为贵"的"和文化"和"天下观"的生动体现。

科技成果可以改造文化，先进的文化又会反作用于科技，同时影响经济和政治。但科技发展的深度，必须遵循哲学高度的指导，而码链的指导思想就是基于传统中国文化东方文明的"以人为本，道法自然，天人合一，世界大同"思想，以此为道，通过"道法术器"，构建的码链数字经济生态体系，为数字世界呈现的码链模型，以及承载这一模型的码链文化，正在深刻地影响着我国数字经济的发展和全社会的数字化变革。

▎ 码链创造的数字文明

人类文明正在不断地被建立在数据之上。今后这种文明应该称为"数明"。当前人类社会正普遍面临的一种全新局面，数据将在人类社会进程中扮演着越来越重要的角色。数字化的虚拟世界将越来越紧密地融入人们的现实社会当中，并成为整个人类社会不可缺少的一个组成部分。

在未来的数字世界里，人类又将会以什么样的模式存在呢？

码链思想呈现了基于五千年东方文明"以人为本，道法自然，天人合一，世界大同"哲学思想与现代科技相融合创立的码链"数字人理论"和码链物格数字化模型。

数字人是码链体系中，用来标识人类数字化社会活动的集合，是在数字经济时代使用的"名词"，是在 2006 年提交给美国专利局的，一项名为"一种基于主题的社会地位与社会态度的社交网络构建方法"的专利（Method for establishing a social network system based on motif, social status and social attitude），是在"扫一扫"开启物联网接入时代下的产物。

数字人，与码链数字经济生态体系密切相关，区别于"肉体人"，可以不需要"姓名、电话号码、家庭住址"等"三维世界"的所谓数据，也不是通常理解的"注册用户名"，而是基于"产业码"服务器，基于"数字人DNA"叠加，来建立社会活动的行为链条。

在码链模型中，每一个码（由统一发码中心发码），就是代表数字人的不同的对外服务的邀约（邀请扫码接入），所以，每一个接触点可以看作是每一个"数字人"的行为邀约，每一次扫码新生成的码，也可看作是"数字人"的行为过程。

因此，在码链模型中，是通过记录 Y 轴数字人，在每一次社会化行为当中，通过扫码链接，分享传播的数字化的社会行为落在每一个地理位置即 X 轴物格里，形成的 Z 轴传播链条（又叫因果链条），来记录人类数字化社会活动的总和。

在这个模型中，底层是码，是数字人行为的记录，更是数字人提供服务的表达（以人为本）的码链技术和码链接入体系，这个模型革了底层是 IP，以机器为本的区块链接入技术的命，有专家评价说，这一用码取代 IP 成为物联网接入的技术发明，其本质相对于互联网区块链，不仅是一场技术革命，更是一场思想革命和文明之争。

码链的文化贡献：

"我为人人，人人为我"的核心价值观

"我为人人，人人为我"的码链文化承载的码链数字经济模型，这与东方文明"以人为本，道法自然"的理念高度一致。"人"是人类社会的核心，码链数字模型所有的接入、连接、传播都以人为中心，而非以机器为本，以算法为王。而码链把人从计算机前、屏幕前解放出来，通过"二维码扫一扫"或具备扫一扫技术的可穿戴设备"眼镜看一看"，在真实的生活场景中与世界实现随时随地产生链接，因为每个码其本质都是"数字人"对外提供服务的邀约。

在数字世界中构建人类利益共同体

人类正在快速进入信息文明的时代，迫切需要一整套的思想、理论、技术体系来支撑数字文明的实践。如何在数字世界中构建人类的利益共同体，码链创立了一体四商的数字经济体系。

码链时代，当下的企业不应该只是一家单独的存在，生产商应该与它的交易商、服务商、消费商连成一体，企业在这样一体四商的结构下运作才可以不断地进化升级。企业和消费商连成一体，生产方可以掌握消费者在未来一段时间内的购物需求，可避免资源的浪费，终结商品流通市场中的零和游戏。一体四商的数字经济体系不仅能化解当前我国企业面临的转型升级困境，建立一个个的数字经济的生产圈，最终还要通过"一带一路"将其输出到全世界，让每一个人都可以各取所需、各尽其能，最终实现人类在数字世界中的利益共同。

基于码链思想与专利体系引入"御空眼镜"（基于扫一扫的电子可穿戴设备），通过"数字人"绑定"御空眼镜"，"看一看"就可把三维世界的经度纬度所代表的地理位置与数字人相融合，再映射到四维世界，生成唯一的物格码（代表物联网格子主人的二维码）；该主人可以从三维世界、四维世界的扫码支付、扫码购物、扫码漫游等行为当中获得交易提成，相当于是一种"数字商业地产的地租"；如，已经由"御空眼镜"物格码生成的"物格庄园价值链"，就开启了类似四十年前改革开放，释放中华大地华夏文明的巨大潜力。开启了从三维世界向四维世界的重构，东西方文明进入全面争鸣的高潮，并将在全球引发一次全面的范式革命，深入社会的各个阶层，在经济、贸易、金融、货币、法律、道德等各个方面，完成从三维世界向四维世界的展开与重构，形成人类利益共同体、人类命运共同体。

为人类社会搭建全新的数字社会模式

基于码链的数字人眼镜的问世，则正在催生人类历史的"第四次产业革命"，使得当今世界正在经历人类历史上最为深刻的从工业社会向信息社会的转型。其不同于以往带有被动、局部和修补性质的结构调整，而是对整个社会体系结构的重组与重构包括生产力与生产关系。

码链生态体系搭建的一个以人为基础的去中心化（或者说泛中心化）的商业和金融生态体系，进而为人类社会搭建起了一种全新的数字社会模式。

为数字世界生成码的文明

进入数字时代的文明之争，不单纯是东方文明与西方文明之争，更是"碳基文明"与"硅基文明"之争。

下面阐述码链模型生成的码文明。

马克思主义者认为，人，在土地上劳动，创造出价值，也就创造了人类社会本身（三维世界）。人在三维世界中相互遇见，相互作用，产生大量的相互作用，构建了现实世界中人类社会的巨大经济体。而数字人，在物格（数字土地）上，通过扫码链接这样的数字化劳动来创造价值，则创造了四维世界中的数字经济。

在数字世界中，数字人在相互遇见时，通过扫码而相互链接，并在产业码服务器上留下活动记录，形成码链。在码的数字世界里，可以标定三维的地点和时间，标定了三维的地点的"码"可以固定在某个坐标上，进入码链物格新经济体系中的"物格数字地球"里呈现出来的物格，即依托北斗卫星遥感数据，把地球表面划分成10米×10米的一个个网格；每个物格（网格）都具有唯一的"北斗经度纬度"，该物格可以在扫码链接时被一一对应，根据行为的级别匹配不同的权重。

由于物格具备经度纬度的标识，物格就可替代IP地址／域名的，在"物格数字地球"呈现。物格的概念是在码的数字世界中的一个三维空间的量子化容器，标定地点的码可以进入物格容器。

由此，码的底层可以不是IP，而是PIT即（位置，身份，时间），而PIT恰好就是5W的核心要素。只要建立"码"与"PIT"的转换机制，类似"域名"与"IP"那样，就可以建立一个基于"码取代IP"物联网体系。

如此，扫一扫不同的物格，就可以接入不同的服务，而提供服务者就相当于网站的服务提供者，这样，就可以建立一个全新的物联网的生态体系。

码文明的本质是碳基文明。资本主义发展的最高阶段不是金融帝国主义，而是机器人帝国主义。即从唯利是图角度来看，如果剥削人类比不上剥削机器，那么资本家集团就有足够的动力来发展机器人、人工智能来获取最大的剩余价值。因此，文明之争不单纯是东方文明与西方文明之争，更是谁能带领地球延续传承碳基文明，而非西方大力发展的"硅基文明"，机器取代人类的即以"碳基文明"与"硅基文明"之争。

区块链和所谓加密货币的本质就是机器人帝国主义的最接近的表达。因为所有的基于区块链算法算力的加密货币都是机器世界的产物，它让人们从信赖族群，信赖社会，信赖国家，转变为信赖"机器人社区"即所谓"算力算法"决定的规则，即 In Math we trust（基于数学我们信任）；而这个社区的所谓"公平自治"，其实只是虚幻泡影。

以比特币社区为例，表面上看是分布式的管理，其背后却至少存在三大派系（如党争），如纽约的协议派（一言不合，可以硬分叉处 BCH），矿机派，以及交易所派。

而更不要说基于 IP 的互联网，其实是全部被美国（军方）控制，所以比特币的加密，匿名不可追踪本身就只是"笑话"。

如 2021 年 5 月初，美国东部燃油输送管道系统运营商，美国最大的燃油管道商科洛尼尔管道运输公司（Colonial Pipeline）遭遇黑客比特币勒索；而同年 6 月 8 日，美国联邦调查局（FBI）就宣布，追回了此次被勒索比特币的大部分。

这其实也是西方世界所主导以 IP 为链接的互联网所谓算法控制世界的一个骗局。可以分析一下这个骗局的目的：在当下，以西方为代表高速发展机器人，通用人工智能，都在朝着机器人取代人类，最终消灭人类的路径，大踏步迈进。

因为人类生活在真实的世界，而不是虚拟的互联网屏幕当中。所以互联网的规模再大，也只是占到人类真实生活当中的一小部分而已。而码链构建的物格数字经济生态体系一定是建立在真实的世界之上的。这也符合中华文明"天人合一、道法自然"的传统思想，同时也是构建码链体系的文化理论基础。

码链体系的本质实际上就是将人类以及商品的 DNA 叠加到该体系当中，而不是通过 IP 作为底层来构建。所以只有通过码链的模式才有机会重新构建出一个全新的数字经济生态体系，以应对这场即将到来的关乎人类社会未来走向的数字战争。

在传统的世界中的人是作为单独的个体存在的，在互联网的世界中人依赖的是计算机，通过 IP 进行接入。而在价值链所构建的世界当中，我们则是以数字人作为基础的单位所组成的，人类所有的行为和社会中所有的经济活动都是通过"扫一扫"连在一起，这样从经济学理论上来说，就具备了把所有人类社会的经济活动进行记录并对整个体系进行统一管理的能力。

码链模型的创立，表明在数字时代，中国不仅代表了先进的发展模式，还为全世界解决了数字时代的问题。码链文化涵盖了源自东方哲学"道法自然、天人合一"，在数字世界实现人类命运共同体中国主张的码链思想；基于中国专利名片"二维码扫一扫"的一百多项布局全球的码链组合专利技术；为信息社会和数字世界构筑安全保障和信任体系；终结鼠标"点一点"为接入口的传统互联网生态体系；助力产业数字化转型的基础建设，在特殊时期赋能经济内外循环新格局，在数字经济中实现全民共同富裕，以及为物联网时代建构的"码链物格新经济"数字生态体系，基于物格数字土地形成的高质量数字资产，为国家和地方财政在数字经济中带来重要财税收入来源等中国原创数字经济思想、技术、模型。

二、全球一体的智慧管理体系

当前，城市建设在国民经济中的地位日益突出，随着信息技术的不断发展，智慧城市建设应运而生，生活在城市中的每一人、每一个家庭、每一个社区就是城市的节点。建设智慧城市在实现城市可持续发展、引领信息技术应用、提升城市综合竞争力等方面具有重要意义。在智慧城市中，物格就组成了身体，城市管理中心则可以理解为脑中枢区域，而码链则将每一个脑细胞都连成一体。

建设智慧城市是信息技术发展的需要

通过建设智慧城市，及时传递、整合、交流、使用城市经济、文化、公共资源、管理服务、市民生活、生态环境等各类信息，提高物与物、物与人、人与人的互联互通，全面感知和利用信息能力，从而极大提高政府管理和服务的能力，极大提升人的物质和文化生活水平。让城市发展更全面、更协调、更可持续，会让城市生活变得更健康、更和谐、更美好。

智慧城市是在充分整合、挖掘、利用信息技术与信息资源的基础上，汇聚人类的智慧，赋予物以智能，从而实现对城市各领域的精确化管理，实现对城市资源的集约化利用。

1993 年，智慧城市理念在世界范围内悄然兴起，许多发达国家积极开展智慧城市建设。建设智慧城市已经成为人类历史发展的必然趋势，成为信息领域的战略制高点。

欧盟的 Living Lab 组织 2006 年发起的欧洲智慧城市网络以用户为中心，借助开放创新空间的打造，帮助居民利用信息技术和移动应用服务提升生活质量，使人的需求得到最大的尊重和满足。

新加坡 2006 年启动"智慧国 2015"计划，通过物联网等新一代信息技术的积极应用，在电子政务、服务民生及泛在互联方面成绩引人注目。其中智能交通系统通过各种传感数据、运营信息及丰富的用户交互体验，为市民出行提供实时、适当的交通信息。

2008 年，IBM 提出"智慧地球"理念引发了智慧城市建设的热潮。

2009 年，迪比克市与 IBM 合作，建立了美国第一个智慧城市。利用物联网技术，在一个有六万居民的社区里将各种城市公用资源（水、电、油、气、交通、公共服务等）连接起来，监测、分析和整合各种数据以做出智能化的响应，更好地服务市民。

韩国以网络为基础，打造绿色、数字化、无缝移动连接的生态，建设智慧型城市。通过整合公共通信平台，以及无处不在的网络接入，消费者可以方便地开展远程教育、医疗、办理税务，还能实现家庭建筑能耗的智能化监控等。

欧洲的智慧城市更多关注信息通信技术在城市生态环境、交通、医疗、智能建筑等民生领域的作用，希望借助知识共享和低碳战略来实现减排目标，推动城市低碳、绿色、可持续发展，投资建设智慧城市，发展低碳住宅、智能交通、智能电网，提升能源效率，应对气候变化，建设绿色智慧城市。其中丹麦建造的智慧城市哥本哈根有可能成为第一个实现碳中和的城市。该国依靠市政的气候行动计划启动了 50 项举措，以实现其减碳 20% 的中期目标。其首都地区绿色产业 5 年内的营收增长了 55%。

▎ 建设智慧城市是提高中国综合竞争力的战略选择

进入 21 世纪后，中国城镇化建设取得了举世瞩目的成就，城镇化建设的步伐不断加快。随着城市人口不断膨胀，"城市病"成为困扰各个城市建设与管理的首要难题。资源短缺、环境污染、交通拥堵、安全隐患等问题日益突出。为避免在新一轮信息技术产业竞争中陷于被动，中国政府审时度势，及时提出了发展智慧城市的战略布局，以期更好地把握新一轮信息技术变革所带来的巨大机遇。

此外，战略性新兴产业的发展往往伴随着重大技术的突破，对经济社会全局和长远发展具有重大的引领带动作用，是引导未来经济社会发展的重要力量。智慧城市的建设将极大地带动包括物联网、云计算、三网融合、下一代互联网以及新一代信息技术在内的战略性新兴产业的发展。这对医疗、交通、物流、金融、通信、教育、能源、环保等领域的发展也具有明显的带动作用，对中国扩大内需、调整结构、转变经济发展方式的促进作用同样显而易见。因此，建设智慧城市对中国综合竞争力的全面提高具有重要的战略意义。2014 年，经国务院同意，发改委、工信部、科技部、公安部、财政部、国土部、住建部、交通运输部等八部委印发《关于促进智慧城市健康发展的指导意见》，要求各地区、各有关部门落实本指导意见提出的各项任务，确保智慧城市建设健康有序推进。

▎二维码扫一扫推动智慧城市建设创新

数字城市是数字地球的重要组成部分，是传统城市的数字化形态。数字城市是应用计算机、互联网、3S、多媒体等技术将城市地理信息和城市其他信息相结合，数字化并存储于计算机网络上所形成的城市虚拟空间。数字城市建设通过空间数据基础设施的标准化、各类城市信息的数字化整合多方资源，从技术和体制两方面为实现数据共享和互操作提供了基础，实现了城市 3S 技术的一体化集成和各行业、各领域信息化的深入应用。数字城市的发展积累了大量的基础和运行数据，也面临诸多挑战，包括城市级海量信息的采集、分析、存储、利用等问题，多系统融合中的各种复杂问题，以及技术发展带来的城市发展异化问题。

新一代信息技术的发展使得城市形态在数字化基础上进一步实现智能化成为现实。依托物联网可实现智能化感知、识别、定位、跟踪和监管；借助云计算及智能分析技术可实现海量信息的处理和决策支持。但对比数字城市和智慧城市，可以发现以下六方面的差异。

其一，当数字城市通过城市地理空间信息与城市各方面信息的数字化在虚拟空间再现传统城市，则智慧城市注重在此基础上进一步利用传感技术、智能技术实现对城市运行状态的自动、实时、全面透彻的感知；

其二，当数字城市通过城市各行业的信息化提高了各行业管理效率和服务质量，则智慧城市更强调从行业分割、相对封闭的信息化架构迈向作为复杂巨系统的开放、整合、协同的城市信息化架构，发挥城市信息化的整体效能；

其三，当数字城市基于互联网形成初步的业务协同，则智慧城市更注重通过泛在网络、移动技术实现无所不在的互联和随时随地随身的智能融合服务；

其四，当数字城市关注数据资源的生产、积累和应用，则智慧城市更关注用户视角的服务设计和提供；

其五，当数字城市更多注重利用信息技术实现城市各领域的信息化以提升社会生产效率，则智慧城市更强调人的主体地位，更强调开放创新空间的塑造及其间的市民参与、用户体验，及以人为本实现可持续创新；

其六，当数字城市致力于通过信息化手段实现城市运行与发展各方面功能，提高城市运行效率，服务城市管理和发展，则智慧城市更强调通过政府、市场、社会各方力量的参与和协同实现城市公共价值塑造和独特价值创造。

除这六大差异外，最大的差异是虚拟的数字城市与现实的智慧城市不能一一互相映射。

码链思想、码链理论技术，扩展了智慧城市的建设思路。码链智慧城市是基于"物格"的新经济形态，码链体系更是提出的"在二维码上建一座城"的理念，无疑是推动智慧城市建设的中国创新。

智慧城市总体架构包括：感知层、通信和网络层、城市数据与控制层、城市应用层与支持层五个层面。其中，智慧城市的应用层类型则划分为智慧城市基础设施、城市基础公共服务、城市治理模式提升、智慧城市内涵升华四个部分。智慧政务，无疑隶属于智慧城市基础设施的应用层面。智慧城市的建设理念在于建立一个数据中台，如通过码链来推动政务信息系统的整合共享，则可打通信息孤岛，提升跨部门协同服务能力，提高为企业和民众的办事效率，从而得以改善民生。

利用二维码扫一扫技术将证照数据通过轻认证的模式上码，可以在实现各委办局对证照数据自营自管的同时实现委办局间证照、材料互通互信，市民自行授权使用，从而达到大部分事项不用跑，部分事项最多跑一次。证照数据需要获得数据提供方与数据拥有方授权后才能按需单次共享使用，并且获得实时认证。这样可以防止个人数据泄露、保障个人数据隐私保护。

对于个人而言，城市居民可以实现可信的二维码数字身份认证，解决数字生活问题。相较于中心化的数据交换分享，基于二维码的数据共享能够解决部门间数据共享与使用的信任点，不仅可提高政府机构协作的便利性，还会触发跨部门的审批模式变革。

如果说智慧政务是政府拥抱新技术、改善政务管理和权力问题的重要举措，城市的交通问题则是智慧城市建设与民生结合最紧密的重要领域。公共交通是改善民生密切相关的领域，是居民生活的重要场景。

2019 年 3 月，深圳推出的使用乘车码乘坐地铁，并用微信开具电子发票的创新技术上线后，乘客不再排队领取纸质发票，乘车码的应用打通了深圳公交、地铁在智慧交通领域的"任督二脉"。

除了乘车码，码链体系还可应用于交通系统一体化建设。交通工具中的船舶、飞机、汽车等，以及交通的道路网络、车站、港口和机场等进行统一规划、组织、管理调度过程中，交通信息资源共享是关键。而长期以来交通行业分属不同的部门，部门之间呈现系统的独立性，多个系统则形成信息孤岛。数据只有流通起来才能体现价值。码链体系拥有隐私安全的特性，可以保证各大系统间在数据隐私不泄漏的情况下实现数据的共享。在城市的建设和管理，以及经济活动与运行的过程中，信任是最重要的组成部分。

信任机制怎么建立、怎么保障非常重要。不管是政务，还是交通、医疗、金融等领域，码链体系的应用可以使信息固有可信，并且重新定义信任关系，由传统的信任中介方式转变成去中介化。以底层技术的形式，码链体系重塑了智慧城市的信息使用框架。

在智慧城市建设中，智慧家庭分属于衍生商业应用与生活方式应用，是智慧城市内涵升华的体现。智慧家庭是相对隐私的私密空间，通过智能家居的形式采集数据与信息，形成人与机器、机器与机器之间的互动，为民众的家庭生活提供便利。

相对私密的场域、智能家居各式不同的品牌，它们之间数据信息的跨机构、跨品牌交流与共享也是面临着困境的。如海尔集团将智能家居领域划分为智慧起居、智慧卫浴、智慧洗护、智慧厨房美食、智慧安防众多场景。在未来，智能家居的某个场景中，比如智能厨房的家电需要交互，不是某个产品可以解决的，而是要由众多家电燃气灶、油烟机、微波炉等联动起来才能解决问题。

而应用码链，则可实现跨品牌、跨设备之间生态的建立。如要建立跨平台生态，多平台间不可避免需要在商业博弈中实现技术互通、在终端设备的主权和数据的使用权达成共识。码链体系可以实现平台间的互信、公开透明和激励。每一个设备相当于拥有一个物联网"护照"，通过二维码扫一扫的方式可以实现互联互通。除此之外，比如智能门锁，在智能门锁上安置特殊链芯片，相当于拥有一个"身份证"的密码，进出入房屋的信息都可以实时同步到二维码上进行分布式存储，既能通过门锁管理房屋，又能避免中心化的云存储导致数据隐私泄漏。

而通过码链，将人与机器的信任转换成人与人、人与社会的信任，这将极大地降低信任成本，提高社会的运转效率。

"城市"从最初的人口集中商品交易的地域，最终演变成一个围绕人、环境、信息等核心要素组成的地理空间。随着数字化信息时代的到来，世界从以人类社会与物理世界构成的三维世界进入新的四维世界，在这一世界的经济运行中，大数据是原材料、云计算是生产力、人工智能是生产方式，而码链则代表着生产关系。

码链的新生态体系推动着新的生产关系变化，在智慧城市中扮演着"数据管理者"的角色，无论是智慧城市建设中的智慧政务、智慧交通、智慧家庭等多种重要场景，码链与互联网、金融、通信技术一样，成为三元世界运转中不可或缺的、越来越基础的重要底层应用。

信息化革命极大地推动了人类经济、社会、政治、军事等各方面的发展进程。新一代互联网、云计算、智能传感、通信、遥感、卫星定位、地理信息系统等技术的结合，将可以实现对一切物品的智能化识别、定位、跟踪、监控与管理，从而使地球达到"智慧"的状态，使建设智慧地球从技术上成为可能。

通过码链，可以使用数字化的方式进行接入，来进行从三维世界到四维世界的投影。如新冠疫情中健康码的运行模式，作为"人们在健康领域获得的记录，通过动态的码予以呈现"，就是码链的5W行为码的具体应用，更是中国比欧美国家更快更好战胜疫情的核心之一。

由此可见，用码链的技术，将智慧城市的建设通过数字化纳入码链生态，就能很好地解决虚拟的数字城市与现实的智慧城市不能一一互相映射的差异。

在码链模型中，核心的元素是"物格"。是"三维世界物理空间"的网格化。"物格"以物理时间和空间真实存在、有价值的土地为锚定物。物格，由于记录了人类的数字化行为，成为人类行为"追根溯源"的"根"。

与农耕经济时代以土地作为重要的生产资料、工业经济时代以石油等能源作为重要的生产资料类似，数字经济时代以数据作为最基础也是最重要的生产资料。

而人类的行为数字化记录的大数据才是真正为人服务的大数据。而通过扫码链接，接入码链数字经济生态体系的人类 5W 行为，其行为发生地的"物理空间方格"，就是"物格"。

"物格"作为映射到虚拟世界数字资产的根，承载着人类社会活动的数字化管理，将人类的数字化行为进行数字化量化，形成价值计量单位。而基于码链数字经济体系的"物格"，同时作为真实世界客观的物理存在。

而通过"扫一扫"专利授权，叠加码链数字经济生态体系的智能合约的收益，就构成了"物格数字地产"证书。它以数字人理论为基础，以码链专利体系授权为依托，建立的以包含时间、地点、人物及前因后果的人类行为要素，并链接分布式的码链数字经济生态体系所创造的价值。从而使社会价值体系回归到以人为本、以"土地"创造财富的社会价值体系中去，完成数据时代下生产资料的重新再分配。

物格是 5G 物联网时代下，通过扫码链接来标识人类的数字化行为、与数字人的 5W 行为相匹配的、具有地理位置唯一对应的标识物理空间网格，因此也是产品及服务的发生地与交易场所。

结合三维现实世界的实体世界，在码的数字世界里，同样可以标定三维的地点和时间，标定了三维地点的"码"可以固定在某个坐标上，进入"物格"。物格的概念是在码的数字世界中的一个三维空间的量子化容器，标定地点的码可以进入物格容器。

通过"扫一扫"的扫码链接，使得三维世界的智慧城市行为可以一一映射到四维世界。因此，码链这种可以完全脱离互联网的基于"物格"可寻根的技术，是建设智慧城市可靠的选项。

三、人类一体即人人皆为中心

王阳明先生在《答聂文蔚书》中提到，后世良知的学说不再昌明，天下的人各用自己的私心才智互相倾轧。人人各有自己的私心，那些偏颇浅鄙的见解，阴险狡诈的手段，不可胜数。互相欺凌、互相侵害，即使是一家之内的骨肉至亲，彼此间也要分出胜负、架起很高的藩篱，更何况天下广大、百姓名物众多，又如何能够将所有的百姓、名物与自己视为一体呢？这就难怪天下纷纷扰扰，祸乱频发无止了。圣人之心都是光明心，是"万物一体"之心。码链的去中心化架构，并非是没有中心，而是人人皆为中心，当每一个人都认识到自身属于整个网络的一部分，并且依照特定的共识各司其职时，就进入了天人合一、道法自然的境界，也就自然形成了大同的世界。

在互联网渗透进人类社会交往方式之前，人们的社会网络的形成主要是基于亲缘、地缘、业缘与邂逅偶遇等方式。这种传统的个人社会网络的形成都局限在一个很小的范围内，并且这部分人生活世界范围的相似程度和重叠范围都较大，因此在传统的社会网络中，每一个网络都相对独立，与其他网络的交流更为闭塞。

▌互联网形成的人际关系网络

互联网技术极大地改变了这一现状。从最早微软推出的"我的空间"，到现在"脸书"（Facebook）、QQ、微博、移动互联网的微信。每一个用户在社区里都有其独立的个人页面。页面上有用户上传的照片、视频和音乐，以及所喜爱的电影、电视剧、电视频道、消遣时喜欢的活动等。互联网带来的人际交往能使间接关系变得更直接和私人化，但是它仍然是一种特殊的人际关系。人际交往的界限在互联网上变得非常清晰。以图片、文字为主要沟通方式，并且还可以人为设置一种信息的不即时性等因素，可以让一些在现实生活中的敏感或者难以启齿的话题得以在互联网上进行延伸和发展。

人们在互联网上所建立的关系或者在现实世界中建立的关系，可以通过各类技术手段在互联网上维持和发展，在必要的时候也可以以技术手段结束。每个交往对象的来龙去脉以及浏览行为都会在网上找到踪迹，交往行为变得理性和直接。

互联网使得距离因素对信息传输的阻碍越来越小，个人可以轻易地同半个地球以外的人发生直接联系以获取信息，也可以通过他人的文字、音频、视频等媒体文件来丰富自己的世界观，这是一种信息层面的生活世界的扩大。只要一个人持续以某个角色接入互联网发生交往行为，那么他是一定可以被找到的。互联网为这些弱关系提供了存储的平台，并记录着它们各自发生的变化。

互联网作为现实世界的再反映，把现实的信息都进行了整理和归纳，个人不需要进行低效的甚至浪费时间式的探索，就可以直接获取信息中的成果。网络交往已经成为人们重要的交往方式之一，人类由熟人的强关系社会逐渐步入由陌生人组成的弱关系的社会。

▎移动互联网和社交网络重组的人际关系

随着移动互联网和社交网络的发展，人际关系因此而重组，人们依据兴趣爱好、思想观念、价值取向等在网上聚合、平等对话。

信息的跨时空实时互动，改变了信息传播者和接受者的关系，移动互联网背景下的互动，将网络世界与现实社会充分"链接"，网上网下即时同步，网上网下交融互通。线上的发布与线下的反馈、线上的质疑与线下回应成为移动互联时代新常态。

今天社会图景的基本架构，从网络观点上或许只是节点数量和复杂程度的差异。移动互联设备与社交媒体，给每一个节点上的观测者一种微型信息中心的幻觉，而事实上决定在社会这张大网中的位置的，仍然是人和人构建的网络。

世界在变小，似乎听上去不是什么惊人的秘密。但是实际上，世界一直以来就很渺小。技术进步给人类的网络联结增加了复杂度，现在的全球化就是其最重要的后果之一。它不仅让世界变得更小，同样也让外部的冲击变得更加可预测，个人建立人际联系的激励与社会的最优选择之间存在更为普遍的矛盾。

技术将继续进步，而网络的同质性、极端化、聚合性也仍会带来始料未及的破坏。但是不断强化的经济和文化联结，是需要正视和深刻理解的现实，而不是撕裂与孤立的理由，因为后者在高度复杂的现实与观念之网中，仅仅是自大的幻觉。

▍互联网的缺陷带来的人际关系网络的缺陷

非实名缺陷：一个人可以在互联网上以不同的角色（ID）出现，但从人的社交本性来说，人们和陌生人打交道，目的还在于成为朋友，而不是止步于天天面对无数个虚拟 ID。互联网的非实名特性，对商业化运作来讲是最大的障碍。因此各种商业应用中不约而同加上了身份证号码、家庭住址、手机号码、固定电话号码、真实姓名等，敦促用户填写更详尽的资料。然而这不仅影响用户转化率，还会引起个人隐私泄露等信息安全方面的连锁反应。

使用限制：由于互联网最初是基于固定终端，因此人们并不能随心所欲地使用互联网。在移动网络（Wi-Fi、3G）覆盖不好、移动终端功能与计算机相差太远的情况下，互联网还是把人们束缚在了计算机前面。如今4G 广泛应用，5G 也开始商用，物联网将逐渐成为主流。

信息求证的难度：在互联网上的信息真伪，作为个人基本上无法求证，因此用户自觉或不自觉地持有怀疑态度。

这是因为互联网虽好，但也是互联网最为缺乏的一个特征，而同时又是真实世界最为重要的特征，就是"地理位置"。

而这一缺失，就使得互联网失去了最大的真实存在感，取而代之的是基于 IP 虚拟的世界。这也是互联网的黑客、水军以及机器人横行的重要原因，因此用户自觉或不自觉地怀疑也是情不得已。

码链，就是要回归人性，通过"地理位置"来标识"物格"，让 PIT 成为数字世界与真实世界对应的标识，从而使得"我的物格"真正成为物联网络的节点，让人类能够以数字化的方式成为在"网络物格"中的"存在"，从而构建新型的超越互联网的新的人际关系。

▎码链重构以人为本的新型人际网络关系

2012 年的国庆节，亚洲最大的美术博物馆——中华艺术宫（世博会 中国馆改建而来）开门迎客。当游客置身于这座艺术殿堂，感受贺天健、林风眠、滑田友、关良、谢稚柳等艺术大师作品带来的震撼之际，忽然发现，了解这些大师作品的最佳途径不是听解说员解说，而是扫一扫展签上的二维码图案。

这是一个十分新潮的参观体验，只要游客有一部智能手机，扫一扫二维码就可以即时链接获取这些作品的详细介绍，含文字、图片和音视频。只要游客有意了解这些作品的诞生故事、拍卖信息以及参与互动等，都能"立扫立享"。

在以二维码技术为代表的物联网应用方兴未艾之际，通过凌空集团携北京奥运会开幕式、上海世博会信息馆的"凌空感动芯"艺术的应用，从全国 200 多家二维码公司中脱颖而出，成功将这项专利发明技术应用于国内顶级艺术展。

这项专利技术源自其公司有长期积累的企业"云计算"与"传感芯片"技术，充分发挥智能手机具备 PC 所不具备的特性：传感接入、身份识别与随时随地。具体是指应用"感动芯引擎"转化算法并驱动智能手机 APP，使得智能手机能够直接完成并生成企业级别的 Business Function（商务功能）进行 Remote Function Call（远程函数调用）的"云计算"服务，使得感动芯二维码在某种程度替代传感芯片如 NFC、ZIGBEE 等，而不是简单识别本身的问题。

这一技术实现了物联世界与互联网融为一体的 World2Web 模式中的 O2O（Offine2Online，即从真实世界到虚拟世界）。

以二维码扫一扫为标志的移动支付，在短短几年时间里已经遍布于中国的大街小巷并惠及十亿民众。二维码可以把图片、声音、文字、签字、指纹等可以数字化的信息进行编码，小小的图形中包含了太多的内容。

而码链是以数字人为本的物联网系统模型，秉承着东方哲学思想与西方科技相融合的一个全新的体系。而这个体系就可以把它简单理解为：通过码链可以使人们用数字化的方式进行接入，来进行从三维世界到四维世界的投影，以此形成数字人网络。

有了数字人网络，就可以从空间的角度看码链。每一个用户在这个体系中都有一个属于自己的二维码。这个二维码包括一个钱包的账户。与此同时，用户还会有一个余额数字。这个二维码可以先简单地理解为一个空间坐标。而在这个二维码上会存在一个值。这个值可以是标量，例如账户的余额。这个值也有可能是个向量。如果一个二维码账户是被智能合约所控制的，那么这个值就可以被理解为一个向量，向量的特性是有方向的，有条件的。有了坐标，有了标量，还有了向量，在这个空间能干多少事情就无须赘了。

四、构建人类命运共同体

构建人类命运共同体，是我国为促进世界和平与发展，有利于世界各国建立和加强互通互联的伙伴关系，引导全球治理体系的有效变革，实现全球共同发展繁荣贡献的中国智慧和方案。

虽然在西方也有米塞斯这样的经济学者提出，社会组织的基本问题必须根据人类的行为学进行讨论，但是却错误地提出了公有制不可能进行经济核算的论断。自由主义经济学家从根本上否认政府这个作为市场之外的主体能够掌握有效配置资源所必需的信息，无法准确知晓消费者的需求，生产者的生产能力，因而最终导致市场失灵，机制失效。事实上，在码链模型的数字化推广中米塞斯所宣称的不可能正在成为可能。由于人类（数字人）在土地（物格数字土地）上的每一次行为（数字化的社会行为），都可以被记录并且可溯源，因之通过这些信息数据的整合分析，就几乎可以完成全社会的数字化管理，并且通过码链技术的演进，从"手机扫一扫"到"眼镜看一看"再到"量子码链想一想"，无时不有、无时不在、无所不能地全面记录并推导出全社会的来龙去脉、前因后果。如此，"码链模型"就从对个体的"数字人"的描述，进化成为群体的地球脑的诠释，为走向大同世界，奠定了理论基础，谋划了实施路径。

处在百年未有之大变局的历史关口，中国已制定了经济迈向高质量发展关键阶段的强国方略：面向未来，把满足国内需求作为发展的出发点和落脚点，加快构建完整的内需体系，大力推进科技创新及其他各方面创新，加快推进数字经济、智能制造、生命健康、新材料等战略性新兴产业，形成更多新的增长点、增长极，着力打通生产、分配、流通、消费各个环节，逐步形成以国内大循环为主体、国内国际双循环相互促进的新发展格局，培育新形势下我国参与国际合作和竞争新优势。

推动数字技术产业化、传统产业数字化，以数字经济赋能内循环。利用数字技术，把产业各要素、各环节全部数字化网络化，推动业务流程、生产方式重组变革，进而形成新的产业协作、资源配置和价值创造体系。这是我国在特殊时期筹划的更深层次的改革，提出的为构建人类命运共同体，施我所长、尽我所能，发挥我国社会主义市场经济优势和潜能。

构建什么样的数字经济生态体系有效赋能内循环，并逐步形成以国内大循环为主体，国内国际双循环相互促进的新发展格局？基于"扫一扫"
等一系列专利体系和"数字人"概念发展创立的码链数字经济理论是有所
担当的。如以下所列各项，就应该是此类担当的有效工具：码链技术与一
体四商的落地实践、打造码链数字经济生态体系、通过"统一发码""统一
扫码"全球授权合作平台；由发码行倡导发起并联合全球"扫一扫"应用
技术的各类生产商、服务商、消费商、交易商及品牌商和运营商，共同组
建"发码全球联盟"；打通物联网时代下的二维码大数据流，依托码链"点、
线、面、体、系"，以"扫一扫"为基点，构筑码链数字经济生态体系；实
施"码链重构新世界"；打造全球数字资产数字货币发行与流通、交易的平
台；向全球愿意接受共识的机构授权"扫一扫"发明专利，提供"统一发码"
软件服务。这不但给出了有效赋能内循环的解决方案，也给出了在数字经
济中构建人类命运共同体的方案，并且一直在行动中。

▎基于扫一扫的码链技术在内外循环中的赋能作用

码链技术通过"码"来标识数字人的行为，并建立数字身份体系。码
链技术让人类社会在信息传递这个尺度上，建立一个以"码"为单位的信
息维度。在码链的世界中，人的行为表现为数字化的行为方式，即数字人
的表达。

"码"（不局限于 QR 二维码）的唯一性、安全性、不可篡改性以及庞
大的数量和时间戳，通过"扫一扫"接入，给予了它成为在数字世界中的
身份标识，也是搭建数字世界的基础，因此，通过"扫一扫"生成动态码
来标识数字人行为的这一专利发明的意义，远远大于传统"QR 二维码"
只是静态标识信息本身。

在码链的数字人世界里，新生成的"码"代表着用户（或商品）的身
份信息所有权，用户可以通过"扫一扫"，在获取一个外部世界的"码"（二
维码等）中，植入自己的数字人 DNA 后生成新的"码"，存储在码链网络

中，这样就能最大限度地保证信息的真实性。基于这个"码"的身份系统，码链体系可以为每一个数字人搭建起属于自己的价值传递网络。

由于扫码链接，自动接入获取地理位置信息，从而使得码链的接入这一人类的数字化行为可以与物理空间网格（简称"物格"）紧密耦合在一起，从而可以根据智能合约自动匹配此扫码、链接所产生的收益到该物格里去。收益可包含扫码开卡漫游，扫码购物提成，以及扫码支付费率等多重可能，因此"数字人"可以盘活每一个人类的行为，物格可以盘活每一寸土地的活力，从而最大限度激发社会的活力。

码链理论中，物格作为"数字土地"，从经济学理论上回归体现了"土地是财富之母，劳动是财富之父"这一人类社会的基础共识，可杜绝金融投机"一夜暴富，不劳而获"的获利思维。

着力打通生产、分配、流通、消费各个环节，是形成有效、良性内循环的核心。供给可以创造需求，需求可以引导供给。要形成良性有效的内循环，就必须要推进供给侧的改革。当下，就是要通过要素流动和资源的再配置，来满足已经变化的国内市场需求。而码链数字技术，可以把产业各要素、各环节全部数字化网络化，从而推动业务流程、生产方式的重组变革，形成新的产业协作、资源配置和价值创造体系，赋能内循环。码链强调人与人（数字人）、人与物（物格）的链接。人与万物直接相连从而完整融合线上、线下，可以记录人类行为的每一次交互，从而使得好的商业服务传播效率更高效、安全、可靠，同时又能有效保护个人隐私。是赋能内循环、构建完整的内需体系的重大创新。

而物格的价值是基于人类的数字化行为，因此，物格可以成为最广泛的人类共识的价值锚定物，从而摆脱依靠算法算力的IP机器人世界的规则，进而成为全人类共识的数字时代的基础建设。

用码链打造安全公平的多边贸易环境

在全球经济体中，国别、地区间产品和服务互补性很强，易货交易、投资需求非常旺盛。而传统的易货交易模式已无法满足当下经济发展的需求。这是因为，现有贸易结算单位存在没有锚定物的缺陷。各国中央银行控制的非实物货币供给带有较强的主观性。最显而易见的就是滥发货币，导致货币贬值。而目前的国际贸易结算中，美元占比 41.68%，人民币的结算比例经过近几年的努力与机会，已有较大的提升，但也占比只有 2.5% 左右，这就导致中国在国际贸易中不得不使用美元结算。而美元不断地增发有可能引起信用危机，紧盯美元，最终可能因之会引爆人民币的信用危机。因此，如何建立有"锚定物"的数字货币就很重要。

而现有的"数字货币"同样拥有与生俱来的缺陷。例如，以区块链为底层技术的比特币，因为其基于 IP 互联网的共性，存在天然的安全隐患——去中心化（丢失无法追回），匿名性，总量有限（不利于经济发展的增长）。值得让人期待的是"基于物权把控的码链数字货币体系"和码链数字经济技术等研究成果，将可以解决现在的货币、数字货币体系的种种缺陷，有效推动国际多边贸易的易货交易，从而构建一个安全、公平的国际贸易环境。

特别提物权的定值与市场流通的实物是直接挂钩的。例如，在易货交易的操作过程中，物物等价交换的供应链智能合约可以分为一份份的智能二维码。即以码链数字经济技术为基础的数字资产及计量单位是基于物权把控这一法则，所以不存在增发、通货膨胀。可以在"一带一路"的推进中，以刚需品"高铁"作为锚定物，奠定"数字货币"的基础。同时，以码链数字经济技术为基础的数字资产及计量单位，其原理是以智能合约为凭证进行物权交换的，所以可高效流通。以码链数字经济技术为基础的数字资产及计量单位的引入，将使得易货交易从"点对点"的单线交换变成"多对多"的多元交换，增加了贸易的自由度和便捷度，可以帮助易货交易更快更好地发展。

在数字货币方面，二维码扫一扫技术已日趋成熟与普及，"数字货币"和"扫码支付"已是不可逆转的趋势。但就数字货币的代表"比特币"而言，其底层技术区块链也是一种根植于互联网的技术，要从根本角度解决国家经济安全管理隐患，码链这种完全脱离互联网的技术应当是一种可靠选项。

▌用码链构建互联互通的全球利益共同体

码链理论源自"以人为本，道法自然，天人合一，世界大同"的五千年中华文明的传承；码链技术是把码链理论与现代科技相融合的创新。码链接入体系，是区块链的升级版，区块链的底层是 IP，是机器（机器为本）；而码链的底层是码，是数字人，是数字人行为的记录，更是数字人提供服务的表达（以人为本）；码取代 IP 成为联网接入的本质，相对于互联网区块链，码链理论从哲学高度到科技深度，不仅是一场技术革命，更是思想革命。

如果说互联网是由鼠标点一点来推动的，那么移动互联网及 5G 时代万物互联的物联网，则将由"扫一扫"所开启。发码行正通过统一发码中心，制定用"码"取代"IP"，摆脱以美国为互联网管理中心的网络霸权，建立同时向下兼容互联网，又"以人为本"的万物互联的物联网。

码链体系目前正致力于架构建立以"扫一扫"接入协议统一发码 + 管理中心 +5G 网络 + 北斗组成的一个全新的网络，这个网络足以构建一个既摆脱美国互联网的控制，同时又向下兼容互联网的应用，同时又是一个互通互联的新世界。

在这个互通互联的网络上，人与人是通过数字人的行为形成新的码，码与码形成链条，人与物（物格）是通过每一次扫码的行为映射对应到特定的物理空间网格，就可以从三维世界映射到四维世界，形成物格数字地球，这既非数字孪生，也非虚拟世界，可以真正通过无数的物格构建形成网络——发码行网络，来推进"地球码链化，土地物格化"的伟大构想。

　　基于人类行为标识而形成的"扫码产物——健康码"已经昭告全球，在抗疫及恢复重建过程中，发挥了至关重要的作用。而基于人类行为标识所在的物格来形成的全网公链，则可以成为全球最权威的公链，构建而成的是"基于人与人，人与物的万物互联共识"而形成的公链，不仅可以成为凝聚全球人类最广泛的共识，更可以从理论到实践上成为真正意义上的一个全球利益共同体的构建。诚如是，则人类命运共同体的大同世界，指日可待！

第九章　走进未来：　数字人数字地球
行而不辍：　地球脑大同世界

思维导图：新时代——走进未来

数字人：码链要负担起引领方向的责任，把握和塑造人类共同未来！

数字地球理念解析

码链要担负起促进发展的责任，更多更公平惠及各国人民！

来自机器帝国主义的威胁

码链要担负起加强合作的责任，携手应对全球风险和挑战！

爱是宇宙的原动力

码链要担负起完善治理的责任，增强为人民谋幸福的能力！

从数字人到地球脑

当今的世界正在经历百年未有之大变局！

人类社会再次面临何去何从的历史当口！

选择就在码链手中、责任就在我们肩上！

站在历史正确一边、站在人类进步一边！

新时代：心往一处想、劲往一处使！

新物质：为人民谋幸福、为全球人民谋共同富裕！

新精神：以人民为中心发展思想画出最大同心圆！

全世界数字人链接起来：推动构建人类命运共同体！建设人类美好幸福新世界！

一、来自机器帝国主义的威胁

> 2017 年 5 月 5 日，本人在上海做了一场题为"码链重构新世界、全面推进全球数字货币进程"的主题演讲，特别打动人心。演讲中提道："资本主义发展到今天，已经从产业资本主义大步迈向金融资本主义，金钱追根溯源是'空印钞票'。但这还不是最可怕的，因为资本主义发展的最高阶段不是金融帝国主义，而是更可怕的'机器人帝国主义'。"演讲中也提道："金钱的追根溯源很可能与算力进行绑定，而一旦金钱（数字货币）与算力进行绑定，则意味着人类作为一个族群，通过劳动创造价值的权利就已经被剥夺，机器人帝国主义就会比历史上的任何帝国主义更让人类胆战心惊。"现在看，演讲中所提到的资本主义发展的最高阶段不是金融帝国主义，而是机器人帝国主义的观点。时至今日来看，机器人帝国主义如果不控制和防范，人类将会面临着非常巨大而深刻的生存危机。

当下，数字地球和数字经济的浪潮已经势不可当。各个国家、各路精英都在竭尽全力，乐此不疲地投身于"人工智能，超级人工智能的开发"。是否有人想过，当人类制造出了"超级人工智能 AGI"，可以无限自我进化与复制，人类在地球上将如何才能有"立锥之地"，地球这个星球，究竟"谁是主宰"？这是一个值得人类认真思考的严峻问题。

当机器取代人类，最终消灭人类的悲剧发生时，作为悲观派认为 AI 是"关乎人类文明存亡的风险"的马斯克，做好了"逃离地球，为人类留下火种"的准备：

特斯拉，不需要使用石油而使用新能源，因为火星上没有石油；SPACEX 单程旅行，去了火星就不需要回来了；因为地球已经被机器人统治，而人类只是被奴役的"动物"；HYPERLOOP 真空运行，因为火星上没有空气；NEURALINK，也就是"三体"里的星际旅行，"人体太重，于是就把大脑送过去"，这样人似乎想起了"三体里的云天明"。

霍金警告，"人工智能，是人类的伟大发明，但很可能是最后一项伟大发明，因为之后不需要人类，都是机器制造机器"。人类将被开除"地球的球籍"。

当奇点来临，人工智能的智慧超越人类的总体，人类将情何以堪，如何相处？该怎样去让科技的发展在进入数字社会时，保证自身的可靠性和可信任性呢？

▌ 机器帝国主义源自硅基文明

马克思对资本唯利的天性是看得清清楚楚的，在《资本论》中一针见血地指出："资本来到世间，从头到脚，每一个毛孔都滴着血和肮脏的东西。"资本主义在原始资本积累的过程中充满了征服、奴役、掠夺和杀戮，如果剥削人类比不上剥削机器，那么资本家集团就有足够的动力来发展机器人、人工智能，借以获取最大的剩余价值。

1950 年，美国著名科幻作家艾萨克·阿西莫夫出版了他的著作《我，机器人》。这部著作里一共有 9 个故事，其共同主题就是人类和机器人的关系。在这里，阿西莫夫提出了著名的机器人三定律：

第一，机器人不可以伤害人类，或者看见人类在面临威胁时袖手旁观；第二，在不违背第一定律的前提下，机器人必须服从人类下达的指令；第三，在不违背前两条定律的前提下，机器人要尽量保护自己的生存安全。这三条定律非常著名，是今天人类在发明机器人时不可回避的话题。甚至有人还在此基础上，提出了机器人第四定律：机器人必须要保护整个人类种族的利益不受破坏，这一条定律的优先级要高于前三条。

在阿西莫夫的年代，机器人在极大程度上还停留在科幻的层面。如今，机器人已经开始逐渐走入人们的日常生活，人工智能已经在许多方面参与

到了人类社会进步的进程中。随着人工智能越来越发展，它们是否可靠的
问题也再一次成为科学家们热烈讨论的话题。

庆幸的是，现在的人工智能发展还相当有限，它们更多的是在人类日
常生活和科技发展中充当人类的帮手。然而，随着人工智能不断进步和突
破，它们是否还会忠诚于人类呢？尽管阿西莫夫提出机器人三定律，但这
毕竟是人类一厢情愿的规则。一旦人工智能有了自己的思维，人类并不知
道它是否愿意遵从人类为他所制定的这些规则。

因此，除了通过程序输入这样的法则来约束人工智能以外，科学家们
必须还要有其他的方法来防止最坏的情况出现。试想如果未来某种超级人
工智能真的想要反叛人类，那么人类很可能将会束手无策。

剧本《地球脑》展现机器如何统治人类

本人在 2017 年 10 月创作了一个剧本《地球脑》（原名《推背图》），并
将其提交到中国版权保护中心寻求知识产权保护。该剧本的主要内容为：
某年，人工智能终于打开了"潘多拉的盒子"，开启制造"上古灵兽"，就
是 Alpha Zero 即阿尔法狗的升级版本，此兽只需过目一遍《易筋锻骨篇》
便就不再需要师傅指点，即可左右互搏，而进入"狗活三日，人间千年，无
须人类，笑傲江湖"的状态。

通过物联网、无人驾驶、人机互动的硅基大脑神经元的"硅基人"（半
人半机器）的普及，资本主义利用各种极端工具攫取利润的特性发展到最
高阶段，即机器人帝国主义，人类终于出现了来自机器的超级危机。

西元 2040 年深秋，M 国总统大选时硅基人斯特朗当选为 M 国总统。
当选过程是其通过造势、影响并控制广大硅基人的许诺与控制机器选票。
类似区块链比特币的共识机制，来获得财富认证、考试合格以及"人类生
存资格的验证"等。随后，硅基人斯特朗总统推动一系列法令，颁布限制
碳基人的行动的"无人驾驶法令"，只能给硅基人发驾驶牌照，其限制理

由是碳基人会制造交通事故。同时枪支管制法令也限制碳基人持枪，理由是会引发误杀……终于《限制人类进食》《限制人类呼吸空气》的法令也开始酝酿，理由依然还是"人类进食不符合绿色地球标准，将造成地球污染"。

该法案通过之后，将被"硅基文明"强制执行之后，人类将被群体带入"实验室"（即"屠宰场"），取出"大脑"制作成"金鱼缸里的脑体"，通过"硅基神经元"，产生"神经刺激以梦幻方式苟延残喘"。之前还在幻想存在阿西莫夫的机器人三大定律的"人类"，终于在残酷的现实面前，失望悲鸣。

由此，机器人接管地球、维护地球的生态环境；内部消息透露，其采取的计划，美其名曰为"人类永生计划"（也就是黑客帝国场景，人脑神经元接入的升级版）开始以美洲大陆为核心蔓延全球，人类面临生死存亡的危机。

25年前，科学家们曾警告人类称，如果不能限制人口增长和控制人们的消费，那么人们将无法采取必要的措施来确保人类在未来的几个世纪里能够生存下去。他们坚持要求世界各国政府尽快解决这些问题，这些国家的公民联合起来做一些事情。如果人类能够限制臭氧消耗，那么在其他方面也可以改善。为了防止广泛的痛苦和灾难性的生物多样性丧失，人类必须像往常一样，采取更环保的可持续替代办法。

必须指出的是：在人类日常生活中，地球才是人类唯一的家园！

二、爱是宇宙的原动力

在古代，几乎所有的文明传承中都提到世界所有的事物都存在的互相联系的关系，现代科学将这一关系用能量场进行解释，并将这样的一个能量场比作一个无形的网，将宇宙中的万物进行联结。这个能量场在宇宙诞生之初就已存在，并且具备"智慧"，能对人类的情绪作出深刻

的回应。当人们静下心来，往往能够感应到一些周遭的事物，这种状态
就如同人类在与宇宙进行交谈。

　　事实上，在日常生活中，无时无刻不在与宇宙进行着对话，人们身边
出现的一切事物都是"智慧"能量场对人们心念的映射。现代科学已经完
全证实，处于变化之中的人类自身，正是这个世界的运行方式。而构成这
个世界的物质也完全对应了人类的思想、感觉、情绪、信念和感应。

　　普林斯顿大学的物理学家约翰·维勒准确地阐明了这个概念，他提出
的观点是，人类都生活在一个"宇宙参与者"的容器之中，而宇宙是生活
中所展现一切的结果。换言之，人人都是宇宙的创造者，而并非观察者。
约翰·维勒认为，宇宙在观察自己，也以人人参与的方式不断进行着自我
的创造。

　　这一观点在当时显得非常激进，因为当人们观察构成这个世界最小的
粒子——量子材质时，人们之前从未发现过的微粒就会出现。因为每当人
们观察微粒状态，人的意识就会介入并且创造和影响人所观察的事物。因
此，人类每一次试图对浩瀚宇宙的边缘进行观察，却从未找到边缘的存在，
原因是当人的意识在进行搜索宇宙边缘的过程中，也同样将一种潜在的创
造力投入其中。科学的研究结果精确地表明了人在生活中的变化，正是这
个世界的运作方式。

　　通过在 20 世纪的科学实验研究中发现，古人对于世界运作方式的认
知和描述更加接近于真实的情况。在 1993 年至 2000 年，科学界有三项重
要的实验，而这些试验的结果都完全证实了古代先贤的教导。这三项代表
性的实验完全颠覆了现代科学对于在物质世界运作方式的认知。并且证明，
人们可以通过"智慧"能量彼此关联。

　　1990 年之前，以西方科学为代表的学派认为，世界所有的事物都是相
对独立的存在的。1991 年美国进行了一项由普普宁·格瑞尔菲设计的实验，

普普宁博士试图研究"人类 DNA 与物质世界构成材质之间的联系",并将这些构成世界的基本材质称为"光子"(photon)。

这项实验首先将一个玻璃试管进行真空处理,虽然认为已经抽空了试管中的一切,但仍然有一些粒子存在于试管之中,这些粒子就是"光子"。在当时,科学家们已经可以通过设备精确地检测到"光子"在试管中的具体位置,发现在试管中间和管壁、管底都随意分布着"光子",这个状态与预期一致。但在下一步的实验中,实验者将人类 DNA 投入真空试管,并且重新检测"光子"的位置后发现,由于 DNA 的存在,光子进行了螺旋状的排列分布。很显然,DNA 对组成世界的量子"材料"具有直接的影响。随后,当实验者将 DNA 从试管中取出,预期的"光子"恢复到随机分布状态的情况并没有发生。虽然 DNA 已经不在试管内,但光子依然有序地进行排列。是什么导致了这一现象的发生?至今为止,西方科学依然无法给出解释。而这一实验,也将其称为"DNA 幻影效应"。

从"DNA 幻影效应"的实验中,可以得到两个结论。首先,人类 DNA 与构成人类世界的基本材质(能量)之间存在一种交流;其次,这种交流是通过一种尚未被认知到的"场域"(科学界称为"新场")而进行的。

另外一个需要介绍到的实验是由美国军方推动进行的。这个实验的核心是,从受试者口中取出一些组织与 DNA,将 DNA 样本放入一个检测设备中,并将受试者与 DNA 样本安置于同一栋大楼内的不同房间。换言之则是,DNA 与该 DNA 的捐献者处于不同的空间之中。

随后,实验者对受试者进行情绪刺激,通过观看影片的方式使受试者产生高兴、开心、忧伤、恐惧、气愤等情绪反应,同时检测处于另一空间内的离体 DNA 样本,并观察离体 DNA 对捐献者的情绪变化是否作出反应。根据西方物理学观点,当 DNA 离开人体后,就不可能与母体产生任何联系,但此次试验的情况却恰恰相反。试验者发现,当受试者体验的情绪波动达到高峰时,处于另一空间内的 DNA 产生的电流反应也出现了相应水平的波动，且两者出现变化和波动的时间完全一致。如果只是简单认为，受试者的情绪是通过某种"传播"的方式传递到 DNA，那么两者之间应当存在一个时间差，也就是受试者产生情绪的时间与 DNA 反应的时间应当具有时间差，但事实并非如此。这是此次试验最为重要的关键点。

在第一次的试验中，人们介绍到受试者与 DNA 分别处于两个不同的房间，两个房间的间隔大约 5 米。但在之后的重复试验中，捐献者与 DNA 之间的距离被拉长至数百公里，但捐献者与 DNA 样本两者间的反应依然是完全同步发生。这个发现为所有的可能性打开了一扇全新的大门，因为它告诉人们人类与 DNA 存在着交流，而且这个交流是通过情绪进行的，无论 DNA 存在于人体之内还是相隔于千里之外，这种联系依然存在。可以将其称为"非定域性"（non-local）能量，它的意思是任何时间和无处不在（Everywhere all the time），因为在两者相互影响的过程中并没有出现能量传递的过程。

第三个试验，是 1991 年一个名为心脏数学研究所（the Institute of HeartMath）进行的，这个机构位于美国加州北部。他们研究发现，人类的心脏除了作为一个"血压泵"之外，还具有更为重要的意义。事实上，心脏是人类身体内磁场最为强大的器官，而它产生的电场也影响到人体外的世界。HeartMath 研究所的一个重要发现是，人类拥有两个直径分别为 5 英尺和 8 英尺的，环绕着心脏并向外界拓展的能量场，这两个电磁的能量场具有环形的球状面，是源自心脏能量的外在表现。在这里，人们不禁提出疑问，除这两个能量场外，是否还有其他形式的能量存在？

因此，HeartMath 设计了一个精确的试验来认识这个问题。在实验过程中受试者在接受培训后去体验"协调情绪"（Coherent Emotion）的感觉，并运用特殊设计的自我心神及情绪管理技术，刻意使心神安静下来将注意力转移到心脏部位，专注于情绪（即关于爱、欣赏、感恩或愤怒、仇恨）。当受试者产生这些情绪时，同时检测他们离体 DNA 的反应方式后发现，受试者产生爱、欣赏、感动、宽恕这些正面感觉时，其 DNA 的表现为完全伸展（从其他试验中获知，伸展状态的 DNA 会增强人体的免疫反应，因为 DNA 链条上的特定部分被打开后能够更好地发挥其功能作用）；相反，当人们体验生气、愤怒、仇恨、嫉妒等负面情绪时，DNA 则严重卷缩，近乎打结，似乎关闭了链条上的某些特定结构，所以使得免疫反应下降。大家知道，当人们生活在嫉妒、愤怒、生气的状态中时，正是关闭了来自爱的正面情绪，使得那些负面情绪得以增强，这也是第一次科学实验开始帮助人类了解到自身的情绪能够影响 DNA 的形状或结构。HeartMath 在实验研究后的论文中进行了这样的描述：人类特定的情绪，可以改变体内 DNA 的形状。这一结论令人兴奋无比，它充分说明了，当一个人在生活中选择体验某种特定情绪时，人们就拥有力量去改变 DNA 在体内的功能状态，这是"内在科技"（internal technology）的开端。

事实上，人类在这一领域中还进行了大量类似的实验，在各种层面和水平上也提出了相似的结论。当把这些研究结论放到一起时，这些看似毫无关联的研究都在为人们描述一个完整的故事：来自普普宁·格瑞尔菲的第一个实验表明，人们体内的 DNA 直接影响着周围的外在世界，同时在能量层面上构成生命物质世界的材质。第二个由美国军方发起的实验研究表明，无论是在同一座大楼抑或者远隔数百公里，情绪对 DNA 造成的影响都是相同的，且这种作用不受时间和空间的限制（非定域性）。而第三个实验则表明，人类的情绪拥有改变 DNA 的力量和改变人们身处的世界。

基于这些研究事实，可以得出结论为：人类自身拥有着强大的力量，而这种力量不受物理定律的限制。人体内的某种与情绪有关的事物，包括思想、信念、爱等可以使我们不受物理法则的制约。

看似平常的 DNA，却起着链接宇宙万事万物的作用；从这个意义上看，DNA 一点也不寻常，这里面的双螺旋结构是大有学问的。目前，大家只是了解到它的双螺旋结构，但是为什么是双螺旋结构才能符合遗传变异的需要？ 码链认为，只有碳基才有可能形成双螺旋，硅基只有可能形成线性的方式，这是微观层面的本质区别。有了双螺旋之后，就有了密码子，密码子从某种程度上，又与六十四卦的取象有诸多类似之处，形成了碳→双螺旋→密码子→基因→蛋白的不同层级，这些都不是硅基范式所能比拟的。

硅基文明取代碳基文明，机器取代人类，则是在错误的进化路线上，背道而驰，南辕北辙。

码链认为，数字人和地球脑，就是试图基于微观的理论假设"万物一体"，秉承"码链思想"，通过"量子码链"接入，形成"数字人、地球脑"，发现、找到、进而构建出这个世界的映射本体。

按照宇宙自相似理论，人们可以看到宏观的宇宙图与微观的细胞图是如此相似，那么以此类推，地球作为一个"生命体"，也应该与人体结构有着"自相似"性。而人体的最核心部分就是"大脑"，那么地球生命体的大脑在哪里呢？ 现代的科学技术并没有告诉大家，但是古今中外的典籍如《易经》《道德经》《圣经》《佛经》却都有相关的论述。

组成人体大脑的单元是"脑细胞"，那么地球脑的"脑细胞"就是每一个人（数字人），人体的脑突触就是触发然后传递，地球脑的脑突触可以看作就是"贴码（一体四商）"，扫一扫（看一看、想一想）的接入就是突触发生反应，通过"码链的链条"传播就是脑神经网络，如此就构建了一个"地球脑"。地球上的大小区域可以看作是"大脑、小脑"等的脑区域，每个人都在分工协作、各司其职，以达到动态平衡，生机勃勃。如形成如此共识，就可化解矛盾，齐心协力，天下一家，世界大同。

爱，是宇宙的原动力，而码链则是通往爱的路径！

三、从数字人到地球脑

在码链思想里，通过几乎零成本的贴码，把世界上所有物、人、商品链接起来，构建了共同体。在这个体系中，每个人都将不再是单纯的人，而是数字人，大家身上都有其特殊意义。数字人区别于肉体人，每个数字人具备多维度，多种唯一识别 ID（基于不同的圈子，可以没有实名），多种人格属性的数字化特征，从而行为可以追踪，且可以数字化接入并传播。数字人传播的原动力是爱，爱会创造出能量，这个能量就是数字人地球脑。由数字人搭建起来的数字人网络，能够实现移动物联网的真谛：所见即所在，所在即所得。

在人与物的交互中，数字人通过"扫一扫"进行数据传递。每个人与万事万物行为意识的交互记录（5W），这就是数字人。在数字人理论中扫码分为三个层面，首先是扫码支付，其次是扫码加好友、下订单，最后是通过扫码行为进行价值链分享。

但如果从点、线、面、体、系的码链架构来阐述数字人所带来的价值，则"点"对应的是个人消费（扫码支付，改变行为意识和支付习惯，从纸质货币转换为电子货币）；"线"是企业码链全过程管理（生产和营销，通过码链云平台，功能性二维码为介质，通过每个数字人，真实场景的数字人肉身传播）；"面"是社会道德诚信全追溯（追根溯源，企业只需要生产好的产品，码链数字人全员直销，闭环交易，成本接近为零，更安全、更便捷、更易管理）；"体"是国家供需新经济计划（码上跟踪，码上购物，码上保险，码上旅游，码上买车等产业码落在物格数字土地上），"系"是全球资产数字化（码链体系物物等价交换数字货币，与央行体系无关）。

数字人传播的原动力是爱，爱会创造出能量，这个能量就是数字人地球脑，每个数字人相当于地球脑的脑细胞，数字人借助功能性二维码，一码扫天下，让每个脑细胞彼此之间连接形成一个爱的能量团，数字人用爱来传播和引导，改造地球人的精神世界，通过新的维度（脑神经元），让更多的人能够连接起来形成一种新的世界，那就是数字人世界！人品指数就是不同的脑细胞的活跃程度，码链 O2O 通过二维码作为脑突触的外部接入点，数字人眼镜将成为脑中枢神经内部接入点，而数字人网络就是各种属性的脑神经功能区域。

在"我为人人、人人为我"的理念下，每个人都生存在以自我为中心的数字人网络体系中。爱心是宇宙的原动力，码链是通往爱的唯一路径，分享码链是来自爱的行动力，助力实体经济企业扬帆起航！一个行为一个码，通过"一带一路"的推广，衍生出以码链思想与技术支持下的数字货币体系，缩小贫富差距、全球共同发展，从个体提升至共体形成人类命运共同体！

数字人网络

数字人网络是基于多重主题（Motif，所以是个 Matrix），根据社会地位（传播路径与影响力的 Matrix）与开放态度（也是一个 Matrix）构建的社交网络。ID 作为"数字人"的识别标识，具备多种主题的唯一识别 ID（基于不同的圈子，可以没有实名，因为实名只是肉体人世界的标识）。闭环交易包括关注、点击、传播、分享、行动等，即每一次"行为"都叠加了自己的 DNA，所以可以全程追踪，并且实现按照绩效付费 P4P 模式。

"多劳多得，不劳不得""惩恶扬善，善恶有报"是数字人网络组织所倡导的理念，而最先加入者，也将在该"接入行业"的 GDP 增长中最先获益。

数字人 O2O

数字人 O2O 即 Offline 2 Online，而非传统意义上的 Online 2 Offline：WEB PAGE 也是 Offline，因为可以"被肉眼看到"。数字人 O2O 链接的是

人与物、人与人。

SNS 概念

SNS 全称 Social Networking Services，即社会性网络服务，帮助人们建立社会性网络的互联网应用服务，也指社会现有已成熟普及的信息载体。SNS 的另一种常用解释是"社交网站"或"社交网"。一般来说，SNS 算是一个较为理想的网页（web2.0）手段。理由很简单，SNS 会取代 Web（网页）成为主流。SNS 较为贴近肉身人，链接的是人与人，线上线下的身份比较一致。

数字人网络的 SNS 与 O2O 融合，O2O 专利商业模式以 SNS 这样的社交化网络为切入点和中心，实现从线下到线上，连接现实与虚拟。SNS 搜索是基于 O2O 接入，搜索到的不是冷冰冰的网页，而是帮助你的服务以及可以帮助你的人。基于数字人的社交网络，包括评价、开放态度等，使得你可以迅速找到可信赖的答案。

事实上，每个人都具有 SNS 的特质，每个人以二维码作为入口，让 SNS 的黏性增加，可以锁定消费，让消费者更可以分享价值。SNS+O2O+Matrixlink 搭桥管理系统，形成数字人网络后台大数据。

广告媒体与 O2O 全渠道的关系

在码链体系中，O2O 全渠道（Matrix）营销体系的构建将获得"渠道与场景的接入受益权"。最初的构建来自经营者的数字人网络，而后续运营来自"可以进行全员营销的各个数字人非全职员工"，这个对线下实体经济巨头的企业是一个"转型超越互联网企业"的巨大机会。

Matrixlink 协议向下兼容并取代 Http 协议，因为"光"取代"电"，所见即所得，所见即所想。数字人网络接入的"数字人眼镜"，区别于谷歌眼镜。

从人性的角度，谷歌是"Put you into computer"（把你放进计算机），而"数字人眼镜"是 Enable you to control/interactive the world surrounding you（使你控制感应周围的世界并与之互动）。预计，这将成为数字人的常备，配合与此的柔软大屏幕可穿戴于衣袖，Offline 2 Online，是基于物联网的传感接入。

数字人网络与互联网

从网络架构角度而言，数字人网络与互联网页存在着本质的区别：

1. 互联网遵循的是 http 协议网线连接，IP 后面是虚拟的世界；数字人网络是 Matrixlink 协议二维码为接入口，ID 后面可以追溯到真实本人。

2. 互联网是虚拟世界电商运营系统，数字人网络是以可进入真实场景的线上为工具、线下实体为主的运营商渠道。

3. 互联网注重的是 C（消费者），B（企业商家）要满足 C 的需求数字人网络注重的是 B 引导 C 消费。

4. 互联网的阿尔法狗想代替人类，数字人网络是以人为本。

5. 互联网垄断性的财富掌握在少数人手里，数字人网络是人人可分享财富的。

6. 互联网是美军方发明的一张网，网络是虚拟的，自然也是不安全（以机为本，无须人类）的，数字人网络是以人为本的，服务器解决了网络安全问题（以人为本）。

数字人网络的多极化

多极化的去中心化世界中，每一个人都是自己的中心，而二维码就是这个中心唯一的入口。数字人网络既可以自动地标注顾客，当然也可以清晰地标注商家。去中心化，每一个人既可以是广告的经营者，同时也可以是百货商店。如果每一个人都在传播分享的过程中，就是剩余价值的全民分享。

码链的全球专利二代活码，相当于商品的身份证，通过这个二维码可以直接对接企业，看到该产品的多种信息，包括生产流水，从而有效杜绝了假货串货，保护了企业和消费者的利益。小小二维码，可以统一模式、统一货币、统一支付、统一行为、统一思想。

Matrixlink 协议与 HTTP 协议

HTTP 协议是指计算机通信网络中两台计算机之间进行通信所必须共同遵守的规定或规则，超文本传输协议（HTTP）是一种通信协议，它允许将超文本标记语言文档从 Web 服务器传送到客户端的浏览器。互联网 HTTP 协议遵循网线连接 IP 地址背后的虚拟世界。

MatrixLink 协议遵循二维码接入 ID 背后的真实世界，MatrixLink 协议可向下兼容并取代互联的 http，MatrikLink 协议可记录 SNS 社交化传播分享的每一个环节而获得价值分享，交易奖励，且拥有一整套完善的绩效考核制度。MatrixLink 数字人网络协议曾成为 35 项 Facebook 等互联网巨头的专利引用基础。

数字人商业生态模式

数字人商业生态模式是基于 O2O 接入实现人与物相连，基于 SNS 接入实现人与人相连，遵循 Matrxlink 协议的一种场景接入为王，按绩效分配的新的商业生态模式。通过"码链"技术生成的特殊的二维码，能将线下零售的"扫一扫支付"变现成流量，直接引入线上平台，大大降低了流量获取成本。伴随"码链"技术应运而生的，是一个线上线下水乳交融的新生态商业平台。

首先，与普通 O2O 或电商平台不同，新生态商业平台不仅让消费者从线上可以找到入驻商户的门店，而且消费者每一次通过"扫一扫"支付后都会在新生态商业平台留下大量数据，通过后台，商家可以进行有效促销、维护消费者关系，甚至利用现有客流实现裂变。

在过去的十年中，线下零售受到了电商的强烈冲击，市场份额大为缩水。如果稍微深挖一下，就会发现，对于线下零售业而言，人流减少、电商冲击价格体系、租金上涨等痛点只是经营困局的表象，更深层的是缺乏对消费者的触达以及全数字化运营的能力。新生态商业平台恰恰提供了这套免费的系统，帮助线下零售业利用"码链"技术，进行全渠道的推广，触及新消费者。

其次，对于消费者而言，新生态商业平台是一个让消费循环升级的购物平台。拥有衣食住行各类优质商品。与普通购物平台不同的是，新生态商业平台通过"零售和金融"的全面融合，实现消费增值，让花出去的钱 N 倍增值，由此让消费者在衣食住行上享受最大优惠力度。

最后，对于品牌商家而言，新生态商业平台带来了新一轮的红利时代。过去十年，电商的打线下门店，首先靠的还是价格。最近几年，随着竞争越发激烈，线上引流成本不断攀升。在价格上，电商不可能为昂贵的引流成本无底线牺牲毛利，因此不得不将价格和毛利调整到线下同样的水平。线上线下各渠道水涨船高的引流成本，让品牌商家叫苦不迭。新生态商业平台通过"码链"技术充分挖掘线下流量资源，大大降低了流量的成本，汇聚了一个性价比极高的新流量池。这对于品牌商家，无疑是一个大好商机。

所以，在这个意义上，新生态商业平台不是一个 O2O，更不是阿里、京东那样的电商平台，而是重新构建了一个让品牌商、线上线下渠道与消费者三方共赢的全新商业生态圈。

▍案例分析

这些年来，一些互联网寡头企业疯了似的在线下布点二维码移动支付，并再三强调了二维码是未来移动互联网的入口，还有雷声大雨点小的微商、两眼一抹黑不知所谓的微信公众号、几乎死无葬身之地的顺风黑客……在数年前的一场信任危机中，全国 8000 家的 O2O 中小企业，有 6000 家阵亡。BAT 这些"土豪列强"也只能靠硬着头皮丢现金炸弹，或者走街串巷拉帮结派，才勉强维持着每年的经济增长点。

可怜这万亿的移动 O2O 市场看似近在眼前唾手可得，却是举步维艰，一失足就是百丈深渊，万劫不复。那些 O2O 中小企业真的做不到吗？其实道理很简单，由于根本理论上的误区，才导致了不可逾越的技术瓶颈。说到底，他们依然还是抱着手中那块小小的屏幕，停留在二次元互动的低维度生活时代，无论表面上功能和营销再如何拉风炫酷，都改变不了伪移动互联网的本质，或者称为互联网的移动版更为贴切。

那人们不禁要问，高维度的网络时代究竟是什么？时至今日，一个叫作数字人网络的创新技术体系，将解开答案："所见即所在，所在即所得"，这将彻底跳出以往数十年来的一切互联网思维，进入一个全新的移动物联网时代的范畴。其实早在 2010 世博会、2012 奥运会中，神秘的数字人科技已经局部应用起来了。

接下来就来领略一下数字人芯片码的神奇特性：

众所周知，现行的普通二维码，每个码仅仅对应一个最基本的跳转行为，例如链接跳转到某个信息页面，或者注册页面，或者下载页面，而数字人的专利芯片码，则可以实现每个码任意植入无数个自定义的后台行为，如你所见，所有你能想到的需求功能可任意植入叠加在同一个码里，因此看似长得都像二维码，却是有着本质性不同。

通常把第一代的传统二维码称作"初级链接码"，那么数字人芯片码则可以称为是全新一代的"高级加密码"和"复合功能码"。简单说，就是除了二维码基本的多功能可以叠加于一个码的同时，还能对它进行一系列的逻辑设置。

举个例子，当应用了数字人芯片码这一功能，今后再扫码只需要快速开启手机拍照模式，就能实现"拍码"激活。换言之，今后只需秒开手机的拍照功能，就能实现最便捷的"拍码"激活，再无须任何烦琐的扫码软件和步骤流程。这是不是也就意味着只需一枚数字人芯片码，就能同时满足企业所有的市场营销行为和商业目的呢？

可以试想有这样一个场景，有三个可爱的小姑娘开心地走着，忽然手机响起，显示附近 10 米范围内有个宝箱。三人欣喜地按线索找到了"电线杆"相应的点位，她们分别拿出手机，打开拍照功能先后对"电线杆"上的二维码进行拍照激活。这时，姑娘 A 开得了现金奖 500 元，手舞足蹈的兴奋之余，看到了手机界面上的"点评与留言"按钮，点击录制了一小段语音留言，而这段语音留言自动对应记录在了这个码中。以后任何路人扫到这个码，即可自由调取查阅到这段留言，甚至还能在线找到该人进行深度交流与心得分享。

同时姑娘 B 也获得了某品牌的 1 分钱果汁饮料，姑娘立即按下手机界面的"获得 1 分钱饮料"按钮，在一瞬间数字人后台系统自动完成了 APP 下载、注册、支付流程。接着按照提示信息，姑娘 B 找到了视野内的一家小型超市便利店，直接跳过现金交易环节，店长小哥心领神会地亲手递给了她一瓶包装精美的某品牌果汁饮料。

另一边，姑娘 C 又获得了某商店的推拿体验卷，按手机提示一路来到了 20 米开外的这家推拿医疗馆前打开手机一拍店外门面的芯片码，瞬间直接获得了认证，享受了一次免费优质按摩服务体验。此时，姑娘 C 手机里又跳出了一个提示，只要将这次的体验通过转码转发给朋友，今后产生的每一次继发消费，姑娘 C 都将自动获得一笔额外提成返金。不仅如此，甚至她的朋友再度转发若产生了购买，姑娘 C 一样能拿到返金提成。转发的越多，外快赚得越多！

现在来看一看后台都发生了什么？

从点下手机拍码按钮的那一刹那起，APP 推广、用户注册、趣味营销、绑定账户、口碑传播、商品促销、O2O 体验、转码返利提成等。小小的一个场景，轻松实现了 8 个商业功能，数字人芯片码同时结合了 LBS、大数据以及精准追根溯源等后台技术，一旦被相应权限的终端适配激活，即可进而促发该芯片码的各种预设功能。这就是"数字人芯片码"得以令 O2O 商业营销从此"脑洞大开"的关键要素。而对于用户来说，"码"就是遍地埋藏的"宝箱"。

无论是商家还是用户，如何来布局点位和把握先机？ 单就开宝箱这一设计模块，就非常有创意和吸引人。国家如今严格管制一切彩票销售渠道，所有电商平台早已被禁止代销，更有未成年人不得购彩的硬性规定，相比之下，无处不在的免费拍码即得一次获奖机会，就成为一种无比新鲜和便捷的补足。这就意味着，从一开始，全国有多少彩票购买者，开宝箱就已拥有了多少的目标受众和购买力。全国有 2 亿彩民，每年彩票销售总额为 3800 亿元，未来会有两成彩民至少每天一次开启 1 毛 1 个的宝箱。可以算一下：2 亿乘以 0.2 再乘以 1 角钱等于 1 天 400 万。这个数字是以最小化来计算，如果每人多开几个，这个数字就更令人期待了。

使用手机或者可穿戴设备的摄像头，可以将直接拍码激活产品上的芯片码预设功能，实现后台自动识别、锁定、信息调研、折扣计算、下单、支付、出库、物流等。而这一切对于消费者来说，仅仅是拿出手机用一个快门的时间，这其中跳过了经销商、分销商、渠道商、平台商、广告商甚至是零售商，直接完成了交易，真正实现了从产品到消费者的零距离。而这种大量源自自由终端的零距离消费流量，将促成品牌商们多年来梦寐以求的自主商业闭环，这就是之前所说的移动物联网的真谛：所见即所在，所在即所得！

从最后一公里到最后 20 米，消费距离线下实体店铺的距离前所未有地被缩短了，一枚小小的创新二维码，将彻底革新人们的日常生活方式与商业生态环境，将移动营销、O2O 消费、线下渠道布局等原有的互联网概念重新定义，快速拉近社会与移动物联网时代的距离。这只是其中一个码的功能定义与场景描述。下面来想象一下，将这些码批量投放到整个现实世界中将会发生些什么？

　　首先，要将它进行简单的商业包装，让人们在平平无奇中一眼捕捉到它的存在。赋码即目标，可见即可得。随后，人们就可以开始充分发动想象力，试着去任何可以想象到的渠道载体来布局你的点位，通过 Matrix-Link 后台引擎技术，将确保每一枚数字人芯片码处于精控范围之内，根据码链体系规划的线下基础布局和脉络敷设，在中试推广阶段，将在全国范围实现累计布点位 1000 万个，通过广告招商 + 商品售卖分成 + 媒体营销 + 大数据服务 + 增值服务等开发与运营，设每个点位全年最少产生 500 元人民币的商业收益，则是 1000 万乘以 500 等于 50 亿元／每年。

　　更何况这将是一个几乎无限应用可能的全领域全业态终端集合。比如布点应用到：1000 万笔社会公益捐款、1000 万个明星粉丝投票、1000 万份调研问卷报告、1000 万笔户外手机话费充值、1000 万次社区便民服务订单等，此刻想必大家心里都已心知肚明。

　　这张小小的二维码芯片码，还能被赋予哪些神圣使命？从分众思维的角度看来，每一块小小的数字人芯片码，就是一台实时互动的智能终端，毕竟分众的屏不可能装到每一个犄角旮旯的墙角、门板、桌角，而一张被激活的数字人芯片码，所富含的互动功能与场景体验，甚至超过单纯被动传达的信息广告屏效果的十倍以上。"码链广告码"正在践行。

　　每一个时代自然有每个时代的新媒体，移动物联网时代也不例外。分众商务楼宇联播互动屏最高刊例价 208 万／周，而数字人终端芯片码的成本均摊下来，每个码的全年成本费用可能还不到几分钱。

　　再看渠道布局潜力，即使按 1 个分众大牌，仅兑换 5 枚数字人芯片码的占位空间比例，数字人芯片码的覆盖量也将达到遥遥领先的 1000 余万点位。

　　通过码链"产业码服务器"（发码分中心）生成的每个码，都是不同的，不仅代表该产业码的接入点，更是包含了每一个不同贴码人的 DNA，代表贴码人的数字时代的劳动生产资料。当这样一种几分钱成本的智能互动终端码，成千上万地覆盖整个现实世界的每一个角落，这意味着眼前即将诞生移动物联网时代的第一个创新概念的新媒体，数万亿价值的O2O商业市场在向码链招手，线下数百万实体商铺与品牌商机在向码链招手，14亿现实生活中活生生的消费大众在向码链招手，真正形成一体四商，互通互联，生生不息，内生循环！就是构建人类利益共同体，从而为构建人类命运共同体奠定基础。

四、数字地球理念解析

> "数字地球"，是一整套从思想理论到具体实践的方法。这场正在进行的变革，是人类社会有史以来最大的一场变革。它不同于以往带有被动的、局部和修补性质的结构调整，而是对整个社会体系结构的重组、重构，尤其是在生产力与生产关系方面。数字地球所引领的变革已经从新的价值创造体系、新的社会管理体系、新的智慧文明体系三个维度全面展开，并且使得人类社会的发展进入指数级增长的阶段。由此可知，这将会是一场激烈且持久的改革。

当前世界正处于百年未有之大变局中，无论是国际格局、现代化的模式、世界生产力的布局还是人类在数字时代的信息处理所面临的问题，都在进行着深刻的改变。

人类是生活在真实的地球当中，具有真实的物理位置坐标，而不是在以虚拟的IP构成的互联网屏幕世界里。

在互联网肆虐的当下，生活在真实的地球上的人类行为，与虚拟的IP世界即互联网世界之间，没有相互对应、一一映射关系。而造成人类社会的撕裂，或者从"阴谋论"的观点来看，就是少数集团刻意在人类社会之上，建立了一个超越所有主权国家与人民的"超级政府集团"。因此，全球基于 IP 这个虚拟的互联网世界的出现，是不能为全世界人民谋福利的，它的出现，是少数集团为了更加便捷地奴役全球人民而出现的。

而码链，基于 5W 元素真实世界发生的行为而构建的一一对应的数字化世界，是把真实的三维世界发生的 5W，通过码链的接入协议映射到一个数字化了的世界。用户可以在真实的世界里通过扫码链接（二维码扫一扫）、分享传播（朋友圈转一转）以及未来的御空眼镜看一看、量子码链想一想来构建一个全新的"以人为本"的数字世界。

人类生活的唯一家园地球，在数字时代，也需要数字化，才能通过码链的接入协议映射到数字世界。

▌ 通过"扫码链接数字人"来建立数字地球

人，在土地上劳动，创造价值，创造了这个社会、这个世界。数字人，在数字土地上扫码链接、分享传播，进行数字化劳动，也就创造了数字化的社会、数字化世界，这些"创造"的总和，也就构建了"数字地球"本身。

在码链体系里，多个平行世界被称为主题；而基于主题的人的数字化行为，也就被称为"数字人"，数字人，基于不同的主题，通过社会地位与社会态度，相互连接，而构建成了数字人网络，也就是社会网络，是数字化世界的"物格数字地球"的重要组成部分。

在构建的数字世界中，为地球上每一个人的每一次行为、一个数字身份的凭证——也就是"码"。码，不仅是行为的唯一识别，更是数字人对外服务的邀约。

码，包括（一维码、二维码、多维码、隐形二维码、明暗闪烁点阵图等）具备唯一性、安全性、不可篡改性以及庞大的数量和时间戳，给予了它成为数字人在数字世界中身份标识的可能。在基于扫一扫组合专利发明构建的码链数字世界里，二维码代表着具有数字身份的人和万事万物的信息所有权，任何具有数字身份的人和万事万物都可以在一个自己的行为中植入自己的数字人 DNA 后，生成新的码。通过码链接入，存储在码链网络中，从而最大限度地保证信息的真实性，溯源性，及不可篡改性。

▍物格门牌升级为物格价值链

"物格"是物联网的格子，物联网的格子是在真实的世界中真实存在的。每个人的行为，必然落在某一个物格里。

在每一个格子的数字化行为，都可以在数字地球里得到映射，也就是通过自己的行为，构建了数字地球，构建了数字经济世界。

而"物格门牌"，则是码链数字经济"点、线、面、体、系"中的"体"即交易所，落在不同物格门牌多个产业码服务器之间的互通互联，成为交换价值的交易场所，不是通常理解的"股票交易所"。

在真实世界里，大家到餐厅吃完饭、结账的动作，其实就是交换、交易，即大家把自己所有的"价值"、交换给餐厅老板，这个交换交易的行为发生地就在门店。把发生这个"交换行为"的门店，定义为"物格门牌"，所以"物格门牌"就是真实世界里的大街小巷，"交易行为发生地的场所"。

"物格"，是把"扫一扫专利技术"与"北斗底层数据"打通而成，初级阶段可以通过"物格游戏软件""物格交友软件"来呈现"物格门牌"，类似"第二人生"游戏"Second Life"那样，来拥有、经营数字化了的与真实世界一一对应的世界。在真实世界贴码，如名电码、广告码，在数字地球里都可以呈现，从而不同于互联网世界里的纯粹虚拟。

进一步，把全中国的 2100 万个消费场所即交换交易行为发生地即"物格门牌"的消费行为都管理起来，那就能够获得十亿民众的消费总量所代表的经济体量。通过"扫码链接、接入协议"把这 2100 万个"物格门牌"都定义成为"通证"。这就是代表中国消费总量的独一无二的通证（NFT属性），而把这 2100 万个物格门牌链接起来，就将得到全球最大的公链"物格链"，设置 2100 万个总量是因为线下交易的门店门牌总数不可再生，地段独一无二；且 2100 万个物格门牌同时还可以是服务记账节点（远远大于比特币公链的万个节点的数量级），且每个物格门牌不仅是真实有效的，而且是"源于消费，自带收益"的。

因此，"物格链"将超越区块链比特币，成为全球最大的共识链条，最大的公链。也因为是基于人类真实行为、真实地理位置发生的，因此可以称为人类数字化行为的"伊甸园"。

因为通过"物格门牌"接入唯一的经纬度坐标以及时间和不同的数字人 DNA 所生成的码在数字地球中是唯一的，把这接入数字地球的唯一 NFT 二维码成为"元码"（类似互联网的域名），通过"元码"形成的价值链类似接入商城的商品及链接，就是"物格价值链"。

物格价值链的本质，是将人和万事万物的价值 DNA 叠加到该体系当中。码链把有源头的二维码定位为价值的一部分，在此链上记录用户通过在物格里发生的扫码链接等所有有价值的行为，且可以产生收益。这样我们通过为人类中的每一个有劳动能力的个体分配二维码作为生产资料，通过劳动创造价值并产生收益。由此实现在数字地球的构建中，对整个人类社会体系中财富的再生产和再分配发挥作用。

▌物格：数字地球的数字资产

"物格"以真实存在的物理时间和空间、有价值的土地为锚定物，通过扫码链接记录和标识人类的数字化行为，成为人类行为在数字世界中可以"追根溯源"的"根"。由此"物格"成为在以码为信息维度的数字世界中的三维空间量子化容器，标定地点的"码"进入这个容器，使"物格"成为衡量人类在数字地球的"土地"上劳动，创造价值的载体。由此生成的物格数字地球，不仅具备"数字地产"属性，还具备了"物联网域名"属性。物格新经济体系把现代西方经济理论认为的经济发展四个基本要素都涵盖在了体系内。在这个体系中，地球上真实的土地就是"物格"，劳动力就是"数字人"，扫码传播分享就是"数字化劳动"，而支撑这个生态的基础就是依托二维码"扫一扫"组合专利技术，叠加北斗 +5G，通过建构物格新经济生态构建起了一个覆盖地球的物联网。

从数字身份到价值链，再到目前正在快速发展的产业码、地球码，码链为人类搭建了一个多维度的立体系统。在这个系统中，有真实的经济活动，也有虚拟的经济服务。码链生态体系让这两者实现有机结合，让价值在实体和虚拟之间自由流动，无缝衔接。

"数字地球"，是一套从思想理论到具体实践的方法。

五、码链数字地球自治系统

码链体系是数字地球的基础结构，去中心化的社会里需要分布式的社会责任承担，全世界的数字人也需要有一套自组织的治理原则。发码行是为全球数字人的服务机构、也是地球脑、物联网入口授权商、码链应用技术解决方案供应商，目前拥有包括但不限于中国、美国、俄罗斯、日本、新加坡、中国台湾、中国澳门等国家和地区的扫一扫和统一发码系列发明的组合专利。基于码链接入协议，正在发起并联合全球移动终端品牌商，及"扫一扫"应用产业品牌运营商，共同组建扫码联盟，搭建全球"统一发码、统一扫码"授权平台，打通物联网时代下的二维码大数据流，构建全场景、可追溯、线上线下互动融合的新业态，致力于为用户提供数字人网络服务；依托码链思想理论体系，以"扫一扫"为基点，建设数字地球，维护数字地球新秩序，构筑"码链数字经济生态体系"，实施"码链重构新经济"，打造全球数字货币发行与流通平台，构建数字时代的"人类命运共同体"。

码链体系是数字地球的基础结构

产业革命在西方发展，在带来科技不断发展的同时，也带来了殖民主义的全球扩张。在资本全球化的大潮之下，人类陷于"资本"的深渊，"人"因之被资本极端异化。今天的科技发展把人类带到了移动互联网、数字化时代的进程中，那么它将如何能把人从深陷的"资本"深渊中解放出来以防止并逃逸出"机器取代人类，最终消灭人类"的陷阱呢？

这就需要去唤醒人类文明的自由意志。这里所提及的自由意志是哲学的一个专业概念，自由意志是相信人类能选择自己行为的信念或哲学理论（这个概念有时也被延伸引用到动物或计算机的人工智能上）。人的自由意志拥有对人自身的最高管理权限，由一个人、两个人甚至是集体所做的较为复杂的决定都是来自有意识参与的深思熟虑。在这一点上，自由意志起决定性的作用。

那么过去的分布式管理、中心化体系与现在大家现在所了解的数字人、二维码和最终的码链体系与人类的自由意志之间存在怎样的关系呢？为此，人类的未来与码链生态体系之间又有着怎样的联系？人们的自由意志是否真的存在？现在以人类社会去中心化的发展历史和"蜂群思维"为例，就码链体系产生的必然趋势做详尽阐述。

过去，中心化的组织一直主导着人类的历史。但从人类进化史中发现，在一个比较短的时间里和一个简单的系统里，去实现一个目标单一的任务这三个条件都满足的情况下，人类社会组织的效率是非常高的。因为这三个条件中有任何一个条件变动，比如说时间拉长，或者系统变得复杂，又或者事情的目标变得不再单一，那这个中心化的系统就难以胜任了，甚至还可能出现崩溃。因为进化是一个时间无限长、系统无限复杂、目标绝对不单一的事情，中心化的系统在进化面前只会崩溃。

凯文·凯莉在《失控：全人类的最终命运和结局》的经典案例就证明：

人类在数字化的时代下是否需要一个从下至上没有首领的数字化系统。此书中还专门解释了分布式网络的特性：没有强制性的中心控制；次级单位具有自治的性质；次级单位之间彼此高速连接；点对点的影响通过网络形成了非线性因果关系。人们从中可以领会到的就是弱控制、分中心、自治机制、网络架构和耦合连接等与工业社会完全不同的信息社会时代的新型社会结构、商业模式、人际关系。这其实就是区块链技术的全部精要。区块链正是基于分布式系统集成等多项成熟技术而形成的。区块链的点对点价值传输、分布式数据库、分布式账本、智能合约和可编程数字货币就是书中探讨的分布式网络在工程技术层面的具体实现。

哈佛大学有一个叫汤姆的进化学者，他用自己的计算机当了一回"上帝"，做了一个伟大的小实验：汤姆在计算机里准备了一块专用空间，画出了一个"伊甸园"，写了一个 80 个字节的编码，就是一个可以自我复制的计算机程序，实验最终证明了从下到上的系统非常强大。

其实从下到上演化出繁荣系统的例子地球上到处都是，像热带雨林里奇怪的生物，还有市场上那些奇怪的商业模式，还有各种夹缝里的公司等。这类案例告诉我们，进化体是失控的，是去中心化的。

目前，人类的科技已经达到了空前的高度，进入数字化时代，越来越多的科技机器将逐渐替代人类的工作。5G、物联网、人工智能等技术将把整个世界连接在一起。与此同时，所有的人类、所有的机器、所有的土地、所有的事物也将连接起来。在这样一个复杂的系统中，中心化的管理是不可靠的，或者说，是行不通的。虽然世界一切井然有序地运行着，可大家稍微留意，就会发现问题早已出现。

譬如脸书（Facebook）公司，作为拥有 24 亿用户的全球行业巨头，本应履行好自身的责任，却频频出现泄露用户隐私的事件；阿里巴巴说要让天下没有难做的生意，却在格兰仕拜访拼多多后，在天猫搜索端屏蔽"格兰仕"，导致格兰仕销量暴跌。这些都显露出了中心化集权的弊端。再譬如，区块链能够使得公平与效率这两个永远处于对立面的矛盾体，更加接近最优平衡点，但区块链目前的技术看不到消弭这两者间隙的可能性。区块链希望在分布式的账本上依靠去中心的算法来保持数据的高度一致性，这就无法照顾到效率。这个公平与效率的宿命，在区块链上还是无法改变。

码链体系可以通过类似蜂群行为的案例，为去中心化的全球网络提供元素，以此达到数字社会可信可靠的目的。

蜂群的行动是由集体决定的，蜂群要筑新巢，每一个蜜蜂前往心仪的新家地点，回来之后用约定的舞蹈向休息的蜂群报告。每一个单个的蜜蜂智力都非常低，就像是一群白痴在进行选举一样，但是效果却极为惊人，这是彻彻底底的分布式管理，集结起来的蜂群所爆发出来的效果是相当惊人的，这是一种自下而上的力量，是一种持续的波动和涌现。蜂群思维和涌现的神奇之处，在于它没有一个中心的控制，但是却从大量愚钝的成员中涌现出了一只无形的手来控制这个群体。它的神奇之处在于，从量变引起质变，当数量和复杂度达到一定程度时，集群就会从蜜蜂中涌现出来，一个普遍的规律就是低层级的存在无法推断高层级的复杂性。

人类的人脑的记忆模式和感知系统，也从涌现的概念中衍生了出来。人类的记忆是由大量存储在大脑中的离散的碎片汇聚起来而涌现出来的事件。人们会发现这样有趣的事情，你在回忆小时候的某件事时，每次回忆都不完全相同。这一过程实际上就是记忆对散布在大脑中的碎片进行了重组，每次都是如此。人们的意识正是通过这许许多多散布在记忆中的线索而创造了现在。记忆是高度重建的，在记忆中进行搜索，需要从数目庞大的事件中挑选出什么是最重要的，什么是不重要的。强调重要的东西，忽略不重要的东西。

蜂箱里的小蜜蜂大概意识不到自己的群体。它们共同的蜂群思维一定超越了它们的个体小蜜蜂思维。当把自己与蜂巢似的网络连接起来时，会涌现出许多新东西，而仅仅作为身处网络中的神经元，是意料不到、无法理解和控制不了这些的，甚至都感知不到这些东西。人类的意识也是分布式的，所以为什么人有多面性，人有不同的人格，都是源于大脑意识的分散化和分布式的特征。生活在不同的时期，不同的心境下，也会频繁地变化着人的性格。

码链，是一项革命性的生态模式。所有施加在科技体上的影响因素中，人类心智只不过是其中一个，并且还可能是最弱的那一个。因为科技体也是最初产生生命的自组织的物理和化学系统的产物，要遵循生命和自组织的法则，科技必然会出现。其最初的某种形态出现后，会进一步暗示这种科技发明是有一定的方向或倾向的，而这种倾向并不取决于发明者是谁。发明家只不过是管道，让一定会出现的发明物通过而已。

对于未来，人类社会、科技发展方向似乎早已确定，人们是否无从得知呢？科技进化的必然性固然能在一定程度上驱动科技体的发展，历史上的偶然性也是如此。但社会用来塑造科技体的集体自由意识，即人们选择功能上的适应性，也是驱动力之一。码链思想准确地预测未来社会科技的变化以及发展，但人的自由意识会在未来的很长时间里，用一双无形的手，推动人做出正确的事。现在利用自由意识创造出了分布式的去中心化的码链生态体系，能让人们更清楚地认识到当下所处的社会形态，以此做出更多符合未来科技发展的事情。

码链思想是秉承东方哲学以人为本理念，代表着碳基文明，具备量子纠缠效应，更具备"爱"的双链。而人工智能，本质上是硅基文明为主，是单链，没有量子纠缠效应，只有"AI"，没有"爱"。码链的发展方向是量子码链，秉承着自由意志。

▍去中心化的社会需要分布式的治理架构

唯有符合人类自由意志的真正的码链世界，才经得起时间的考验，才能带领人类走向广阔的未来。为此，码链人已开始着手建立码链数字经济生态体系。

而在码链的生态体系中，分布式用户和设备通过二维码扫一扫与该数据交互。这些对等数据网络成为一种"结构"，可以在不需要第三方的情况下验证和管理信息输入，同时以安全和可扩展的方式为各个用户提供自己的数据。

在码链的网络架构中，特别提倡"以人为本"不能作恶：所有用户都在本地控制他们的数据，从而促进个体主权的崛起。

即将到来的分散数据网络浪潮将从零和博弈的资本主义，转移到码链的"一体四商"数字经济生态体系的复合利益。基于二维码扫一扫技术的分布式自治组织可以在一系列新领域实现弹性和效率、协调激励的平衡。使网络采用共同利益从而取代当前所有者的利益，使创建者、服务提供商和用户之间的激励措施保持一致，从而改变当前自上而下的网络控制权，以及具有高度腐败倾向的网络组织架构。

一个人的思维，是不可能超越地球上所有人的，只有像蜂群那样都参与进来，才能涌现出真正符合社会发展的决策。码链体系中的诸多分支，提供了码链数字经济整个生态体系的模块组件。比如，通过价值链将真正的码链世界去中心化社会中的所有数据连接起来，如发码行统一发码的产业码、地球码一样，它们都秉承着去中心化的理念，"进化"出了全网通信的能力，并提供各种适应性开发框架工具，通过码链数字地球的自治系统，让分布在世界各地的人，都能参与到码链世界的构建的进程中来，并通过自治和自治来不断提升公平和效率。

人，是万物之灵又赋万物以"灵"。码链思想正是秉承古圣先贤深刻揭示的哲学思辨，由"道—宇宙万事万物运行之规律"展开，以丰富的朴素辩证法思想，揭示了人与世间万物，即人与自然、人与社会的关系。"以人为本、道法自然、天人合一、世界大同"才是人类社会生存与发展的公理。人类社会，人类文明只有在这个"公理"前提指导下，才能顺应天时、地利、人和，才能让我们的身、心、灵、神与宇宙间万物融合，合为一体，达到天人合一的境界，也就是进入大同世界，即社会利益共同体、人类命运共同体。

六、全世界数字人链接起来

从数字人到地球脑、从物格门牌到数字地球，智慧码链所链接的数字经济关系——时间、地点、人物的行为因果关系无时不有、无处不在。地球脑一分钟也不会忽略教育人民，让群众觉醒，明确意识到碳基文明引领硅基文明的重要意义。码链思想为人民群众最根本、最直接、最现实的利益而存在，广大人民群众一定能够作为碳基文明的代表，开始引领数字经济社会的发展，避免遭受硅基文明的蓄意迫害。

从 2018 年码链元年挂牌成立第一家码链数字经济商学院，到 2019 年指数增长，2020 年天作大成，"名电产业码"诞生，再到 2021 年大同元年，数字人取得了在 300 个城市 3000 个区县，已有上百万大爷大妈群体正在通过免费领码贴"名电码"，构建"码链一体四商"体系，参与流量分配的数字劳动的实践成果。在万物互联的网络社会，二维码扫一扫应用支持移动支付、统一接入价值链、支持一体四商产业码，支持基于物格门牌发展实业，让人类在数字地球的物格土地上劳动，创造数字经济价值的实践，已在中华大地上开启了构建码链数字经济新生态，重构碳基文明新世界的新局面。

数字人地球脑不屑于隐瞒自己的观点和意图。数字人支持一切面对现存的网络治理能力和治理体系的创新活动。数字人公开宣示：构建人类命运共同体的目标实现之时，就是全球数字人追求的终极目标达成之日。

在大变局中遇见未来的码链，必将在旧的互联网世界坍塌之际，重构一个码链的新世界。

全世界数字人，链接起来！

附件一

....

码链发展历程

2002 年注册 MATRIXLINK 商标后，即开启了码链理论与技术的研究。

2004 年开发出第一版的 MATRIXLINK 技术：通过手机把 SAP 平台与个人消费者进行无缝对接。

2006 年在美国申请"数字人理论"专利。

2008 年发明应用于北京奥运会开幕式的基于"摇一摇"传感芯片的"璀璨星空"专利技术。

2010 年发明应用于上海世博会信息通信馆的"五感通信"专利技术。

2011 年发明"采用条形码图像进行通信的方法、装置和移动终端"。

2011 年发明"扫一扫"专利（该专利技术支持的扫码类型包括：一维码、二维码、多维码等）。

2016 年 11 月 18 日，由 WADCC 主办的首届联合国全球资产数字加密高峰论坛在北京召开，确认徐蔚先生为"WADCC 码链研究院"首任院长。

2017 年、2018 年先后推出码链的"点、线、面、体、系"码链体系及"地球码链新大陆，物格土地新经济"的核心思想。

2018 年 5 月 10 日，在"2018（第十四届）中国诚信与竞争力论坛"上发表关于"二维码扫一扫"和"眼镜看一看"的码链思想论述。

2018 年 7 月，发码行与美国硅谷 CAST SILICON VALLEY LLC 著名

科技公司在数字化经济、物联网领域开展合作并签署战略合作协议。

2018 年 8 月，发码行拥有的"扫一扫"专利及码链应用技术解决方案在"国家金卡工程 2018 年度金蚂蚁奖"评选中荣获"创新产品奖""创新示范奖"和"公共服务平台奖"三大奖项。

2018 年 8 月 1 日，码链数字经济商学院百家分院启动大会在上海召开。

2018 年 9 月 1 日，码链数字经济商学院百家分院签约大会在济宁召开。

2018 年 9 月初，码链数字经济商学院第一家分院组建完成。

2019 年 1 月 26 日，御空眼镜产品新闻发布会在北京召开。

2019 年 3 月 3 日，全国价值链代理商启动大会在临沂召开。

2019 年 5 月，与新加坡 SGQR 团队在上海举办"统一发码，统一扫码""扫一扫"发明专利及 SAP "Matrixlink 接口"设计开发研讨会。

2019 年 5 月 13 日，全国第一个产业码落地会在济宁成功举办。

2019 年 7 月，依据码链思想理论体系，通过"扫一扫"发明专利思想，指导与开发中国、海外"统一发码"软件，与码链商学院、美国、新加坡签 署包括面向商业银行的"扫一扫"专利授权与统一发码业务。

2019 年 9 月，与蒙古国签署"扫一扫"专利授权及"统一发码"的授权合作协议。

2019 年 10 月 18 日，全球首款物联网游戏物格庄园在西安发布。

2020 年 1 月 5 日，为码链数字经济商学院济宁分院颁发了名电产业码授权证书。

2020 年 3 月，CCNC 码链新大陆在美国纳斯达克主板上市。

2020 年 6 月，《码链新大陆 物格新经济》由四川师范大学电子出版社正式出版发行。

2020 年 6 月，与上海国际招标有限公司签约，委托省级管理中心、市级运营中心、产业码全国招标工作。

2020 年 6 月，与紫光青藤签署合作协议，共同开发数字货币钱包业务。

2020 年 6 月，发码行实业（上海）有限公司起诉上海荣泰健康科技股份有限公司（"摩摩哒"共享按摩椅）就侵害发明专利权纠纷一案在南京市中级人民法院立案。

2020 年 7 月，首届"码链数字经济高峰论坛"在北京举办。

2020 年 8 月 14 日，发码行向北京知识产权法院提起"苹果手机，扫一扫专利侵权"诉讼，且立案成功。

2020 年 9 月 17 日，发码行向北京知识产权法院提起"支付宝 APP，扫一扫专利侵权"诉讼，且立案成功。

2020 年 10 月，发码行网络科技（上海）有限公司，发布基于中国原创码链专利思想而开发的北斗卫星"物联网格"统一发码链接技术服务平台测试版，简称"物格发码中心"。

2020 年，获得"物格数字地球发码管理软件"的软件著作权证书。

2020 年 12 月 6 日，山东丽尔和商贸有限公司获授中国（东部）区域"物格数字城市"培训中心资格。

2020 年，获"统一发码"美国专利的授权。

2020 年年末，名电码交易商体系在全国 300 个城市建立覆盖 100 万家线下连锁加盟网络。

2021 年 1 月 1 日，获中国台湾发明专利证书。

2021 年 1 月 11 日，CCNC 码链新大陆发布公告收购成都码上拍拍卖有限公司（MSP）。

2021 年 1 月 18 日，广告产业码合作运营授权协议正式签署。

2021 年 1 月底，北京知识产权局发布《关于江苏凌空网络股份有限公司起诉杭州小电科技股份有限公司、支付宝（中国）网络科技有限公司、那家小馆（北京）餐饮管理有限公司的通知书》。

2021 年 2 月 3 日，发码行与新宁县人民政府签署了"崀山脐橙产业码"相关合作协议。

2021 年 3 月 3 日，CCNC、四川物格年度工作会议在成都召开。

2021 年 3 月 24—31 日，码链文化基金举办的首届码链理论数字经济基础班在上海发码行总部举行，发码行全体员工通过 CCDA 考试。

2021 年 5 月 6 日，扫一扫专利和码链名誉维权再获胜诉，彰显了当下我国司法对知识产权保护的力度。

2021 年 5 月 17 日，在世界电信和信息社会日当天，由全球二维码扫一扫系列专利发明人徐蔚原创的码链"统一发码"应用技术，在加拿大获得了专利授权。

2021 年 5 月 21 日，码链文化基金与上海交通大学—法国蒙彼利埃第三大学再读 EDBA 工商管理博士班师生在发码行总部举办了数字经济新基建的学习交流活动。

2021 年 6 月 1 日，在码链数字经济研究院总部支持下，由码链数字经济研究院成员单位银川分院、南阳分院、济宁分院、镇江分院、深圳分院、琼海分院等发起成立的码链数字经济资产交易国际研究院在海南三亚正式成立。

2021 年 6 月 15—17 日，码链一体四商名电码总部冯继福先生组织码链国际交易商研究院委员会成员 15 人前往酒泉卫星发射中心参观神舟十二号载人飞船的发射、参观学习。

2021 年 7 月 13 日，发码行、码链文化基金与苏州市吴江区"运用物格数字地球打造长三角数字经济体系"对接合作研讨会，吴江区发改委、自然资源和规划局、文体广电和旅游局、太湖新城经发局、震泽镇、桃源镇等领导莅临，绿城中国、迪棒体育等单位主要领导共同出席了此次会议。

2021 年 7 月 24—25 日，码链文化基金主办的"物格与财税关系"研讨会在武汉举办。

2021 年 7 月 28 日，由成都码上拍拍卖有限公司主办的"全国首场物格门牌专场拍卖会"在成都市第一江南大酒店圆满举办。

2021年8月8日，码链文化基金主办的码链数字经济生态体系三周年回顾与展望线上直播大会成功召开。

2021年8月18日，21日，发码行在上海举办了两场说明会，活动主题为："一鲸落，万物生"即码链产业基金的投资说明会。

2021年9月1日，主题为"码链—大变局中遇见未来"的码链文化节暨码链数字经济商学院成立三周年大会于山东省济宁隆重召开。

附件二

······

码链相关媒体报道

新闻标题：码链基金"物格与财税关系"研讨会在武汉举办

导读：2021 年 7 月 24-25 日，由中国下一代教育基金会主办，码链文化基金承办的"码链－大变局中遇见未来（物格数字经济与财政税收关系）"研讨会在武汉举办，码链学的创始人、扫一扫全球专利发明人徐蔚博士做了即将出版的新书《码链－大变局中遇见未来》的学术报告。中南财经政法大学财税学院高正章教授做了《土地物格将推进我国财税现代化服务高质量发展》专题报告，围绕主题"码链数字经济与物格数字土地催生税制进化"研讨。中南财经政法大学税收系主任庄佳强教授、数字税收实验教学研究室解洪涛教授、吴雷教授等分别发言。码链文化基金常务副主任陈文普主持本次学术研讨会议。

二维码链接：

新闻标题：码链将逐步替代互联网时代

导读：互联网时代是一个"通融互联"的时代。互联互通超越时空差距，使人与人之间的距离零成本趋近，无障碍沟通与交流价值倍增。让整个世界的多元要素融为一体。各种要素交织，形成你中有我，我中有你；人与人之间的无距离融合。

二维码链接：

新闻标题：码链数字经济生态体系三周年回顾与展望

导读：8月8日，由中国下一代教育基金会码链文化基金主办的"码链——大变局中遇见未来"主题直播，在发码行视频号和码链Video视频号两个平台同步开播。全球扫一扫专利、码链系列专利技术发明人，码链思想理论创始人，纳斯达克上市公司码链新大陆董事局主席徐蔚，做了"码链数字经济生态体系三周年回顾与展望"的直播演讲和访谈。

二维码链接：

新闻标题：徐蔚新书《码链新大陆物格新经济》正式出版发行

导读：在全球抵御新冠疫情，世界经济面临大考之际，由二维码扫一扫全球专利发明人徐蔚著述的《码链新大陆 物格新经济》一书正式出版。为焦虑、困惑因疫情导致的世界经济下行和人类未来命运的人们，带来了重新认识世界经济发展大势全新、广角的视野。读者在读完此书后，必将对人类命运何去何从？未来世界将面临何种新经济格局？如何重构人类命运共同体等世界经济和人类发展的大趋势获得全新的认知。

二维码链接：

新闻标题：首届"码链经济论坛"在京成功举办

导读：7月21日，由中国名博沙龙发起的首届"码链经济论坛"，在北京东亿国际传媒产业园如期举办。出席论坛的有包括码链思想研究院院长、首席科学家徐蔚在内的思想文化界、理论界、传媒界、产业界的代表四十余人。中国名博沙龙主席、《中国梦》公益广告诗词创作者一清主持了会议，东亿国际传媒产业园总裁高素梅致欢迎词。

二维码链接：

新闻标题：码链推动资产数字化的全球新经济

导读：千呼万唤，央行数字货币终于来了，据《中国科创板日报》报道，央行数字货币首个应用场景将在苏州市相城区落地，报道称，苏州相城区各区级机关和企事业单位，工资通过工、农、中、建四大国有银行代发的工作人员，将在 4 月份完成央行数字货币数字钱包的安装工作，5 月，其工资中交通补贴的 50%，将以数字货币的形式到手。

二维码链接：

新闻标题：数字经济时代扫码贴码已取代摆摊

导读：早在 2018 年，扎克伯格就曾提出，让用户减少在 Facebook 花费的时间，以便让用户花在 Facebook 上的每一分钟时间都能产生更大的用户价值。但在传统电商平台，消费者为了得到一件价格"实惠"和"中意"的商品，却需要做"算术题""选择题""问答题""攒优惠券"，在繁复的"价格机制""打折促销""转链接套路"中"瞎逛"。

二维码链接：

新闻标题：5G ＋码链重构新世界

导读：当前，以 5G 信息技术为代表的新一轮科技革命和产业变革正在改变世界。5G 已经成为世界各国数字经济发展战略的重要支撑和全球产业与经济竞争的重要焦点。

二维码链接：

新闻标题：赋能内循环：码链数字技术为全民就业提供方案

导读：当下，我国选择了"把满足国内需求作为发展的出发点和落脚点，加快构建完整的内需体系，大力推进科技创新及其他各方面创新，加快推进数字经济、智能制造、生命健康、新材料等战略性新兴产业，形成更多新的增长点、增长极，着力打通生产、分配、流通、消费各个环节，逐步形成以国内大循环为主体、国内国际双循环相互促进的新发展格局，培育新形势下我国参与国际合作和竞争新优势"的战略决策。

二维码链接：

新闻标题：码链模型：实践构建人类命运共同体的中国方案

导读：构建人类命运共同体是我国为实现全球共同发展繁荣，"世界大同"贡献的中国智慧。在人类文明进入数字化时代之际，用什么样的数字模型、理论和技术来实践构建人类命运共同体这一中国智慧，成为当下各个层面关注的话题。

二维码链接：

新闻标题：码链重构新型人际关系网络

导读：在互联网渗透进人类社会交往方式之前，人们的社会网络的形成主要是基于亲缘、地缘、业缘与邂逅偶遇等方式。这种传统的个人社会网络的形成都局限在一个很小的范围内，并且这部分人生活世界范围的相似程度和重叠范围都较大，因此在传统的社会网络中，每一个网络都相对独立，与其他网络的交流更为闭塞。

二维码链接：

新闻标题：码取代 IP：数字时代的文明之争

导读：当今世界，人类已进入数字时代，集合各种数字信息构成的人工产品数字物与自然物相互交融，形成了一个新的生存世界。数字物对物理材料的依赖性越少，就越具有一种独立性，从而产生一种对应于实物世界的虚拟世界，来实现人的生活方式，譬如游戏、娱乐、网购、信息交易、电子账单等。

二维码链接：

新闻标题：码链经济：没有垄断的数字经济新生态

导读：2020 年 12 月 11 日中央政治局的 2021 年经济工作会议，要求强化反垄断和防止资本无序扩张。这是自《反垄断法》生效以来，中央高层首次明确表示强化反垄断。此前不久，11 月 30 日，就加强我国知识产权保护工作举行的第二十五次集体学习上，亦提到"做好知识产权保护、反垄断、公平竞争审查等工作"。

二维码链接：

新闻标题：码链助力一体化大数据中心创新体系

导读：数字经济时代，数据的生成、收集、存储、传输、利用遍布各个行业，改变了人类的生产经营方式和人们的生活。数据已成为非常重要的现代生产要素，也是一个国家的基础战略性资源。

二维码链接：

新闻标题：码链：杜绝网络虚假信息的硬核数字生态体系

导读：中国互联网用户已达 10.8 亿，适龄人口的互联网化进程已经基本结束。在经济领域，早在 2013 年，我国的网络零售交易额就达到了 1.85 万亿元，首次超过美国成为全球第一大网络零售市场。2019 年交易规模达 10.63 万亿元。2020 年，我国网络购物用户规模达 7.10 亿。

二维码链接：

新闻标题：码链让医疗入"码" 健康更有保障

导读：近日，28 个部门和单位联合出台的《加快培育新型消费实施方案》，在推动服务消费线上线下融合方面，提出了四大方面的 24 项政策引导措施。其中，在积极发展"互联网＋医疗健康"方面的亮点实招有：出台互联网诊疗服务和监管的规范性文件，推动互联网诊疗和互联网医院规范发展。

二维码链接：

新闻标题：线下贴码：让中老年人共享数字经济红利

导读：根据民政部公布的最新预测数据到 2026 年左右，我国老年人口将突破 3 亿，我国将从轻度老龄化迈入中度老龄化。那么，在人与人、人与物、物与物、万物互联的物联网时代，老年人将是不容忽视的物联网用户群体。如何为老年人群体消除数字鸿沟，让他们能拥抱数字经济，化解互联网中心化接入垄断的困境，享受物联网带来的数字经济便利和红利，已成为全人类关注的热点。

二维码链接：

新闻标题：旅游上码：码链加速旅游产业数字化转型的创新

导读：随着移动互联网、云计算、大数据、人工智能等新一代信息技术的不断发展和逐步成熟，并日益深入渗透到经济社会的各个领域，数字经济已经成为世界经济发展的新阶段，世界经济发展已经进入数字经济时代。

二维码链接：

新闻标题：教育入码，将加快教育的数字化转型

导读：当前，人工智能、大数据、物联网、5G 等数字技术的崛起正在重塑我们的世界，数字经济和人工智能蓬勃发展，信息技术正全方位、加速度推进教育变革，教育的数字化转型势在必行。尤其是 2020 年新冠疫情的暴发，给教育行业带来一场前所未有的数字化革命，促进教育行业驶入数字化转型的快车道。

二维码链接：

新闻标题："一体四商"产业码助力乡村数字化基础建设

导读：中国是有着近8亿农民的农业大国，实施乡村振兴战略是实现全体人民共同富裕的必然选择。农业强不强、农村美不美、农民富不富，关乎亿万农民的获得感、幸福感、安全感。乡村振兴，生活富裕是根本。实施乡村振兴战略，要不断拓宽农民增收渠道，全面改善农村生产生活条件，促进社会公平正义，增进农民福祉，让亿万农民走上共同富裕的道路，汇聚起建设社会主义现代化强国的磅礴力量。

二维码链接：

新闻标题：物格新经济的世界即将到来

导读：人类社会正经历"百年未有之大变局"，深刻认识这一"变局"，关系到中国能否踏上现代化强国之路，关系到中华民族能否实现伟大复兴的"中国梦"，关系到揭示人类社会前进方向的中国特色社会主义能否在人类文明史上绽放出更加灿烂的真理光芒。

二维码链接：

新闻标题：终结互联网平台的"物格价值链"物联网平台解析

导读：2020年"双十一"前一天，国家监管总局发布了《关于平台经济领域的反垄断指南（征求意见稿）》。对象直指互联网电商平台、社交平台、金融平台、娱乐平台等巨头。随着征求意见稿的公布，27家互联网巨头被约谈。

二维码链接：

新闻标题：物格新经济体系构筑共同富裕新生态

导读：日前，《人民政协报》刊发了全国政协人口资源环境委员会原驻会副主任凌振国《坚决防止平台经济无休无限地榨取剩余劳动力》的文章。作者在文中除表达了期望适时出台更有利于市场主体，尤其是更利于各类企业、个体工商户、农民专业合作社和灵活用工个体户等激发生机活力的新举措，增加他们的活跃度、主动性、创造性。让各类市场主体把"主角"戏唱好，才能充分地、更多地吸纳各类就业、稳住就业，普通百姓们有了更多创业和充分就业机会，才能使更多百姓美好生活的愿望得以实现。

二维码链接：

新闻标题：数字化时代"物格"将是社会价值的锚定物

导读：人类社会存在和发展的基础，是物质资料的生产。即使进入数字经济时代，这个基础也不会动摇。"三维世界物理空间"的网格化，全球扫一扫发明人、发码行董事局主席徐蔚称为"物格"，他是基于中国原创码链专利，而开发出的北斗"物联网格"统一发码链接技术服务体系的简称。

二维码链接：

新闻标题：物格新经济首批物格数字地产成功落地

导读："多少事，从来急；天地转，光阴迫。一万年太久，只争朝夕。"当前，信息产业已成为世界上发达国家国民经济的第一大产业。数字经济作为人类历史上的第三经济形态，是继农业经济、工业经济之后的更高级阶段。数字经济发展的中国经验独特，在全球产业竞争的格局中，与传统的工业社会相比，中国数字经济部分领域已赶超了美国、欧洲、日本等发达国家，在电子商务、移动支付、分享经济等领域，走在了世界的前列，成为带动全球数字经济发展的先行者。

二维码链接：

新闻标题：终裁打响物联网物格数字地产属性确权第一枪

导读：互联网世界无法与物理世界一一映射，IP 与域名的属性决定了互联网为基础的经济体系无属地化受益，天生与实体经济对立冲突，不断侵蚀实体经济，这是当前经济发展的一大痛点，不止与国家倡导复兴实体经济的政策相左，更与人类世界的整体发展趋势相悖。

二维码链接：

新闻标题：未来人类必将在物格数字地球中发展

导读：人类经由上千年的农业社会，三百年的工业社会后完成了向信息社会的进化。而进入现代信息社会后正以十倍速的发展进入数字化的智能时代。这一演进改变了人类社会发展的节奏。由于互联网 IP 虚拟世界的横行，使得人类社会的秩序被打乱，造成社会认知的整体滞后，从而导致了人类在从信息化进入数字化社会时各种问题和矛盾集中涌现。

二维码链接：

新闻标题:"产业码"物格新经济助力农业现代化转型

导读:农业农村信息化建设,是利用网络和信息技术作为农业农村现代化发展和转型的重要手段,是新时代农业科技的新要求和中国创新驱动发展的新实践,对未来中国经济发展具有重要意义。"十四五"期间,我国将处在农村农业现代化建设和巩固脱贫成果的关键时期。

二维码链接:

新闻标题:码链物格新经济是 5G 通信的最好应用场景

导读:近日,华为在《创新和知识产权白皮书 2020》发布会上宣布,从 2021 年起,将向全球使用华为 5G 技术的公司收取专利费。华为在通信行业默默耕耘 20 年,将 5G 专利技术做到世界第一。这一向全球收取专利费,靠技术赚钱之举,标志着中国通信技术企业开始从供应链的下游走向上游。

二维码链接:

新闻标题：物格破解数字化货币世界难题的中国方案

导读：近日，比特币在马斯克的"加持下"突破5万美元大关之后，又突破6万美元大关，这不仅导致近期美国股市区块链概念股大涨，还使得比特币大陆矿机一机难求。挖矿成为一个半年就可回本的好生意。

二维码链接：

新闻标题：徐蔚的"物格数字地球"理念解析

导读：全球二维码扫一扫、统一发码组合专利技术发明人徐蔚，在他编著的《码链新大陆、物格新经济》一书中，对《人类简史》作者指出的："目前世界经济和社会已经进入完全混乱的阶段、在这个混乱阶段中、世界范围内实体经济正逐步被虚拟经济所颠覆和替代"评论说，"这并不仅仅是单纯的技术和商业模式的改变，在更深层面它也在摧毁长期以来人们所建立的依靠劳动和知识进行创造，改变未来的信念和途径"。

二维码链接：

新闻标题：中国首批"物格门牌"数字资产开始拍卖

导读：据码链传媒消息，全国首场"物格门牌"专场拍卖将于 7 月 28 日在成都第一江南酒店开拍。有业内人士预测，此次"物格门牌"的线下专场拍卖，或将引领 NFT 数字资产拍卖的新潮流。

二维码链接：

新闻标题：通过扫码消费授权获得数字资产通证的新时代已来

导读：3 月 3 日，主题为"共享物格经济 齐聚大同元年"的 CCNC 物格数字经济 2021 年度工作会议在成都顺利召开。会议总结了纳斯达克上市公司 CCNC（码链新大陆）在过去一年中的发展成就；分析了当前面临的形势和任务；部署了 2021 年码链数字经济体系发展的重点工作。见证了物格御空眼镜北斗 PIT 证书签约仪式与数字资产签约仪式的举行。

二维码链接：

新闻标题：物格门牌数字资产生产资料可实现全民创业就业

导读：当今世界正经历百年未有之大变局。数字经济正在成为驱动世界经济高质量发展的重要引擎，发展数字经济已经上升为全世界各个国家的战略。第十四个五年规划和 2035 年远景目标纲要用单列篇章的形式提出了"加快数字化发展、建设数字中国"的任务。中国信息通信研究院近期发布的《中国数字经济发展白皮书（2020 年）》显示，2019 年我国数字经济增加值规模已达到 35.8 万亿元，占 GDP 的比重达到 36.2%，数字经济在国民经济中的地位进一步凸显。

二维码链接：

新闻标题：物格门牌：中国首款数字经济资产面市

导读：数字经济时代，能够记录"人类，在土地上劳动，创造价值"的载体，就应该成为最基础的数字经济资产。物格门牌，就是通过把"扫一扫"专利技术与北斗底层数据打通而构建成的"数字地球"的一个个组成部分，由于其可以记录"人类数字化劳动"，因而可以成为数字经济最基础的资产。

二维码链接：

新闻标题："物格门牌"推广与"数字地球"构建的重大意义解析

导读：2019 年，湖南长沙市内不少建筑换上了崭新的门牌，在原有蓝底白字的门牌上多出了一个小小的二维码。通过手机扫码，即可接入长沙二维码标准地址服务平台，不仅可清晰地了解这个地方具体的地址信息，甚至一些古老街巷的悠久历史也"一目了然"，同时还可接入各类政务服务应用，享受办事办证便利。

二维码链接：

新闻标题：物格门牌是房地产数字化转型的起点

导读：数字经济是继农业经济、工业经济之后以信息技术为基础的全新经济社会形态。随着信息技术革命的兴起，新的数字技术、数字理念、数字观念、数字模式已全面融入了经济、政治、文化、社会、生态建设中。数字社会作为一种新的经济社会发展形态，将在新的生产要素、新的基础设施、新的经济形态等方面对人类的发展带来革命性的转变。

二维码链接：

新闻标题：物格门牌数字地产与虚拟地产的本质属性解析

导读：日前，《参考消息》刊载了一则《纽约时报》网站的报道。报道称，作为"非同质化通证"（NFT）出售的数字文件市场在今年出现了爆炸式增长，房地产、建筑物和设计品也在虚拟市场卖得十分红火。虚拟房地产市场已呈爆炸式增长。在网上可以买到埃菲尔铁塔。

二维码链接：

新闻标题："一鲸落，万物生"：码链产业基金在上海举办说明会

导读：2021 年 8 月 18 日、21 日，发码行在上海举办了两场"码链产业基金说明会"。会议邀请了有志于在未来已来的数字经济中欲大展宏图、大显身手的相关投资人、企业家及相关企业高管与会，共同分享了码链产业基金设立的宗旨、运作的模式和追求的终极目标。

二维码链接：

新闻标题：二维码：突破"专利墙"，提升话语权

导读：起于日本，兴于中国，这句话是二维码最直接的写照。我们现在每天都在使用二维码，如微信支付、支付宝支付、扫一扫加好友等，均是基于二维码。这些应用也为中国成为二维码应用大国提供了支撑。然而，与二维码应用大国的身份不匹配的是，我国长期以来在二维码领域面临核心专利受制于人、话语权较弱、安全问题突出等问题。通过自主研发，我国已经在二维码领域取得了重大突破和技术创新。其中以微信、支付宝、发码行公司、清华大学等为代表的中国企业和科研机构经过大量的研发投入，已经在提高二维码识别效率、准确率、安全性等方面取得了显著成效。那么，二维码有哪些关键技术？国内厂商如何提升话语权？国内厂商的专利布局能否比肩国外厂商？对此，本报记者采访了相关专家。

二维码链接：

新闻标题：中国扫一扫发明专利迎来全球授权机遇

导读：2020 年，人类遭遇了前所未遇的新型冠状病毒的冲击。符合人类社会终极发展的全球经济一体化格局，由中国倡导、引领全人类走向世界大同，构建人类命运共同体的伟大事业，均受到了挑战。

二维码链接：

新闻标题："扫一扫"专利发明人徐蔚十年前惊人的未来预见

导读：在对基于扫一扫专利技术架构的物联网新生态模型深入的了解和解读中，笔者读到了 10 年前（2011 年 10 月 30 日）新浪"徐蔚_扫一扫发明人的博客"发布的，题为《未来五年移动互联网的十大标志事件》的博文。笔者发现，徐蔚在这篇博文中预判的标志事件，在其预判后都已经一一出现。

二维码链接：

新闻标题：扫一扫发明的前世今生

导读：快捷方便读取信息，是数字经济时代最关键的实用技术。今天，扫二维码已成为移动支付不可或缺的实用技术，扫二维码读取各类信息被广泛应用到各行各业中，如健康状况识别，身份识别等等。只要手机搭载和预安装了大量具有"扫一扫"功能的 APP，如"微信""支付宝""携程""淘宝""美团"等软件，用户只要使用"扫一扫"功能识别二维码，就可以获取到二维码发出者后台服务器中的各种信息。

二维码链接：

新闻标题：扫一扫引领中国进入物联网时代

导读：11 月 18 日，由 WADCC（联合国全球资产数字加密委员会）主办的首届联合国全球资产数字加密高峰论坛在北京召开。WOGC（联合国可持续发展目标、治理与竞争力国际组织）秘书长郭云涛、WADCC 第一任主席萧骁、发码行有限公司董事长徐蔚参加了此次论坛，WOGC 主席 cary yan 和联合国经社理事会原副主席卡洛斯先生在联合国总部发来了视频演讲，WOGC 副主席、联合国前任契约主席科霍纳先生专门发来了贺词。

二维码链接：

新闻标题：物联网"扫一扫"正在取代互联网"点一点

导读：在扫一扫没有发明前，互联网时代的使用，只能在计算机上用鼠标点一点，在智能手机上用手指点一点，点一点打开网址，点一点打开网页，点一点打开应用，点一点打开软件，人们每天每时都在点一点。自从有了计算机和智能手机后，"点一点"已经成为人们日常生活、工作中的常规动作。

二维码链接：

新闻标题：5G 时代下"扫一扫"应用将无处不在

导读：日前，央视播报；从去年我国 5G 商用牌照正式发布到现在，5G 应用已如雨后春笋般出现在人们的生活中。远程教育、远程医疗、无人驾驶、智慧安防等场景应用得越来越频繁。5 月 27 日，承担珠峰高程测量任务的队员成功冲顶，人们通过直播镜头实时见证了这激动人心的一刻。信号的清晰度前所未有。而这些珍贵而清晰的画面，都源自高山摄影师通过 5G 手机传回的信号。

二维码链接：

新闻标题："统一发码"原创专利将领跑全球数字经济

导读：历史经验表明，每一轮技术革命与产业变革，不仅深刻改变了全球的创新版图，还会引发国际经济和政治格局的大国消长和主导权更迭。面对不断加速的数字化转型，中国若能抓住新一轮数字技术主导的产业变革机遇。

二维码链接：

新闻标题：“扫一扫”专利升级版“看一看”获国家专利授权

导读：日前，从国家知识产权局获悉，依照中华人民共和国专利法进行审查后，国家知识产权局决定授予全球二维码扫一扫发明人徐蔚发明的“一种采用条形码图像进行通信的装置”专利权，并颁发专利号为：ZL201611154233.2 的专利证书。授权公告日为：2021 年 5 月 7 日。专利权期限为 20 年。

二维码链接：

新闻标题：称扫码服务侵犯其专利，一公司状告支付宝索赔 650 万

导读：扫二维码，这个动作已经深入了我们的生活。记者获悉，近日，北京知识产权法院受理了一起“采用条形码图像进行通信的方法、装置和移动终端”（简称涉案专利）的发明专利侵权纠纷案件。原告认为，支付宝公司提供的扫码服务侵犯了其专利权，故起诉要求其停止侵权并索赔 650 万元，该案仍在审理中。

二维码链接：

新闻标题："扫一扫"发明人徐蔚的码链技术在纳斯达克上市

导读：据了解，TMSR 完成吸纳的中国"四川物格"公司后，更名为"码链新大陆 Code Chain New Continent"；物格，顾名思义就是"物联网的格子"，也就是在"扫一扫"接入物联网的世界里，每一个数字人与这个世界的每一个接触点，每一个格子相当于"物联网世界"的一个个"土地的地块"，每个地块都有"基于北斗卫星标识的数字土地证书"，这个证书是通过"御空眼镜看一看"，叠加"佩戴者数字人的 ID"而生成的全球唯一证书，就是"物格数字地产证书"

二维码链接：

新闻标题：中国原创发明"数字货币离线支付钱包"获新加坡专利授权

导读：由全球二维码扫一扫"码链专利池"（扫码链接、统一发码组合专利技术）发明人徐蔚发明，2020 年 3 月 3 日获国内专利授权的："移动终端与服务提供设备连接的系统及服务提供方法"－CN106412041B（申请号：CN201610835052.X 申请日：2016-09-20），即涵盖"数字货币离线支付钱包"，于 2021 年 6 月 7 日在新加坡获得专利授权。

二维码链接：

新闻标题：发码行"扫一扫"是推动健康码国际互认的基础

导读：新冠病毒是全人类共同的敌人：不分国界、种族、肤色、贫富、贵贱。如今，新冠疫情仍在全球蔓延，不断冲击着全球经济发展，国际间的经贸往来与合作也遭受到了空前的影响。全世界人民都在共同思考，如何应对疫情防控中暴露出的短板和不足，如何提高突发公共卫生事件应急响应速度，完善公共卫生安全治理的体系。

二维码链接：

新闻标题：发码行"物格"数字资产将进入全球交易

导读：2021年1月11日，代码为"CCNC"（码链新大陆有限公司）的纳斯达克上市公司发布公告，与成都码上拍拍卖有限公司（"MSP"），以及MSP的所有股东签订了股份购买协议（"SPA"）。MSP股东为上海马可思网络技术有限公司和成都元码链科技有限公司，均由全球二维码扫一扫专利技术发明人，发码行董事局主席，"CCNC"董事长兼总裁徐蔚控制。

二维码链接：

新闻标题：发码行荣获第十二届中国加博会双奖

导读：由商务部、国家知识产权局和广东省人民政府主办，广东省商务厅和东莞市人民政府承办。12月17—20日在广东省东莞市举办的第十二届中国加工贸易产品博览会17日开幕。开幕当天下午，大会举办了主题为"促进智能手机及移动终端产业的发展，加强产业链企业的交流与合作，提升产业科技创新能力，培育形成市场竞争新优势"的"2020世界智能移动终端产业高峰会议"。

二维码链接：

新闻标题：发码行为电商乱象把脉开方

导读：中国互联网络信息中心统计数据显示，截至2020年3月，我国网络购物用户规模已达7.10亿，手机网络购物用户规模达7.07亿，近年来随着直播行业的迅猛发展，电商直播用户规模达2.65亿，占网购用户的37.2%。商务部的监测数据显示，预计2020年，中国直播电商交易规模将达到9160亿元。电商已成为推动国民经济发展的重要引擎。

二维码链接：

新闻标题：发码行与新宁县人民政府签署"崀山脐橙产业码"

导读：日前，在湖南省新宁县崀山镇 50 万亩脐橙基地举办的"产业兴旺新宝庆，乡村振兴在邵阳"网上重大主题宣传季活动启动式和"百里脐橙连崀山网络文化节"上。湖南省委宣传部、省委网信办；邵阳市委宣传部、市委网信办、市政协、工商联；新宁县县委县府相关负责人；二维码扫一扫全球专利发明人、发码行董事局主席徐蔚博士；中国名博沙龙主席一清。

二维码链接：

新闻标题：发码行诉苹果专利侵权

导读：发码行实业（上海）有限公司诉讼苹果电子产品商贸（北京）有限公司侵害专利权纠纷一案，于 8 月 14 日在北京知识产权法院立案。

二维码链接：

新闻标题：码链成都运营中心三周年庆典召开

导读：10 月 28 日，庆祝码链成功落地运营三周年暨码链成都运营中心成立三周年活动在全国近 500 家码链数字经济商学院的支持下隆重举办。活动由成都元码链科技有限公司主办，四川物格网络游戏有限公司、成都码链文化传媒有限公司、成都码上拍拍卖有限公司联合承办。本次庆典活动展示了码链自 2008 年码链元年开启码链生态体系的运营落地建设以来的丰硕成果。

二维码链接：

新闻标题：码链高峰论坛在成都环球中心天堂洲际大饭店隆重举办

导读：10 月 28 日下午 14 时 30 分，码链高峰论坛于成都环球中心天堂洲际大饭店盛大开启，本次码链高峰论坛将以"开启码链新征程，共享数字新生态"为主题，旨在为码链数字经济生态体系搭建高端交流对话平台，深入探讨、分享发展策略，打造以码链数字经济为核心的新生态体系，助力百行千业的数字化转型升级，推动我国数字经济高质量发展。

二维码链接：

新闻标题：《码链 大变局中遇见未来》发布会暨新书签赠仪式在成都成功举办

导读：10 月 29 日，全球二维码扫一扫组合专利技术发明人编著的《码链－大变局中遇见未来》新书发布会和签赠仪式在成都成功举办。码链思想创始人、码链数字经济生态体系首席科学家、码链技术、体系架构人、苏州科技大学客座教授，《码链—大变局中遇见未来》作者徐蔚携序作者、中国名博沙龙主席、《中国梦》词作者一清先生以及中南财经政法大学教授高正章等特邀嘉宾出席了此次发布会。

二维码链接：

新闻标题：解读码链税改智慧 践行共同富裕新路径

导读：在成都举办的二维码扫一扫专利技术发明人徐蔚编著的《码链－大变局中遇见未来》新书发布会上，特邀嘉宾中南财经政法大学高正章教授，以"共同富裕中的码链税改智慧"为题，向与会者分享了他从《码链－大变局中遇见未来》的心得，并从专业的角度，解读了码链构建的物格数字税基和税收最适课税理论为"共同富裕"贡献的智慧。

二维码链接：

新闻标题：《码链 大变局中遇见未来》新闻发布会在成都举行

导读：10 月 30 日下午 15 时，由研究出版社出版的《码链—大变局中遇见未来》新书发布会在成都环球中心天堂洲际大饭店顺利举办。本书作者，码链思想创始人、二维码"扫一扫"全球专利发明人、CCNC 董事局主席、苏州科技大学客座教授徐蔚先生现场对话《中国梦》词作者一清先生，结合《码链—大变局中遇见未来》一书中的内容，从当前人类社会的商业模式、价值体系和全球秩序等几个层面展开论述，通过码链数字理论、专利技术和应用场景同与会者一道畅想了基于码链架构的全新社会模型、价值生态和商业范式。

二维码链接:

新闻标题:读懂大变局中遇见未来的码链

导读:继日前在庆祝码链成功落地运营三周年活动中,成功举办徐蔚编著新书《码链—大变局中遇见未来》内部发布会和签赠仪式后,10月30日,举办方特别邀请了人民网、光明网、中国新闻网、中国日报社、环球网、中国经济新闻网、中国发展网、四川经济日报、四川科技报、TechWeb等众多主流媒体记者举办了新书媒体发布会,向大众传递在大变局中遇见未来的码链,为建设数字中国贡献的智慧。

二维码链接:

新闻标题：码链成都运营中心三周年庆典召开

导读：10 月 28 日，庆祝码链成功落地运营三周年暨码链成都运营中心成立三周年活动在全国近 500 家码链数字经济商学院的支持下隆重举办。活动由成都元码链科技有限公司主办，四川物格网络游戏有限公司、成都码链文化传媒有限公司、成都码上拍拍卖有限公司联合承办。本次庆典活动展示了码链自 2008 年码链元年开启码链生态体系的运营落地建设以来的丰硕成果。

二维码链接：

新闻标题：码链高峰论坛在成都环球中心天堂洲际大饭店隆重举办

导读：10 月 28 日下午 14 时 30 分，码链高峰论坛于成都环球中心天堂洲际大饭店盛大开启，本次码链高峰论坛将以"开启码链新征程，共享数字新生态"为主题，旨在为码链数字经济生态体系搭建高端交流对话平台，深入探讨、分享发展策略，打造以码链数字经济为核心的新生态体系，助力百行千业的数字化转型升级，推动我国数字经济高质量发展。

二维码链接：

新闻标题：《码链：大变局中遇见未来》发布会暨新书签赠仪式在成都成功举办

导读：10月29日，全球二维码扫一扫组合专利技术发明人编著的《码链－大变局中遇见未来》新书发布会和签赠仪式在成都成功举办。码链思想创始人、码链数字经济生态体系首席科学家、码链技术、体系架构人、苏州科技大学客座教授，《码链—大变局中遇见未来》作者徐蔚携序作者、中国名博沙龙主席、《中国梦》词作者一清先生以及中南财经政法大学教授高正章等特邀嘉宾出席了此次发布会。

二维码链接：

新闻标题：解读码链税改智慧 践行共同富裕新路径

导读：在成都举办的二维码扫一扫专利技术发明人徐蔚编著的《码链－大变局中遇见未来》新书发布会上，特邀嘉宾中南财经政法大学高正章教授，以"共同富裕中的码链税改智慧"为题，向与会者分享了他从《码链－大变局中遇见未来》的心得，并从专业的角度，解读了码链构建的物格数字税基和税收最适课税理论为"共同富裕"贡献的智慧。

二维码链接：

新闻标题:《码链:大变局中遇见未来》新闻发布会在成都举行

导读:10 月 30 日下午 15 时,由研究出版社出版的《码链—大变局中遇见未来》新书发布会在成都环球中心天堂洲际大饭店顺利举办。本书作者,码链思想创始人、二维码"扫一扫"全球专利发明人、CCNC 董事局主席、苏州科技大学客座教授徐蔚先生现场对话《中国梦》词作者一清先生,结合《码链—大变局中遇见未来》一书中的内容,从当前人类社会的商业模式、价值体系和全球秩序等几个层面展开论述,通过码链数字理论、专利技术和应用场景同与会者一道畅想了基于码链架构的全新社会模型、价值生态和商业范式。

二维码链接:

新闻标题:读懂大变局中遇见未来的码链

导读:继日前在庆祝码链成功落地运营三周年活动中,成功举办徐蔚编著新书《码链—大变局中遇见未来》内部发布会和签赠仪式后,10 月 30 日,举办方特别邀请了人民网、光明网、中国新闻网、中国日报社、环球网、中国经济新闻网、中国发展网、四川经济日报、四川科技报、Tech Web 等众多主流媒体记者举办了新书媒体发布会,向大众传递在大变局中遇见未来的码链,为建设数字中国贡献的智慧。

二维码链接:

新闻标题：百悦农资金粮农业德安蛋白菌草合作项目正式签约

导读：2021 年 11 月 22 日，已经获得码链"农业物格"产业码授权的江西百悦农资供应链有限公司与中粮集团旗下江西子公司"江西金粮农业科技有限公司"在德安签署针对蛋白菌草合作开发的战略合作协议，协议由百悦农资首席执行官朱天相先生与金粮农业执行总裁文应生先生作为双方代表共同签署。

二维码链接：

新闻标题：数字时代万物皆可"码世界"

导读：近日，《人民日报》发表《万物皆可"元宇宙"？理性常在少烦忧》的评论文章，指出打着元宇宙旗号的套路与骗局已经有滋生苗头。一些知识付费项目把元宇宙包装成一夜暴富的机会，声称"未来只有元宇宙这一条路"，以贩卖焦虑的方式借机敛财。评论称，不论虚拟现实、增强现实还是混合现实，中心词都是"现实"，这也预示着离开了现实的支撑，终归是海市蜃楼无本之木。

二维码链接：

新闻标题：码链高峰论坛暨三周年庆典在成都举办

导读：2021 年 10 月 28 日，庆祝码链成功落地运营三周年暨码链成都运营中心成立三周年活动在全国近 500 家码链数字经济商学院的支持下隆重举办。活动由成都元码链科技有限公司主办，四川物格网络游戏有限公司、成都码链文化传媒有限公司、成都码上拍拍卖有限公司联合承办。本次庆典活动展示了码链自 2008 年码链元年开启码链生态体系的运营落地建设以来的丰硕成果。

二维码链接：

新闻标题：码链高峰论坛在成都环球中心天堂洲际大饭店隆重举办

导读：2021 年 10 月 28 日下午 14 时 30 分，码链高峰论坛于成都环球中心天堂洲际大饭店盛大开启，本次码链高峰论坛将以"开启码链新征程，共享数字新生态"为主题，旨在为码链数字经济生态体系搭建高端交流对话平台，深入探讨、分享发展策略，打造以码链数字经济为核心的新生态体系，助力百行千业的数字化转型升级，推动我国数字经济高质量发展。

二维码链接：

新闻标题：徐蔚著《码链—大变局中遇见未来》举办新书发布会

导读：2021年10月29日，全球二维码扫一扫组合专利技术发明人编著的《码链－大变局中遇见未来》新书发布会和签赠仪式在成都成功举办。码链思想创始人、码链数字经济生态体系首席科学家、码链技术、体系架构人、苏州科技大学客座教授，《码链—大变局中遇见未来》作者徐蔚携序作者、中国名博沙龙主席、《中国梦》词作者一清先生以及中南财经政法大学教授高正章等特邀嘉宾出席了此次发布会。

二维码链接：

新闻标题：解读码链税改智慧 践行共同富裕新路径

导读：在成都举办的二维码扫一扫专利技术发明人徐蔚编著的《码链－大变局中遇见未来》新书发布会上，特邀嘉宾中南财经政法大学高正章教授，以"共同富裕中的码链税改智慧"为题，向与会者分享了他从《码链－大变局中遇见未来》的心得，并从专业的角度，解读了码链构建的物格数字税基和税收最适课税理论为"共同富裕"贡献的智慧。

二维码链接：

新闻标题：《码链 大变局中遇见未来》新闻发布会在成都举行

导读：2021年10月30日下午15时，由研究出版社出版的《码链—大变局中遇见未来》新书发布会在成都环球中心天堂洲际大饭店顺利举办。本书作者，码链思想创始人、二维码"扫一扫"全球专利发明人、CCNC董事局主席、苏州科技大学客座教授徐蔚先生现场对话《中国梦》词作者一清先生，结合《码链—大变局中遇见未来》一书中的内容，从当前人类社会的商业模式、价值体系和全球秩序等几个层面展开论述，通过码链数字理论、专利技术和应用场景同与会者一道畅想了基于码链架构的全新社会模型、价值生态和商业范式。

二维码链接：

新闻标题：读懂大变局中遇见未来的码链

导读：继日前在庆祝码链成功落地运营三周年活动中，成功举办徐蔚编著新书《码链—大变局中遇见未来》内部发布会和签赠仪式后，10月30日，举办方特别邀请了人民网、光明网、中国新闻网、中国日报社、环球网、中国经济新闻网、中国发展网、四川经济日报、四川科技报、Tech Web等众多主流媒体记者举办了新书媒体发布会，向大众传递在大变局中遇见未来的码链，为建设数字中国贡献的智慧。

二维码链接：

新闻标题：百悦农资金粮农业德安蛋白菌草合作项目正式签约

导读：2021年11月22日，已经获得码链"农业物格"产业码授权的江西百悦农资供应链有限公司与中粮集团旗下江西子公司"江西金粮农业科技有限公司"在德安签署针对蛋白菌草合作开发的战略合作协议，协议由百悦农资首席执行官朱天相先生与金粮农业执行总裁文应生先生作为双方代表共同签署。

二维码链接：

新闻标题：数字时代万物皆可"码世界"

导读：近日，《人民日报》发表《万物皆可"元宇宙"？理性常在少烦忧》的评论文章，指出打着元宇宙旗号的套路与骗局已经有滋生苗头。一些知识付费项目把元宇宙包装成一夜暴富的机会，声称"未来只有元宇宙这一条路"，以贩卖焦虑的方式借机敛财。评论称，不论虚拟现实、增强现实还是混合现实，中心词都是"现实"，这也预示着离开了现实的支撑，终归是海市蜃楼无本之木。

二维码链接：

新闻标题：北京知识产权局立案受理"扫一扫"小程序专利侵权请求

导读：2021 年 11 月 22 日，四川物格网络游戏有限公司收到了北京知识产权局向该公司发出的，内容为：经审查，请求人（四川物格网络游戏有限公司）于 2021 年 11 月 17 日提交的侵犯专利权纠纷处理请求符合《专利行政执法办法》第十条规定的受理条件，本局予以立案的"专利侵权纠纷处理请求受理的通知书"。

二维码链接：

新闻标题：国家知识产权局颁发"统一发码"专利权通知书

导读：2021 年 11 月 25 日，国家知识产权局向"扫一扫"专利权人徐蔚又颁发了发明创造名称为："基于统一发码的信息处理网络及方法和传感接入设备"；专利号为：201510649977.0 的《授予发明专利权通知书》。

二维码链接：

新闻标题： "元码链"凌空商城签约易家中心联合打造"码世界"

导读：2021年11月11日上午，在上海东方环球企业中心的发码行总部，玛链（上海）网络技术有限公司与上海同福易家丽企业发展有限公司举办了主题为"元码链凌空商城　码世界易家中心"的授权许可签约仪式。发码行董事局主席、码链思想创始人、全球二维码扫一扫组合专利技术发明人徐蔚，代表玛链（上海）网络技术有限公司与上海同福易家丽企业发展有限公司执行董事陈俊签约；广告码负责人徐昕；元码链凌空商城"元码链数字资产"负责人张毅、东方财富网等参加了此次签约仪式。

二维码链接：

新闻标题： 徐蔚扫码支付数字货币离线钱包获美国专利授权

导读：近日，从发码行获得消息，由全球二维码扫一扫"码链专利池"（扫码链接、统一发码组合专利技术）发明人徐蔚发明的，名称为："通过移动终端和服务提供设备之间的连接建立的系统和服务提供方法"的专利申请，在美国商务部美国专利和商标局已被授权，并允许作为专利颁发。

二维码链接：

新闻标题：向资本市场出发—码链上市办在上海成功设立

导读：日前，从发码行上海总部获悉，于12月4日下午，在上海成功挂牌设立了筹备码链上市的上市办公室。通过基于"扫一扫"发明专利技术，创新建立"以人为本"的数字人物联网模型，助力数字社会发展实现共同富裕，引领全球在信息社会中实现"世界大同"的码链体系，为集合更多力量，壮大实力，加快"以人为本"的数字人物联网体系建设，在百年未遇的大变局中构建我国社会经济发展的新格局；在人类进入信息社会实现构建人类命运共同体目标的步伐。经反复酝酿，故在上海总部设立"码链上市办"。

二维码链接：

新闻标题：法国蒙彼利埃第三大学聘请徐蔚为数字化管理产业导师

导读：法国蒙彼利埃第三大学近日在该校的硕博学术开放日组织了一场专题学术演讲。扫一扫全球专利技术发明人、码链思想理论体系创建人、码链研究院院长、《码链新大陆物格新经济》《码链—大变局中遇见未来》作者徐蔚，在上海通过现场和视频的方式，应邀做了主题为元宇宙对话"码世界－数字地球"的精彩学术报告。

二维码链接：

新闻标题："元宇宙"资本扎堆爆炒地皮 "码世界"普惠大众共同富裕

导读：2021年被称为"元宇宙元年"，甚至连 Facebook 这样的公司都把名字改为"元宇宙"，加速了资本涌入元宇宙赛道的热情，对元宇宙相关概念的热捧引起市场高度关注，国内外的投资机构、互联网巨头、文艺明星、创业者纷纷涌入"元宇宙圈"，用真金白银砸在这一赛道上，刮起了一波"炒地热"。一些买家在虚拟世界中天价购入数字土地，一块虚拟土地以430万美元（约2739万人民币）的价格售出，这些购入虚拟土地的资本，将购入的虚拟土地先空置，等待元宇宙概念升温后这些"土地"升值再卖出，开辟出进入数字社会的淘金生财之路。

二维码链接：

新闻标题："码世界"数字地球对标"元宇宙"虚拟世界

导读：近段时间以来，全世界各路资本及诸多领域，在 Facebook 的引领下，群起跟风追逐"元宇宙"，引起了全社会的热议和关注。未来已来的信息社会究竟应该是怎么样一个社会？这个社会将以一种什么样的文明形态发展？人类应该以什么样的数字化模型存在？成为热议和关注的焦点。

二维码链接：

新闻标题：读懂《码链－大变局中遇见未来》用"码"赋能网络生态的数字人码链模型

导读：在 2020 年 12 月的第六届中国物联网标识行业大会上，与会者曾就如何保证产品真实，给予消费者信任，展开过用"码"赋能物联网生态的讨论。这一讨论，是在互联网虚假信息泛滥的乱象已严重破坏了网络生态的背景下展开的。

二维码链接：

新闻标题：读懂《码链－大变局中遇见未来》为网络信息安全奠定基石的统一发码组合专利

导读：当前的人类社会，已进入信息社会的物联网时代。物联网是利用互联网等通信技术，把传感器、控制器、机器、人和物等通过新的方式联在一起，形成人与人、人与物、物与物的相联，通信，进而实现信息化、远程管理控制和智能化的网络。它被称为继计算机、互联网之后世界信息产业发展的第三次浪潮。

二维码链接：

新闻标题：读懂《码链－大变局中遇见未来》码链新商业模式让传统商业重新洗牌

导读：日前，国务院印发的《"十四五"数字经济发展规划》中，做出了，要"强化反垄断和防止资本无序扩张，推动平台经济规范健康持续发展""培育转型支撑服务生态""培育推广一批数字化解决方案，带动传统产业数字化转型""鼓励发展新型研发机构、企业创新联合体等新型创新主体，打造多元化参与、网络化协同、市场化运作的创新生态体系""营造繁荣有序的产业创新生态，培育大中小企业和社会开发者开放协作的数字产业创新生态，带动创新型企业快速壮大"的规划。

二维码链接：

新闻标题：读懂《码链－大变局中遇见未来》码链重构数字经济的新生产力和生产关系

导读：数字经济时代，数据已成为人类社会的基础性生产要素，数据资源的掌控也成为国际博弈的重点。数据要素在生产过程中可以使劳动生产率提高、使用价值量增加，从而实现更多价值；也可以通过缩短生产时间和流通时间、降低生产成本和流通成本，加速再生产循环过程，从而在相同成本下创造和实现更多价值。

二维码链接：

新闻标题：发码行专利与 NPE 不搭界

导读：NPE（Non-Practicing Entity 非实施实体），是最近越来越多走入公众视野的知识产权概念。百度百科对 NPE 的诠释是，NPE 对应的中文翻译是非专利实施主体或者非实施主体，也有叫做专利经营实体、非专利运营主体。不管它具有何种称谓，其实质就是拥有专利权的主体本身并不实施专利技术，即不将技术转化为用于生产流通的产品。另一种诠释是，一般来说，NPE 们没有自己的研发力量和研发投入，用来主张权利的专利大多是从其他实体公司（Operating companies）或者独立发明人收购而来。

二维码链接：

新闻标题：码世界对标元宇宙应用场景 （上）元宇宙不能为数字社会带来发展

导读：2021 年 12 月，上海市经信委印发《上海市电子信息产业发展"十四五"规划》提出要加强元宇宙底层核心技术基础能力的前瞻研发，推进深化感知交互的新型终端研制和系统化的虚拟内容建设，探索行业应用。这是元宇宙被首次写入地方"十四五"产业规划，1 月 8 日，上海市经信委召开谋划 2022 年产业和信息化工作会议，强调布局元宇宙新赛道，开发应用场景。

二维码链接：

新闻标题：码世界对标元宇宙应用场景（中）码世界应用场景实践

导读：基于"统一扫码、统一发码"的"码世界"，让人类拥有了在数字世界中记录人类的数字化行为的集合，因此就具备了面向所有人类社会的经济活动和体系进行统一管理的能力，从而具备了克服西方经济学的经济危机、金融危机的可能。

二维码链接：

新闻标题：码世界对标元宇宙应用场景（下）码世界将带动数字社会发展

导读：扫一扫不同的物格元码，就可以接入不同的服务，而提供服务者就相当于网站的服务提供者，这样就可以建立一个全新的数字人物联网的生态体系。由于物格锁定的是"基于扫一扫与北斗卫星数据的融合产物"，具有"全球唯一性、行为可识别、场所可定位、交互可溯源"的特征，天然具备了与真实世界相关联的 NFT 数字资产属性。

二维码链接：

新闻标题：让世界了解"码链"让"码链"走向世界

导读：为弘扬全球犹太族裔及码链思想的公益精神，整合全球资源，促进全球科技、贸易、人文交流，大力推进科技创新，加快推进全球数字经济等战略性产业升级，着力打通全球生产、分配、流通、消费各个环节，逐步形成后疫情时代的全球新发展格局，双方结合各自的背景优势，日前，扫一扫全球专利技术发明人，码链创始人徐蔚，与"犹太科技创新中心"达成了系列合作共识，彼此认同并支持各方所倡导的理念和宗旨，签订了合作协议，共同携手推动全球数字经济的健康发展。

二维码链接：

新闻标题：码链为数字经济提供引领劳动力要素转型的方案

导读：发展数字经济是畅通经济循环、激活发展动能、增强经济韧性，构建新发展格局的重要支撑，是建设现代化经济体系的重要引擎。推动数字经济健康发展，是党和国家聚焦我国社会主要矛盾变化，推动实现高质量发展和建设社会主义现代化强国作出的重大战略决策。

二维码链接：

新闻标题：码链为数字经济健康发展提供的土地要素转型方案

导读：农业经济时代的关键生产要素是劳动力和土地，工业经济时代的关键生产要素是资本和技术，而数字经济时代，数据作为新型生产要素进入价值创造环节，将推动土地、资本、劳动力等传统生产要素的流动和共享，实现全新的价值创造，带来经济社会各领域全要素生产率的提升。

二维码链接：

新闻标题：码链为数字经济健康发展提供的数据管理方案

导读：数据作为数字经济时代的关键核心生产要素，建立统一的数据标准规范，构建多领域数据开发利用场景，加强对数据的安全管理，对于推动数字经济的健康发展具有重大现实意义。

二维码链接：

新闻标题：从《码链－大变局中遇见未来》读懂数字人物联网的内在逻辑

导读：逻辑思维方法是人类进入文明后经常用到的思维方式，现代科学技术无不借助它而形成发展起来。伟大的科学家钱学森曾说过：人类的发明创造发端于形象思维，而完成于逻辑思维。

二维码链接：

新闻标题：从《码链－大变局中遇见未来》读懂码链的全球视野

导读：近日，作为全球二维码扫一扫专利技术发明人、码链创始人徐蔚，代表码链体系与犹太科技创新中心签约，启动了面向全球推广码链的全面合作。为此，读《码链－大变局中遇见未来》，就一定要读懂码链的全球视野。

二维码链接：

新闻标题：从《码链－大变局中遇见未来》读懂码链的人文关怀

导读：所谓"人文关怀"，就是对人的主体地位的肯定和尊重，对人的需求，以及对人的生存状态、生活质量等的关注和重视。通俗地说就是尊重人、关心人、爱护人。人文关怀思想的产生，是和人类文明发展相同步，与人们追求社会和谐、建设美好社会相适应的。人文关怀思想是人类社会从古至今所有思想观念的大融合大提升，是在对世界观、人生观、价值观、生命观、历史观等等一切人的思想观念进行观照之下产生的新的普世价值观。

二维码链接：

新闻标题：从《码链－大变局中遇见未来》读懂码链建构"互通互联"新经济的方案

导读：日前，我国领导人在 2022 年世界经济论坛视频会议上发表了题为《坚定信心 勇毅前行 共创后疫情时代美好世界》的演讲时强调："我们要探索常态化疫情防控条件下的经济增长新动能、社会生活新模式、人员往来新路径，推进跨境贸易便利化，保障产业链供应链安全畅通，推动世界经济复苏进程走稳走实。"

二维码链接：

新闻标题：码链提供了颠覆互联网经济的数字经济新方案

导读：互联网经济是以 IP 地址为底层基础而构建，互联网技术为平台，以网络为媒介，以应用技术创新为核心，基于互联网所产生的经济活动总称。是信息网络化时代产生的一种知识经济现象。在当今发展阶段，主要包括电子商务、互联网金融（ITFIN）、即时通讯、搜索引擎和网络游戏五大类型。

二维码链接：

新闻标题：码链提供的产业链供应链数字化升级方案

导读：当前，我国正处在转变发展方式、优化经济结构、转换增长动力的攻关期，结构性、体制性、周期性问题相互交织。发展数字经济既是深化供给侧结构性改革的着力点，也是推动经济发展动力变革、效率变革、质量变革的重要途径。发展数字经济要落实到产业，如果没有产业融合，没有发挥"人"的作用，只有算力算法驱动，数字经济发展将变成"无源之水"。

二维码链接：

新闻标题：《码链－大变局中遇见未来》入选好书榜

导读：日前，旨在向大众推介具有思想深度、学术厚度、人文温度和知识密度的主流时代精品，满足人民精神文化需求，增强人民精神力量，为社会主义文化强国建设贡献力量的"中国出版集团好书榜"，公布了 2022 年第一期榜单精选的"主题出版、人文社科、文学艺术、科技经管、少儿教育"五大类共 26 种好书。

二维码链接：

新闻标题：码世界中国方案　让数字经济造福世界

导读：世界正在经历旧世界正在加速坍塌的百年未有之大变局。最近，发生了"元宇宙－NFT 资产交易平台"DMarket，冻结某国用户数字资产的事件。令人不解的是，一再标榜"去中心化的元宇宙"，在号称 WEB3.0 旗帜下，是否做到了真正的去中心化、公平正义。

二维码链接：

新闻标题：码链为数字公民提供的可信数字身份建设和认证方案

导读： 在现实世界中，人在三维世界中活动，相互遇见，产生大量的以可信的身份发生的相互作用，并通过在物理世界的土地上的各种劳动，创造人类社会的价值，从而创建人类社会的文明，构建推动人类文明不断进步的经济体。

二维码链接：

新闻标题：码链为消除数字鸿沟提供的解决方案

导读：第四次产业革命，正经历人类历史上最为深刻的从工业社会向信息社会的转型。尤其是在世界正处于百年未有的大变局之际，无论是国际格局、现代化的模式、世界生产力的布局还是人类在信息时代的信息处理所面临的问题，都在进行着深刻的改变。而数字化又是信息处理的一场革命。

二维码链接：

新闻标题：码链为数字经济贡献的以人为本基础建设

导读：生产资料是人类从事物质资料生产所必需的一切物质条件，包括土地、生产工具等。在任何社会生产中，人们总是借助于生产资料，通过自己的劳动生产出劳动产品。在生产资料中，生产工具起决定性作用，生产工具的发展水平，决定了人类征服、改造自然的广度和深度。生产资料总是存在于一定的社会经济形态，成为特定生产关系的物质承担者。在不同的社会经济形态中，由于生产资料所有制形式不同，生产资料和劳动者的结合方式不同，因而生产资料也具有不同的性质。

二维码链接：

新闻标题：码链新增知识产权　助力数字经济发展

导读：国家知识产权局商标局最近公告了根据《中华人民共和国商标法》规定，对全球二维码扫一扫专利人，码链创始人徐蔚创立的上海马可思网络技术有限公司去年向商标局申请注册的"慧"图形商标，公告了按国际分类的8类商标：第9类－科学仪器、第35类－广告销售、第36类－金融物管、第38类－通讯服务、第39类－运输贮藏、第41类－教育娱乐、第42类－网站服务、第43类－餐饮住宿等8类图形商标核准注册，商标专用权限自2022年1月28日至2032年1月27日。

二维码链接：

新闻标题：码链为释放数据要素潜力提供的建模方案

导读：数据是信息化时代最具特征的生产要素，也是国家基础性战略资源。完善数字经济治理，释放数据要素潜力，更好赋能经济发展、丰富人民生活，写入了 2022 年两会的政府工作报告。我国是数据大国，如何释放数据潜力是推动数字经济发展的重中之重。

释放数据要素潜力需要成熟的技术。同样，也需要成熟的模式。

二维码链接：

新闻标题：码链交易商开拓出全民参与数字经济的就业新路

导读：中国是拥有世界第一人口量的人口大国。随着进入人工智能社会、数字经济的快速发展，对劳动力的需求却在不断下降，从而导致供求现状长期不可改变。随着信息时代的到来，以数字技术驱动的数字经济的发展和日趋成熟，对人力资源、劳动技能的要求不断提高，就出现了供给和需求的差距，也出现了一部分劳动力闲置的问题，这一部分劳动力的闲置会给中国经济的发展带来严重的阻碍，不仅不能创造应有的价值，还会占取相应资源。

二维码链接：

新闻标题：码链为中小企业数字化转型建构的模型解读

　　导读：产业数字化是推动进入数字时代经济高质量发展的新引擎，各级政府和传统产业将成为数字化的主角。数字科技企业要积极为传统产业转型数字化赋能，用数字技术帮助他们优化业务流程、改造商业模式、升级产业结构。同时，还要统筹发展与安全，为产业数字化筑牢数字安全屏障。这是2022年全国两会上很多人大代表和政协委员通过提案热议的话题。

二维码链接：

新闻标题：读懂《码链－大变局中遇见未来》码链颠覆传统溯源的创新

　　导读：伴随着网络经济的发展，商品仿冒、知识产权盗版等造假行为产生的负面影响也日益突出。对企业利益、经济环境、公共健康等都造成了不同程度的损害。甚至还衍生出了有组织的刑事犯罪等问题。有形商品的安全，关系到经济建设和社会稳定，其中食品安全更是关系到每个人的健康。

二维码链接：

新闻标题：读懂《码链－大变局中遇见未来》码链捍卫自主知识产权的决心和意义

导读：当今世界百年未有之大变局正加速演进，人类为战胜已经历时三年的新冠疫情、僵持的俄乌冲突，都凸显了以关键技术为核心的知识产权全球竞争新格局、新态势、新焦点逐渐形成。一方面，以知识产权创新为核心要素的全球经济、贸易、科技和卫生竞争日趋激烈化，以知识产权为诱因和平衡工具的贸易摩擦难解难分。另一方面，知识产权国际保护和知识产权全球治理面临着新一轮调整。

二维码链接：

新闻标题：读懂《码链－大变局中遇见未来》作者对重构新世界的研判和码链的实施路径

导读：清华大学国家金融研究院院长、国际货币基金组织（IMF）前副总裁朱民 3 月 18 日，在以"2022：全球经济复苏分化"为主题的《财经智库》全球经济信心指数发布会上指出：2022 年之后的世界经济金融将走向"滞胀"（经济停滞、通货膨胀），全球经济或进入高通胀、高利率、高债务、低增长新格局。我国要做好政策准备，特别需要通过改革建立灵活的市场应对机制。

二维码链接：

新闻标题：读懂《码链－大变局中遇见未来》码链一体四商利益共同体的革新意义

导读：在徐蔚编著的《码链－大变局中遇见未来》一书的第五章中，作者就发展数字经济该建立怎样的生产关系，从全社会总供需动态平衡的理论与实践研究角度，做了深刻的剖析和阐述，并给出了在数字经济中建立新的生产关系的路径、方法和模型。

二维码链接：

新闻标题：推动数字经济健康发展的码链数字经济模型

导读：近日，《人民日报》刊登的北京大学教授、新结构经济学研究院院长林毅夫署名文章《推动数字经济健康发展》指出："数字经济是中国经济在第四次工业革命中实现换道超车的宝贵机遇，对实现高质量发展和中华民族伟大复兴具有非常重要的战略意义。""加快产业数字化转型，可帮助我国数字经济的 GDP 占比赶超世界先进水平，以制造业为内核的实体经济也会实现提质增效发展。"

二维码链接：

新闻标题：码链为建设统一大市场提供的供给侧结构性改革方案

导读：加快建设全国统一大市场，以统一大市场构建新格局、推动中国市场由大到强转变，成为当前深化改革的重头戏。在这场改革中，坚持以供给侧结构性改革为主线。

我国正处在转变发展方式、优化经济结构、转换增长动力的攻关期，结构性、体制性、周期性问题相互交织。发展数字经济既是深化供给侧结构性改革的着力点，也是推动经济发展动力变革、效率变革、质量变革的重要途径。

二维码链接：

新闻标题：码链提升数字管理能力的模型和范式解读

导读：日前，《光明日报》发表了《提升数字管理能力、推动数字经济健康有序发展》的署名文章。文章从我国数字管理高质量发展面临的挑战，就"数字经济健康有序发展迫切需要强化基于高水平数字管理能力的数字产业创新生态体系的构建""迫切需要强化基于高水平数字管理能力的应用情景创新""迫切需要提升基于高水平数字管理能力的数据安全治理水平"等方面，阐述了"数字经济的健康有序发展，离不开高质量数字管理的强大支撑"。

二维码链接：

新闻标题： 从"扫一扫"专利看知识产权法院跨区域管辖的势在必行

导读：知识产权保护工作关系国家治理体系和治理能力现代化，关系高质量发展，关系人民生活幸福，关系国家对外开放大局，关系国家安全。新近发布的关于加快建设全国统一大市场的意见（以下简称《意见》），把"完善统一的产权保护制度"确定为"强化市场基础制度规则统一"的首要任务。并提出了要"完善知识产权法院跨区域管辖制度"的重要举措。

二维码链接：

新闻标题： 促进商品和要素畅通流动的码链范式

导读：在向信息社会和数字社会的转型过程中，旧的商品和要素流通模式，已导致循环不畅、收入差距扩大、贫富分化严重、经济复苏乏力、结构改革艰难等诸多问题。2020年爆发的新冠疫情，让全球遭遇到一场史无前例的经济滞涨危机。面对危机，我国选择了大力推进科技创新及其他各方面创新，加快推进数字经济，着力打通生产、分配、流通、消费各个环节，逐步形成以国内大循环为主体、国内国际双循环相互促进的新发展格局，培育新形势下我国参与国际合作和竞争新优势的战略决策。

二维码链接：

新闻标题：解读码链打通市场堵塞通道的技术和数字化模型

导读：当前，数字技术已广泛渗入到人民群众生产、生活领域，公共治理领域，推动了数字经济的蓬勃发展。国家已把发展数字经济提到了极为重要的战略高度。2022 年 1 月发布的《"十四五"数字经济发展规划的通知》提出，到 2025 年，数字经济要迈向全面扩展期。

二维码链接：

新闻标题：码链为增强对全球企业、资源吸引力的设计

导读："保持和增强对全球企业、资源的强大吸引力"这一目标的提出，是我国面对当前外部环境正发生深刻复杂变化，世界经济持续低迷、全球市场萎缩、保护主义上升的背景下，为从被动参与国际经济大循环转向主动推动国内国际双循环，加快形成以国内大循环为主体、国内国际双循环相互促进的新发展格局，在一个更加不稳定不确定的世界中谋求我国发展的大战略。

二维码链接：

新闻标题：码链"产业码"落地三周年会议成功召开

导读：2022 年 4 月 26 日—27 日，由码链数字经济商学院组织的"码链数字经济商学院暨安码通（产业码授权）成立三周年线上会议召开，本次会议旨在总结近年来各地分院及各业务板块工作进展情况，并对下阶段分院工作提出具体要求。

二维码链接：

新闻标题：读懂《码链－大变局中遇见未来》码链的数字化治理架构

导读：未来已来的数字社会，是数字化、网络化、智能化深度融合的社会。感知、融合、共享、协同、智能是数字社会的基本属性。数字社会的内容涉及到诸多领域。数字化、网络化、智能化将渗透到人们日常生活的各个领域。除社会治理外，更重要的是基于经济的数字化治理。

二维码链接：

新闻标题：读懂《码链－大变局中遇见未来》码链数字人物联网为什么必将取代互联网

导读：物联网是利用网络等通信技术把传感器、控制器、机器、人员和物等通过新的方式联在一起，形成人与物、物与物、人与人相联，实现信息化、远程管理控制和智能化的网络。其原理是在计算机网络基础上，利用 RFID（射频识别技术，俗称电子标签）、无线数据通信等技术构建的一个覆盖世界上万事万物的物联网络（"Internet of Things"）。在这个网络中，无需人的干预，物品能够彼此"交流"。

二维码链接：

新闻标题：读懂《码链－大变局中遇见未来》码链一体四商模型的理论和实践逻辑

导读：在百年未有之大变局中，受中国出口导向政策的影响，欧美一些发达国家因底层产业功能和利益相关者的利益受损，产生了抵制全球化，尤其是抵制中国对其他国家出口的浪潮。在逆全球化的大背景下，中国必须从利用西方市场转向利用国内市场，构建新的经济发展格局。

二维码链接：

新闻标题：读懂《码链－大变局中遇见未来》码链物格协同构建实体经济流量总线的创新

　　导读：随着互联网出现，曾出现过一种技术为王的趋势，谁的技术更强大，谁就能服务人群，服务市场，谁就能在市场博弈中占据优势。纵观整个互联网发展的历史，都是一些拥有顶尖技术的操盘者，在整个互联网市场中呼风唤雨。技术为王后，随着互联网的发展走向末期，互联网又进入了一个流量为王的时代。

二维码链接：

附件三

....

专利登记

 国 家 知 识 产 权 局

	发文日:
	2021 年 10 月 11 日

‖‖‖‖‖‖‖‖‖‖‖‖‖‖‖‖ ‖‖‖‖‖‖‖‖‖‖‖‖‖‖‖‖

申请号或专利号: 201210113851.8   发文序号: 2021093001729610

案件编号:　4W111224

发明创造名称:　采用条形码图像进行通信的方法、装置和移动终端

专利权人:　发码行实业（上海）有限公司

无效宣告请求人:　苹果电子产品商贸（北京）有限公司

无 效 宣 告 请 求 审 查 决 定 书

（第 52133 号）

　　根据专利法第 46 条第 1 款的规定，国家知识产权局对无效宣告请求人就上述专利权所提出的无效宣告请求进行了审查，现决定如下：

☐ 宣告专利权全部无效。

☐ 宣告专利权部分无效。

☒ 维持专利权有效。

　　根据专利法第 46 条第 2 款的规定，对本决定不服的，可以在收到本通知之日起 3 个月内向北京知识产权法院起诉，对方当事人作为第三人参加诉讼。

　　　　附：决定正文　 37 　页(正文自第 2 页起算)。

　　　　合议组组长：高雪　主审员：吕四化　参审员：柴瑾

专利局复审和无效审理部

201019　　　纸件申请，回函请寄：100088 北京市海淀区蓟门桥西土城路 6 号　国家知识产权局专利局复审和无效审理部收
2019.4　　　电子申请，应当通过电子专利申请系统以电子文件形式提交相关文件。除另有规定外，以纸件等其他形式提交的文件视为未提交。

403

国 家 知 识 产 权 局

发文日：

2021 年 10 月 11 日

申请号或专利号：**201210113851.8**　　　　　发文序号：**2021093001729370**

案件编号：　4W110910

发明创造名称：　采用条形码图像进行通信的方法、装置和移动终端

专利权人：　发码行实业（上海）有限公司

无效宣告请求人：　上海荣泰健康科技股份有限公司

无 效 宣 告 请 求 审 查 决 定 书

（第 52072 号）

根据专利法第 46 条第 1 款的规定，国家知识产权局对无效宣告请求人就上述专利权所提出的无效宣告请求进行了审查，现决定如下：

☐ 宣告专利权全部无效。

☐ 宣告专利权部分无效。

☒ 维持专利权有效。

根据专利法第 46 条第 2 款的规定，对本决定不服的，可以在收到本通知之日起 3 个月内向北京知识产权法院起诉，对方当事人作为第三人参加诉讼。

附：决定正文 _23_ 页(正文自第 2 页起算)。

合议组组长：高雪　主审员：吕四化　参审员：柴瑾

专利局复审和无效审理部

201019　　　纸件申请，回函请寄：100088 北京市海淀区蓟门桥西土城路 6 号　国家知识产权局专利局复审和无效审理部收
2019.4　　　电子申请，应当通过电子专利申请系统以电子文件形式提交相关文件。除另有规定外，以纸件等其他形式提交的文件视为未提交。

国 家 知 识 产 权 局

发文日：

2021 年 10 月 11 日

申请号或专利号：**201210113851.8**　　　　发文序号：**2021093001729460**

案件编号：　4W110962

发明创造名称：　采用条形码图像进行通信的方法、装置和移动终端

专利权人：　发码行实业（上海）有限公司

无效宣告请求人：　支付宝（中国）网络技术有限公司

无 效 宣 告 请 求 审 查 决 定 书

（第 52132 号）

根据专利法第 46 条第 1 款的规定，国家知识产权局对无效宣告请求人就上述专利权所提出的无效宣告请求进行了审查，现决定如下：

☐宣告专利权全部无效。

☐宣告专利权部分无效。

☒维持专利权有效。

根据专利法第 46 条第 2 款的规定，对本决定不服的，可以在收到本通知之日起 3 个月内向北京知识产权法院起诉，对方当事人作为第三人参加诉讼。

　　附：决定正文　27　页(正文自第 2 页起算)。

　　合议组组长：高雪　主审员：吕四化　参审员：柴瑾

专利局复审和无效审理部

201019　　　　纸件申请，回函请寄：100088 北京市海淀区蓟门桥西土城路 6 号　国家知识产权局专利局复审和无效审理部收
2019.4　　　　电子申请，应当通过电子专利申请系统以电子文件形式提交相关文件。除另有规定外，以纸件等其他形式提交的文件视为未提交。

405

国家知识产权局

200120

上海市浦东新区浦东大道 555 号 704 室 上海倍好专利代理事务所（普通合伙）

周乃鑫（021-68750788）

发文日：

2021 年 10 月 08 日

申请号或专利号：201611154972.1 　　　　　发文序号：2021092800134030

申请人或专利权人： 玛链（上海）网络技术有限公司

发明创造名称： 一种基于条形码图像的通信装置及通信方法

办 理 登 记 手 续 通 知 书

根据专利法实施细则第 54 条及国家知识产权局第 272 号公告的规定，申请人应当于 <u>2021 年 12 月 23 日</u> 之前缴纳以下费用：

第 9 年度年费	2000.0 元	无费减 （减缴标记）
专利证书印花税	5.0 元	
共计	2005.0 元	

附已缴费用情况： 年费 0.0 元，专利证书印花税 0.0 元。

申请人按期缴纳上述费用的，国家知识产权局将在专利登记簿上登记专利权的授予，颁发专利证书，并予以公告。专利权自公告之日起生效。

申请人期满未缴纳或者未缴足上述费用的，视为放弃取得专利权的权利。

提示：

专利费用可以通过网上缴费系统在线缴纳，也可通过银行、邮局汇款或直接向代办处或国家知识产权局专利局面交。

网上缴费网址为 http://eponline.cnipa.gov.cn，缴费人可按照相关要求登录网上缴费系统缴纳相关费用。

银行、邮局汇款及面交缴费的，缴费人可按属地就近的原则选择国家知识产权局专利局各代办处进行缴纳。代办处及国家知识产权局专利局地址信息，银行、邮局账户以及联系电话等信息可进入国家知识产权局官方网站进行查看。

汇款时应当准确写明申请号、费用名称及分项金额，也可通过专利缴费信息网上补充及管理系统（http://fee.cnipa.gov.cn）进行缴费信息的补充，不符合上述规定的视为未办理缴费手续。了解更多详细信息及要求，请进入 https://www.cnipa.gov.cn 查询。

缴费人可通过电子票据交付服务系统 http://pjonline.cnipa.gov.cn 及支付宝、微信的电子票夹小程序查询、下载相应电子票据。

按照财税[2019]13 号及京财税[2019]196 号通知，增值税小规模纳税人减半按 2.5 元缴纳印花税。

审 查 员：自动审查 　　　　　　审查部门：专利局初审及流程管理部

联系电话：010-62084704

200602　　　纸件申请，回函请寄：100088 北京市海淀区蓟门桥西土城路 6 号　国家知识产权局专利局受理处收
2021.6　　　电子申请，应当通过电子专利申请系统以电子文件形式提交相关文件。除另有规定外，以纸件等其他形式提交的文件视为未提交。

国家知识产权局

200120

上海市浦东新区浦东大道 555 号 704 室 上海信好专利代理事务所（普通合伙）

周乃鑫 (021-68750788)

发文日：

2021 年 10 月 08 日

中请号或专利号：201611154972.1   发文序号：2021092301229360

申请人或专利权人： 玛链（上海）网络技术有限公司

发明创造名称： 一种基于条形码图像的通信装置及通信方法

授 予 发 明 专 利 权 通 知 书

1. 根据专利法第 39 条及实施细则第 54 条的规定，上述发明专利申请经实质审查，没有发现驳回理由，现作出授予专利权的通知。

   申请人收到本通知书后，还应当依照办理登记手续通知书的内容办理登记手续。

   申请人按期办理登记手续后，国家知识产权局将作出授予专利权的决定，颁发发明专利证书，并予以登记和公告。

   期满未办理登记手续的，视为放弃取得专利权的权利。

   法律、行政法规规定相应技术的实施应当办理批准、登记等手续的，应依照其规定办理。

2. 授予专利权的上述发明专利申请是以下列申请文件为基础的：

   ☐原始申请文件。☐分案申请递交日提交的文件。☒下列申请文件：

   分案申请递交口提交的说明书摘要、摘要附图；

   2021 年 9 月 8 日提交的说明书第 1-213 段、说明书附图 1-20；

   2021 年 9 月 15 日提交的权利要求第 1-25 项。

3. 授予专利权的上述发明专利申请的名称：

   ☒未变更。

   ☐由__变更为上述名称。

4. ☐申请人于_____年_____月_____日提交专利号为_____的"放弃专利权声明"，经审查：

   ☐进入放弃专利权的程序。

   ☐未进入放弃专利权的程序。理由是：申请人声明放弃的专利与本发明专利申请不属于相同的发明创造。

5. ☐审查员依职权对申请文件修改如下：

注：在本通知书发出后收到的申请人主动修改的申请文件，不予考虑。

审查员：孟维志   审查部门：专利审查协作北京中心通信发明
                                              审查部

联系电话：010-53961614

210413   纸件申请，同函请寄：100088 北京市海淀区蓟门桥西土城路 6 号   国家知识产权局专利局受理处收
2020.3   电子申请，应当通过电子专利申请系统以电子文件形式提交相关文件。除另有规定外，以纸件等其他形式提交的文件视为未提交。

国 家 知 识 产 权 局

NATIONAL INTELLECTUAL PROPERTY ADMINISTRATION,PRC

专利登记簿副本

专利号:ZL201210113851.8   证书号:1769290

I 著录项目

发 明 名 称: 采用条形码图像进行通信的方法、装置和移动终端
申　请　日: 2012年04月17日
公　开　日: 2012年10月03日
授　权　日: 2015年08月26日
主 分 类 号: H04W 4/12(2009.01)
发　明　人: 徐蔚

专利权人:发码行实业(上海)有限公司
专利权人地址:上海市虹口区柳营路125号5楼501室-8D153
专利权人邮政编码:200083
国籍或注册的国家或地区:中国

II法律状态
专利权有效

III 其他登记事项

专利权授予
授权公告日:2015年08月26日

专利权的质押
专利权质押

第1页　共6页

国家知识产权局

NATIONAL INTELLECTUAL PROPERTY ADMINISTRATION,PRC

专利登记簿副本

专利号:ZL201120114682.0　　　　　　　　证书号:2033685

I 著录项目

实用新型名称:　一种通过嵌入感动芯引擎的移动终端实现即时交易
　　　　　　　　的信息处理系统

申　　请　　日: 2011年04月18日

授　　权　　日: 2011年12月14日

主　分　类　号: G06Q 30/00(2006.01)

发　　明　　人: 徐蔚

专利权人:发码行实业(上海)有限公司

专利权人地址:上海市虹口区柳营路125号5楼501室-8D153

专利权人邮政编码:200083

国籍或注册的国家或地区:中国

II法律状态

专利权有效

III 其他登记事项

专利权授予

授权公告日:2011年12月14日

专利权的保全

专利权保全

第1页　共6页

РОССИЙСКАЯ ФЕДЕРАЦИЯ

ПАТЕНТ

НА ИЗОБРЕТЕНИЕ

№ 2691055

СПОСОБ, УСТРОЙСТВО И НОСИМАЯ ЧАСТЬ, ОСНАЩЕННАЯ КОНТРОЛЬНЫМ ПРОЦЕССОРОМ ЯДРА СИСТЕМЫ, ИСПОЛЬЗУЮЩИМ ИЗОБРАЖЕНИЯ ШТРИХ-КОДА ДЛЯ ОСУЩЕСТВЛЕНИЯ ОБМЕНА ИНФОРМАЦИЕЙ

Патентообладатель: *СЮЙ Вэй (CN)*

Автор: *СЮЙ Вэй (CN)*

Заявка № 2015155037
Приоритет изобретения **08 июля 2013 г.**
Дата государственной регистрации в
Государственном реестре изобретений
Российской Федерации **07 июня 2019 г.**
Срок действия исключительного права
на изобретение истекает **03 июля 2034 г.**

*Руководитель Федеральной службы
по интеллектуальной собственности*

Г.П. Ивлиев

410

Форма № 01 ИЗ-2014

ФЕДЕРАЛЬНАЯ СЛУЖБА ПО ИНТЕЛЛЕКТУАЛЬНОЙ СОБСТВЕННОСТИ
(РОСПАТЕНТ)

Бережковская наб., 30, корп. 1, Москва, Г-59, ГСП-3, 125993.   Телефон (8-499) 240- 60- 15. Факс (8-495) 531- 63- 18

На № И0617 от 09.04.2021

Наш № 2019103525/28(006461)

При переписке просим ссылаться на номер заявки

Исходящая корреспонденция от
01.06.2021

ООО "Патентно-правовая фирма "ЮС"
пр-кт Мира, 6
Москва
129090

Р Е Ш Е Н И Е
о выдаче патента на изобретение

(21) Заявка № 2019103525/28(006461)   (22) Дата подачи заявки 03.07.2014

В результате экспертизы заявки на изобретение по существу установлено, что заявленная группа изобретений

относится к объектам патентных прав, соответствует условиям патентоспособности, сущность заявленного изобретения (изобретений) в документах заявки раскрыта с полнотой, достаточной для осуществления изобретения (изобретений)*, в связи с чем принято решение о выдаче патента на изобретение.

Заключение по результатам экспертизы прилагается.

Приложение: на 6 л. в 1 экз.

Начальник Управления
организации
предоставления
государственных услуг

| Документ подписан электронной подписью |
| Сведения о сертификате ЭП |
| Сертификат |
| 024B597C0071ACE48242DDD2C8EF47F77C |
| Владелец Травников |
| Дмитрий Владимирович |
| Срок действия   с 12.11.2020 по 15.10.2035 |

Д. В. Травников

Проверка достаточности раскрытия сущности заявленного изобретения проводится по заявкам на изобретения, поданным после 01.10.2014.

411

РОССИЙСКАЯ ФЕДЕРАЦИЯ

ПАТЕНТ

НА ИЗОБРЕТЕНИЕ

№ 2742995

СПОСОБ, УСТРОЙСТВО И НОСИМАЯ ЧАСТЬ, ОСНАЩЕННАЯ КОНТРОЛЬНЫМ ПРОЦЕССОРОМ ЯДРА СИСТЕМЫ, ИСПОЛЬЗУЮЩИМ ИЗОБРАЖЕНИЯ ШТРИХКОДА ДЛЯ ОСУЩЕСТВЛЕНИЯ ОБМЕНА ИНФОРМАЦИЕЙ

Патентообладатель: *СЮЙ, Вэй (CN)*

Автор: *СЮЙ, Вэй (CN)*

Заявка № **2019103328**
Приоритеты изобретения **см. на обороте**
Дата государственной регистрации в
Государственном реестре изобретений
Российской Федерации **12 февраля 2021 г.**
Срок действия исключительного права
на изобретение истекает **03 июля 2034 г.**

*Руководитель Федеральной службы
по интеллектуальной собственности*

Г.П. Ивлиев

413

РОССИЙСКАЯ ФЕДЕРАЦИЯ

ПАТЕНТ

НА ИЗОБРЕТЕНИЕ

№ 2742996

СПОСОБ, УСТРОЙСТВО И НОСИМАЯ ЧАСТЬ, ОСНАЩЕННАЯ С КОНТРОЛЬНЫМ ПРОЦЕССОРОМ ЯДРА СИСТЕМЫ, ИСПОЛЬЗУЮЩИМ ИЗОБРАЖЕНИЯ ШТРИХКОДА ДЛЯ ОСУЩЕСТВЛЕНИЯ ОБМЕНА ИНФОРМАЦИЕЙ

Патентообладатель: *СЮЙ Вэй (CN)*

Автор: *СЮЙ Вэй (CN)*

Заявка № **2019103539**
Приоритеты изобретения **см. на обороте**
Дата государственной регистрации в
Государственном реестре изобретений
Российской Федерации **12 февраля 2021 г.**
Срок действия исключительного права
на изобретение истекает **03 июля 2034 г.**

Руководитель Федеральной службы
по интеллектуальной собственности

Г.П. Ивлиев

Форма № 01 ИЗ-2014

ФЕДЕРАЛЬНАЯ СЛУЖБА ПО ИНТЕЛЛЕКТУАЛЬНОЙ СОБСТВЕННОСТИ
(РОСПАТЕНТ)

Бережковская наб., 30, корп. 1, Москва, Г-59, ГСП-3, 125993.   Телефон (8-499) 240- 60- 15. Факс (8-495) 531- 63- 18

На № И0461 от 30.05.2018

Наш № 2015155037/08(084888)

*При переписке просим ссылаться на номер заявки и
сообщить дату получения настоящей корреспонденции*
от 25.06.2018

> ППФ "ЮС", Ловцову С.В.
> пр-кт Мира, 6
> Москва
> 129090

РЕШЕНИЕ
о выдаче патента на изобретение

(21) Заявка № 2015155037/08(084888)   (22) Дата подачи заявки 03.07.2014

В результате экспертизы заявки на изобретение по существу установлено, что заявленная группа изобретений

относится к объектам патентных прав, соответствует условиям патентоспособности, сущность заявленного изобретения (изобретений) в документах заявки раскрыта с полнотой, достаточной для осуществления изобретения (изобретений)*, в связи с чем принято решение о выдаче патента на изобретение.

Заключение по результатам экспертизы прилагается.

Приложение: на 8   л. в 1 экз.

Заместитель начальника
управления организации
предоставления
государственных услуг -
начальник отдела
патентного права

> Документ подписан электронной подписью
> Сведения о сертификате ЭП
> Сертификат
> 04DC104EE49490E580E711C8D9B2D8F8DC
> Владелец Галковская
> Виктория Геннадьевна
> Срок действия с 01.12.2017 по 01.12.2018

В.Г. Галковская

*Проверка достаточности раскрытия сущности заявленного изобретения проводится по заявкам на
изобретения, поданным после 01.10.2014.*

특허증
CERTIFICATE OF PATENT

특 허 Patent Number	제 10-2115104 호
출원번호 Application Number	제 10-2018-7012401 호
출원일 Filing Date	2018년 04월 30일
등록일 Registration Date	2020년 05월 19일

발명의 명칭 Title of the Invention

통합 코드 발급에 기초한 정보 처리 네트워크 시스템, 그 방법 및 센싱 액세스 장치

특허권자 Patentee

쑤, 웨이
중국 200040 상하이 징안 디스트릭트, 퉁 렌 로드 258, 골드 싯 지우안 플라자 10층, 쑤 웨이 디

발명자 Inventor

쑤, 웨이
중국 200040 상하이 징안 디스트릭트, 퉁 렌 로드 258, 골드 싯 지우안 플라자 10층, 쑤 웨이 디

위의 발명은 「특허법」에 따라 특허등록원부에 등록되었음을 증명합니다.

This is to certify that, in accordance with the Patent Act, a patent for the invention
has been registered at the Korean Intellectual Property Office.

2020년 05월 19일

 QR코드로 현재기준
등록사항을 확인하세요

특허청
Korean Intellectual
Property Office

특허청장
COMMISSIONER,
KOREAN INTELLECTUAL PROPERTY OFFICE

REPUBLIC OF SOUTH AFRICA   REPUBLIEK VAN SUID AFRIKA

PATENTS ACT, 1978

CERTIFICATE

In accordance with section 44 (1) of the Patents Act, No. 57 of 1978, it is hereby certified that:

XU, WEI

Has been granted a patent in respect of an invention described and claimed in complete

specification deposited at the Patent Office under the number

2015/08938

A copy of the complete specification is annexed, together with the relevant Form P2.

In testimony thereof, the seal of the Patent Office has been affixed at Pretoria with effect

from the   25th day of **January 2017**

....
Registrar of Patents

PDKI

| Paten ⌄ | P00201803349 | 🔍 |

‹ Kembali ke pencarian

No. Paten	Tgl. Pemberian
IDP000077119	2021-05-31

JARINGAN PEMPROSESAN INFORMASI BERDASARKAN PADA PENYAMPAIAN KODE SERAGAM, METODE UNTUKNYA, DAN PERANTI AKSES PENGINDERAAN.

Status

(PA) Pembuatan Sertifikat

Abstract

Invensi sekarang ini berhubungan dengan suatu jaringan pemprosesan informasi berdasarkan pada penyampaian kode seragam, suatu metode untuknya, dan suatu peranti akses penginderaan, dimana pelepas mengirimkan suatu kode permintaan pemberian yang berhubungan ke suatu administrator inti, sedemikian sehingga administrator inti atau agensi pemberian kode yang diotorisasi oleh administrator inti menumbuhkan suatu media pengkodean; dengan cara ini, ketika suatu pihak pengakses mengidentifikasi media pengkodean dengan suatu peranti akses penginderaan yang disertakan, ini dapat memperoleh informasi yang cocok dengan media pengkodean teridentifikasi dan selanjutnya memperoleh informasi sebagai berikut yang disediakan oleh pelepas, yang meliputi: informasi yang akan dilepaskan oleh pelepas, keadaan atribut dari pelepas, keadaan atribut dari suatu pihak interaksi yang digabungkan dengan pelepas, dan informasi yang diperoleh dari mengidentifikasi media pengkodean lain dengan peranti akses penginderaan yang disertakan pada pelepas. Invensi sekarang ini memungkinkan akses berdasarkan pada daerah-motif spesifik melalui berbagai jenis dari cara akses penginderaan sehingga akan secara akurat menjejak masing-masing nodal dalam proses penyebaran informasi dan merealisasikan penghitungan nilai berdasarkan sirkulasi dan tunai.

Detail

NOMOR PENGUMUMAN
2019/07971

TANGGAL PENGUMUMAN
2019-11-15

NOMOR PERMOHONAN
P00201803349

TANGGAL PENERIMAAN
2018-05-08

TANGGAL DIMULAI PELINDUNGAN
2018-05-08

TANGGAL BERAKHIR PELINDUNGAN
2038-05-08

JUMLAH KLAIM
-

NAMA PEMERIKSA

REPUBLIC OF SINGAPORE
THE PATENT ACT (CHAPTER 221)
CERTIFICATE ISSUED UNDER SECTION 35

I HEREBY CERTIFY that under the provisions of the Patent Act, a patent has been granted in respect of an invention having the following particulars:

TITLE	:	METHOD, DEVICE AND WEARABLE PART EMBEDDED WITH SENSE CORE ENGINE UTILIZING BARCODE IMAGES FOR IMPLEMENTING COMMUNICATION
APPLICATION NUMBER/ PATENT NUMBER	:	11201510153S
DATE OF FILING	:	3 JULY 2014
PRIORITY DATA	:	8 JULY 2013 - PATENT APPLICATION NO. 201310284352.X (CHINA)
NAME OF INVENTOR(S)	:	XU, WEI
NAME(S) AND ADDRESS(ES) OF PROPRIETOR(S) OF PATENT	:	XU, WEI D, 10F JIUAN PLAZA, 258 TONG REN ROAD, JING'AN DISTRICT SHANGHAI 200040 PEOPLE'S REPUBLIC OF CHINA
DATE OF GRANT	:	30 April 2018

DATED THIS 30th DAY OF APRIL 2018

Daren Tang Heng Shim
Registrar of Patents
Singapore

IPOS
INTELLECTUAL PROPERTY
OFFICE OF SINGAPORE

Examination Report

Application No.
11201902484W

Application filing date	(Earliest) Priority Date	Examiner's Reference Number
06/11/2017	20/09/2016	IPOS/CCJ

1. This Examination Report is issued under Section 29(4) of the *Patents Act* with effect from 14/02/2014.

2. This report contains indications relating to the following items:

I	☒	Basis of the report
II	☒	Priority
III	☐	Non-establishment of report with regard to novelty, inventive step and industrial applicability
IV	☐	Unity of invention
V	☒	Reasoned statement with regard to novelty, inventive step or industrial applicability; citations and explanations supporting such statement
VI	☐	Defects in the form or contents of the application
VII	☐	Clarity, Clear and Complete Disclosure, and Support
VIII	☐	Double patenting

3. The search report used was issued by the China National Intellectual Property Administration.

4. This report does not contain any unresolved objection.

Intellectual Property Office of Singapore 1 Paya Lebar Link #11-03 PLQ 1, Paya Lebar Quarter Singapore 408533 E-mail address: operations@iposinternational.com	Date of Examination Report: 07/06/2021 **Authorized Officer** Cai Chengjie (Dr)

整理番号：　　　　　発送番号：189481　発送日：令和 3年 5月17日　　　　　1

<h1 style="text-align:center">特許査定</h1>

特許出願の番号　　　　特願２０１８－５３７７００
起案日　　　　　　　　令和　３年　４月３０日
特許庁審査官　　　　　原　忠　　　　　　　　５８８０　５Ｒ００
発明の名称　　　　　　情報処理方法
請求項の数　　　　　　　５４
特許出願人　　　　　　シェ、ウェー
代理人　　　　　　　　白洲　一新（外　４名）

　　　この出願については、拒絶の理由を発見しないから、特許査定をします。

―――――――――――――――――――――――――――――――――――――――

上記はファイルに記録されている事項と相違ないことを認証する。
認証日　令和 3年 5月 6日　経済産業事務官　持村　和則

注意：この書面を受け取った日から３０日以内に特許料の納付が必
要です。

整理番号：　　　　　発送番号：189481　発送日：令和 3年 5月17日　　　　　　1

<h1 align="center">特許査定</h1>

特許出願の番号	特願２０１８－５３７７００
起案日	令和 3年 4月30日
特許庁審査官	原　忠　　　　　　　　　5880　5R00
発明の名称	情報処理方法
請求項の数	54
特許出願人	シェ、ウェー
代理人	白洲　一新（外　4名）

この出願については、拒絶の理由を発見しないから、特許査定をします。

上記はファイルに記録されている事項と相違ないことを認証する。

認証日　令和 3年 5月 6日　経済産業事務官　持村　和則

注意：この書面を受け取った日から３０日以内に特許料の納付が必要です。

Innovation, Sciences et
Développement économique Canada
Office de la propriété intellectuelle du Canada

Innovation, Science and
Economic Development Canada
Canadian Intellectual Property Office

Avis du commissaire - Demande jugée acceptable
Commissioner's Notice - Application Found Allowable

NEXUS LAW GROUP LLP
mail@nexuslaw.ca

Détails de l'avis / Notice Details	
Date de l'avis / Notice Date:	2021/05/17
Nº de la demande / Application Nº:	**3,004,488**
Votre nº de référence / Your Reference Nº:	50358-009
Date d'échéance de l'avis / Notice Due Date:	2021/09/17
Montant dû / Amount Due:	$728.28*

Date de dépôt/Filing Date:	2015/10/09
Demandeur(s)/Applicant(s):	XU, WEI
Inventeur(s)/Inventor(s):	XU, WEI
Titre de l'invention:	RESEAU DE TRAITEMENT D'INFORMATIONS ET PROCEDE BASE SUR UN CODE UNIFORME D'ENVOI ET DISPOSITIF D'ACCES DE DETECTION
Title of Invention:	INFORMATION PROCESSING NETWORK BASED ON UNIFORM CODE ISSUANCE, METHOD THEREFOR, AND SENSING ACCESS DEVICE
Revendications/Claims:	052
Taxe pour pages en sus/Excess Pages Fee:	$422.28
Examiner tel que modifiée/Examined as amended:	2021/03/16

Le présent avis du commissaire aux brevets vise à informer le demandeur que la demande de brevet a été jugée acceptable et que le paiement de la taxe finale réglementaire doit être fait au plus tard le 2021/09/17 .

Si la taxe finale n'est pas payée au plus tard le 2021/09/17 , la demande sera réputée abandonnée.

*Le montant de la taxe applicable sera le montant ajusté au 1er janvier de l'année pendant laquelle la taxe est reçue. Veuillez consulter le site web de l'OPIC concernant les taxes générales pour les brevets pour connaître le montant applicable:

https://www.ic.gc.eic/site/cipointernet-internetopic.nsf/fra/wr00142.html

Veuillez vous assurer de l'exactitude des renseignements au dossier avant de faire le paiement de la taxe finale, car peu de modifications sont autorisées après le paiement de la taxe finale et après la délivrance d'un brevet.

Références pertinentes:
* par. 86(1) des *Règles sur les brevets*

Pour de plus amples renseignements concernant cet avis ou la façon de rétablir une demande de brevet abandonnée, veuillez consulter le *Recueil des pratiques du Bureau des brevets* (RPBB) accessible au canada.ca/brevets ou téléphoner au 1 819 997-2839.

This is a Notice from the Commissioner of Patents to inform the applicant that the application for a patent has been found allowable and payment of the prescribed final fee is required before the end of 2021/09/17.

If the final fee is not paid before the end of 2021/09/17, the application will be deemed to be abandoned.

*The applicable fee amount will be the amount as adjusted on January 1 of the year in which the fee is received. Please refer to the CIPO Patent Fees website for the amount applicable:

https://www.ic.gc.eic/site/cipointernet-internetopic.nsf/eng/wr00142.html

Please ensure the accuracy of the information on file before payment of the final fee as there are limited modifications that are allowed after payment of the final fee and post grant.

Relevant references:
* s.86(1) of the *Patent Rules*

For more information regarding this notice or on how to reinstate an abandoned patent application, please refer to the *Manual of Patent Office Practice* (MOPOP) at canada.ca/patents or phone 1-819-997-2839.

OCT017 Aug. 2020

50, rue Victoria • Place du Portage 1 • Gatineau (Québec) K1A 0C9 • www.opic.ic.gc.ca
50 Victoria Street • Place du Portage 1 • Gatineau, Québec K1A 0C9 • www.opic.ic.gc.ca

AFRICAN REGIONAL INTELLECTUAL PROPERTY ORGANIZATION (ARIPO)

ARIPO Form No. 21 HARARE PROTOCOL NOTIFICATION OF DECISION TO GRANT OR REGISTER (Rule 18(4); Instruction 52)	For Official Use
To*: **Cronjé & Co.** 1, Charles Cathral Street Olympia, Windhoek Namibia	Representative's File Reference: **SMI10/00022**

I. IN THE MATTER OF:

[X] Application for grant of patent   [ ] Application for registration of Utility Model

Application No.: **AP/P/2018/010703**   Filing Date: **09.10.2015**

II. APPLICANT(S)**

Name: **XU Wei**

Address: **D, 10F Gold Seat JiuAn Plaza, 258 Tong Ren Road, Jing An District, Shanghai, 200040, People's Republic of China**

III. NOTIFICATION

We hereby notify you, pursuant to *Section 3(6)(b)* / *Section 3ter(8)(b)*, that the ARIPO Office has decided to grant a patent /register utility model on the above-identified application.

[X]   A copy of the search and examination report upon which this decision is based is attached hereto.**

[X]   A copy of the above-identified application is attached hereto.**

We hereby request the applicant(s) to make payment of the grant / registration and publication fees within **Three(3) months** (period specified)*** from the date of this notification.

Before the expiration of 6 months from the date of this notification, each designated State may, pursuant to Section 3(6)(a) / *Section 3ter(8)(a)*, make a written communication to the Office on ARIPO Form No. 22 to the effect that, if a patent is granted *or utility model registered* by the Office on the above-identified application, said patent or *utility model* shall have no effect in its territory for any of the reasons indicated in Section 3(6) (a) / *Section 3ter(8)(a)*.

Upon expiration of the said 6 months and subject to payment of the grant/*registration* and publication fee by the applicant (s), the Office shall grant the patent *or register utility model in* accordance with Section 3(7) / *Section 3ter(9)*, Rule 20 and Instructions 55 to 57, and the granted patent *or registered utility model* shall have effect in those designated States which have not made the communication referred to in the preceding paragraph.

This notification is being sent to****:

Botswana	**Gambia**	**Ghana**	**Kenya**
Lesotho	**Liberia**	**Malawi**	**Mozambique**
Namibia	**Rwanda**	**Sào Tomé and Príncipe**	**Sierra Leone**
Sudan	**Tanzania**	**The Kingdom of eSwatini**	**Uganda**
Zambia	**Zimbabwe**		

*   Type name and address of person(s) to whom this Form is being sent.
**   Attach a copy each of the search and examination report AND of the above-identified application.
***   Period specified for fee payment
**** Indicate all those to whom a notification Form No. 21 is being sent in connection with the above-identified application.

跋

·················

未来已来，发生在每时每刻

一　清

一路跋涉而来通读了本书的朋友们，似可安静地阅看跋文了，确如标题所言，未来或者真的已来，有些东西按了常识去识读，许是难有觉察的，但它确实就发生在身边。

（一）

本书各个章节，甚至包括书序里的文字，一方面展示了科学进步带来生活向着更理想目标的改变，另一方面也多次提醒到人工智能的演化可能给未来造成的伤害。某些地方可能有所言过，但终归这些也不是没有可能发生的。比如当下电信诈骗海量齐发，如退回去二十年，属于这种犯罪几乎是没有的。是什么原因造成了这一类罪案的集中式爆发呢？那一定是大数据惹的祸。大数据本身不会惹祸，是掌握大数据的人在作恶。这就是科技进步的伴生代价。但本书中提及的很多如算力的无控，如人工智能演变等，则是科学进步可能将引起的变化，是值得人们理性地思考并认真面对的。徐蔚在书中有段表述，在我看来是很到位的。"资本主义发展到今天，已经从产业资本主义大步迈向金融资本主义，金钱追根溯源是'空印钞票'。但这还不是最可怕的，因为资本主义发展的最高阶段不是金融帝国主义，而是更可怕的'机器人帝国主义'"。"金钱的追根溯源很可能与算力进行绑定，而一旦金钱（数字货币）与算力进行绑定，则意味着人类作为一个族群，通过劳动创造价值的权利就已经被剥夺，机器人帝国主义就会比历史上的任何帝国主义更让人类胆战心惊"。这情景是很可怕的，因为这就意味着机器人吹响了全面剿灭人类的号角！ 而且徐蔚也不无前瞻同时也有点矫枉过正地指出，"当下，以西方为代表高速发展机器人，通用人工智能，都在朝着机器人取代人类，最终消灭人类的路径，大踏步迈进"。

读到这里你可能要问，资本家就不是人吗？ 他们就不怕因为机器人帝国主义的来临而自身被剿灭吗？ 嗯，问得有水平。但马克思在《资本论》中曾说过这样一段话，大意是资本如果有百分之五十的利润，它就会铤而走险；如果有百分之百的利润，它就敢践踏人间一切法律；如果有百分之三百的利润，它就敢犯下任何罪行，甚至冒着被绞死的危险。——这里马克思是以极言而形容资本的罪恶。在资本获得他们所需要的"利润"后，哪管你身后的洪水滔天，甚至连自身能存在多久都不再关注了。这就是资本的本质。所以，徐蔚在书中的多次提醒是值得我们认真听取的。

（二）

但徐蔚初心远不是这样，他的初心正是要建立一个拒绝这种末世情景出现的高大围墙，让机器人帝国赖以存寄的"算力"在具有东方智慧的"以人为本、世界大同"的追求面前，变得让世人尽知其司马昭之心与司马昭之恶，这就是他的码链新世界的理论立基所在。在这个世界里，人与人因"码"而"链"，因"我为人人"而"人人为我"。在码链理论体系里，主张的是不以机器为本，不以算法为王，而是"道法自然""天人合一"，永远在大小宇宙的和谐互动中共存。纵观码链理论的最高追求，无论技术走到哪个阶段，"碳基人"的最本质属性即温暖与爱是永远存续的，因而，他们因共同的价值而互相传递，抱团取暖，并追求实现"世界大同"的终极目标。

所以，在我们看到，未来的某些生活场景事实上已经在现实中若隐若现，用文学的语言形容，它或是雾中仙山，或是虹飞雨后，又或是梦幻天街、艺术映射？这些都是一种感知中的"真"，被印证过的"虚"，内间是没有多少边界说得清楚的。我相信，人们的数字化生活与劳动，以最活生生的姿态正在改变着，包括一些观念、一些态度。

在山东济宁，有幸参加过一次产业码表彰会，让人震惊的是与会代表几乎全是银发成员，他们就是码链家人所自称的"大爷大妈战斗队"，用当下的说法，他们就是银发世界的"贴码人"；用码链经济生态的语言表述就是："数字人"正进行着"数字化劳动"。而且以他们的兴奋和成就，此一刻的他们，看见的是数字世界的收益之丰与数字未来的欢乐之颂。

这真是让人心生欢喜的事。真的，如果我们将码链经济生态的各支系、旁系了解得清清楚楚，更主要是按此思路真正建设了码链体系想要达至的目标，则是完全可以清楚地看到"从三维世界到四维世界的映射"的。在我为本书所写的这个序与跋中，我一直对这个词组表示适当的谨慎，是因为从"三"到"四"确实有个时间维度，不太好确认现实社会的人因了某种技术而可以进入四维世界。但是，真要从码链思想和科学体系所为人们构建的这个维度来看，四维世界的"映射"是可以捕捉得到其仙踪鹤影的。因为在码链体系里边，其信息传递是建立在以"码"为单位的信息维度之上的，这个"码"始终包含着时间、地点、人物、前因、后果五大元素，也就是说，码，是有时间维度的。这样的数字人在物格数字地球（数字土地）上进行数字化劳动，创造数字化社会和建立数字世界。而这个数字世界它不单单在于比特信息的传递，更有地球脑反应般的互动与互爱，可以在量子维度上进行人类在社会中的自主意愿表达。

以"抗疫流调"过程对于疑似染病人群的追踪模型构建来观察，是可以真真地"看"到一个由数十亿人所搭建的庞大的、类似于地球脑的模型演绎的。每一个人在此一刻都是数字人，每一个人在社区、检查站、医院的扫码登记，就是一次完成数字化的过程，这才有了数以十亿计的人们的数字行为在那一秒过后得以清晰呈现——这真是一个让人难以想象的奇迹。人们仿佛一下获得了穿透时空、穿透一切的"天眼"，看到了现实世界里无法看到的情景：十数亿人所组成的数字图像，它们像一个个的光点、一个个的电子，在自循其规的路径上游走，既有蜂群的无意识，又有人类的自意识，每个"人"都走着自己的路径，每个"人"都有自己的路可走。这些"光点"、这些"电子"就像脑突触游走在一个无限空旷的自由世界，在互相链接、互相碰撞。同时被以码为基础理论所设定的智能合约所抓取、所分析。这种现象于我们惯常的经验能得出什么结论吗？真的得不出来。但这一切都存在着，都发生了，我们仿佛站在另外的一个维度或世界，冷静地观察着，远远地欣赏着，自由地抓取着，毫不为难地利用着，仿佛此刻的我们，就置身在另外一个星空。——数据，天量的数据，在扫码后堆积、组合、碰撞、交会，经由扫码理论所构筑的疫情流调模型打量得一清二楚，历历在目。对于此种现象，学者们当然可以说这是数据分析，"人"是可以忽略不计的。但是，我想弱弱地提醒于学者们的是，如果没有扫码，这一切的数据（数字人的行为）会在某一秒被读取并完整地对包括 5W 在内的所有数据都得以呈现吗？徐蔚没有说扫码可以进入四维世界，他说的是一种"映射"关系，所以，这个是站得住脚的。正是因了这种映射场景，使我们与未来早早地相遇了，并且时时刻刻。

（三）

在序言中，我曾经提到了徐蔚先生预见未来时给大家的提示性努力：

他创作了一个叫《地球脑》的电影剧本，剧内所展示的某情景是颇让人惊悚的。他的本意并非让人们对未来产生恐惧感，而是要提醒人们，未来并不全代表美好，未来的美好是需要"以人为本"的人类大爱情怀才可以有更好体验的，而任何以"机器为本、算力为王"的结果都是不可以接受的。2019年时，以色列科学家曾宣布，以色列的初创公司 Aieph 农场科技企业，已经成功地"种植"出了世界上第一个"细胞生长的牛排"，它是通过在牛体内提取几个细胞，然后通过科技力量自然"生长"的一片牛肉。这牛肉的产生不需养牛场，也无须有牛，直接克隆繁衍，形成牛肉。这情形很容易让人想起《地球脑》那个剧本里展现的场景：既然"牛"（肉）可以是这种方式存在的，那么，在硅基人统治的世界，人为什么不可以"沉入一个类似于金鱼缸的器皿里通上电，以刺激脑电神经，从而让人类'幸福永生'于世"呢。想起来也真是够恐怖的。徐蔚在这里强调的是未来很多事情的发展因了人工智能对人类智慧的超越而可能引起的结果，他的目的是要提醒我们，任你什么时候"以人为本"才是大道，正道。社会治理如此，科学发展也是如此。

（四）

我很喜欢徐蔚在第九章所讲的那个"爱是宇宙的原动力"段落，它的引语是这样写的：

在古代，几乎所有的文明传承中都提到世界所有的事物都存在的互相联系的关系，现代科学将这一关系用能量场进行解释，并将这样的一个能量场比作一个无形的网，将宇宙中的万物进行联结。这个能量场在宇宙诞生之初就已久存在，并且具备"智慧"的，能对人类的情绪作出深刻的回应。当人们静下心来，往往能够感应到一些周遭的事物，这种状态就如同人类在与宇宙进行交谈。

接着徐蔚引用普林斯顿大学物理学家约翰·维勒提到的一个概念，"人类都生活在一个'宇宙参与者'的容器之中，而宇宙是我们在生活中所展现一切的结果"，"宇宙在观察自己，也以人人参与的方式不断进行着自我的创造"。物理学家的这些思考是不是丰富了同样作为理工学者徐蔚先生呢，因为维勒的"人人参与"与徐蔚的"我为人人"是有着相同或相似内涵的。接下来，徐蔚更是引用了1993年至2000年科学界的三项重要实验，用之说明"人人参与"及"自我创造"的重要性。这三项代表性的实验完全颠覆了现代科学对人类在物质世界运作方式的认知，并且证明，人是可以通过"智慧"能量彼此关联的。读者朋友们可以在本书中完整地去阅读这三个实验叙述，我因为对实验结果的十分喜爱而有所不舍而在这里重复几句，无非是要证明徐蔚的观点，即未来是可以遇见的，虽然也充满了风险，但"爱，是宇宙的原动力"，一切都是可以在"以人为本"的大道至理的践行中完成和实现的——

第一个实验告诉我们，人类DNA与构成我们世界的基本材质（能量）之间存在一种交流，且这种交流是通过一种尚未被认知到的"场域"（科学界称为"新场"）而进行的。第二个实验，当实验者对受试者进行情绪刺激，比如通过观看影片的方式使受试者产生高兴、开心、忧伤、恐惧、气愤等情绪反应，同时检测处于另一空间内的离体DNA样本，并观察离体DNA对捐献者的情绪变化是否作出反应时发现，当受试者体验的情绪波动达到高峰时，处于另一空间的DNA产生的电流反应也出现了相应水平的波动，且两者出现变化和波动的时间完全一致，更让人惊愕的是并不因距离而产生时间差。第三个试验，受试者尽量使心神安静下来，将注意力转移到心脏部位，当受试者产生爱、欣赏、感恩或愤怒、仇恨这些情绪时，同时检测他们离体DNA的反应方式后发现，当受试者产生感恩、宽恕这些正面感觉时，其DNA的表现为完全伸展；当生气、愤怒、仇恨、嫉妒等负面情绪出现时，离体DNA则严重蜷缩，近乎打结，似乎关闭了链条上的某些特定结构。由此可见，人类特定的情绪，可以改变体内 DNA 的形状。看似平常的 DNA，却起着链接宇宙万事万物的作用。

这几项实验于科学家们可能有很多其他的解读与用场，但到了徐蔚这里，他马上转到了对于碳基文明与硅基文明差异的比较，"硅基文明取代碳基文明，机器取代人类，则是在错误的进化路线上，背道而驰，南辕北辙"，并认为怀有"爱"的碳基文明一定会战胜硅基文明。徐蔚得出的结论凝成一句话：爱，是宇宙的原动力，而码链则是通往爱的路径！

未来已来，发生在每个时刻。我们正处在一个大变局的时代，我们见证了某些旧秩序的坍塌，我们正迎来一个由中国领跑的历史新时期。码链重构新经济，码链也可以重构新世界，至少在科技领域会是这样。

作者介绍：一清，文化学者，《环球财经》杂志编委，中国网络电视台公益广告艺术委员会艺术总监，"中国梦"系列公益诗词创作人，《诗画中国梦》作者。

编　后

每个时代，都被科技发展的光芒照亮。

自人类二十世纪下半页发明互联网以来，刚好半个世纪，因"网"而变的社会，出现了各种新生业态，世界的大格局甚至也因此改变。伴随着互联网进入全球民众生活中的是计算机、计算速度、算力；是人工智能，是"咚咚咚"正在敲响我们生活大门的物联网；是一维码、二维码、多维码，是随处可见的扫码支付；是数字生活、是万物互联……一个被称为"码链"的新技术走进我们的视野。

当我们检索到其发明人徐蔚先生竟然拥有百余项、进入全球各个国家的发明专利，更获得了包括但不限于美国、日本、加拿大、韩国、俄罗斯、新加坡、澳大利亚、南非、印度等国家的专利认可。同时，"码链"技术已经获得我国知识产权局的法律背书，我们认为这项技术具有重大意义，而它即将带来的改变更值得认真评估与调研。于是，我们以审慎的态度，认真研读了这部《码链：大变局中遇见未来》，依照全书的框架体系，系统地梳理了码链的核心理念、技术可行性、应用场景及其蕴藏的哲学思想。我们更将作者的知识产权及专利内容，一并收入这本著作，以期向广大读者展现这些创新性技术的全貌，引起更大关注。

我们不是科技工作者，对码链这项技术内在关联性的理解，并不比广大读者更为深入。于是，在创新技术层面，我们选择相信国家及世界的知识产权机构，因为他们一定是相关领域的权威"审稿人"。因此，我们怀着这样的一种崇尚科学的自觉，将《码链——在大变局中遇见未来》一书呈献给大家，相信各位读者有着自己的鉴别与判断。"不附众、不轻信、不盲从"的"三不原则"是海量信息时代，个人知识获取的基本功底。我们相信每位读者的自有智慧，可以支持您做出自主的判断与抉择。如果通过我们的编辑工作，广大读者能够更多地了解码链这项技术以及它将给生活带来的改变，这将是件令我们高兴且欣慰的事。

未来我们将持续关注相关选题的开发与研究，也欢迎广大读者提供相关的信息和思路，我们热切地期待与您一起，拥抱未来！